RICHARD DAWKINS

攀登不可能之山

[英] 理查德·道金斯 著

风君 译

CLIMBING MOUNT
IMPROBABLE

中信出版集团 | 北京

图书在版编目（CIP）数据

攀登不可能之山 / （英）理查德·道金斯著；风君
译 . -- 北京：中信出版社，2024.6
书名原文：Climbing Mount Improbable
ISBN 978-7-5217-6529-8

Ⅰ . ①攀… Ⅱ . ①理… ②风… Ⅲ . ①生命科学－研
究 Ⅳ . ① Q1-0

中国国家版本馆 CIP 数据核字（2024）第 082722 号

攀登不可能之山
著者： ［英］理查德·道金斯
译者： 风君
出版发行：中信出版集团股份有限公司
（北京市朝阳区东三环北路 27 号嘉铭中心　邮编　100020）
承印者： 北京通州皇家印刷厂

开本：787mm×1092mm 1/16
版次：2024 年 6 月第 1 版
京权图字：01-2024-0457

印张：20　　字数：265 千字
印次：2024 年 6 月第 1 次印刷
书号：ISBN 978-7-5217-6529-8
定价：68.00 元

目　录

第1章

直面拉什莫尔山

我不久前听了一场以无花果为主题的讲座，它并非植物学讲座，而是一场文学讲座。我们在文学中邂逅了众多无花果的意象：作为隐喻的无花果，相应观念不断流变的无花果，作为阴部象征的无花果以及作为遮羞布的无花果叶，作为一种侮辱的"无花果"，无花果的社会建构，D. H. 劳伦斯关于如何在社会上吃无花果的论述[①]，以及如何阅读"无花果"，或者在我看来毋宁说是如何阅读"作为文本的无花果"。演讲者最后总结如下。他让我们回忆《圣经·创世记》中夏娃引诱亚当偷吃智慧树（分别善恶树）之果的故事。他提醒我们，《圣经·创世记》并没有具体说明这是哪种果实。传统上，人们认为这是一个苹果。但演讲者怀疑这实际上是一颗无花果，他用这句俏皮话结束了他的演讲。

这类表达手法是某种文学思维所惯用的，但它在我看来却属陈词滥调，乏善可陈。演讲者显然知道，从来就没有伊甸园，也从来就没有什么分别善恶的智慧树。那么他到底想说什么呢？我猜想他有一种

---

① D. H. 劳伦斯，20世纪英国小说家、批评家、诗人，代表作有《查泰莱夫人的情人》等。关于无花果的论述引自他的诗歌《无花果》，诗中他以无花果作为女性的象征。——译者注（以下如无特殊说明，脚注均为译者注）

模糊的感觉，"不知何故""在某种程度上""在某种意义上""如果要我说"，故事中的果子"应该"是一颗无花果才对。但也就到此为止了。这并不是说我们应该是拘泥字面含义或者葛擂硬式①的读者，但关于无花果，我们这位优雅的讲师显然遗漏了太多信息。无花果中隐藏着真实的悖论，也不乏真正的诗意，其精微玄妙足以用来磨炼探究的头脑，其奇观足以用来提升审美的心灵。在这本书中，我想讲述的正是一个关于无花果的真实故事。尽管无花果的故事是演化中最完满的复杂叙事之一，但这个故事也只是数百万个彰显同样的达尔文式原理和逻辑的故事中的一个而已。作为本书的中心隐喻，无花果树矗立在众多"不可能之山"中最高耸入云的那一座之上。但像这样险峻的山峰最好留到这次探险之旅的最后再加以征服。而在此之前，我们还有很多事情需要铺垫，有一个完整的生命构想需要加以发展和阐释，有一众谜题亟须解决，还有一干悖论亟待破除。

正如我所说，无花果的故事在最本质的层面上，和这个星球上其他生物的故事别无二致。尽管表面上的细节有所不同，但它们都是 DNA（脱氧核糖核酸）的主旋律及其自我传播的数千万种方式的某种变奏而已。在这趟旅途中，我们将有机会观摩蜘蛛网，看看它们是以何等虽属无意，却又令人眼花缭乱的巧思织就，又是如何织就的。我们将重现翅膀和象鼻缓慢而渐进的演化历程。我们将看到，虽然眼睛的演化有时看来不可思议，但它实际上在整个动物界中曾至少40 次，也可能是 60 次独立演化而来。我们的想象力将借助计算机程序，在一座巨大的博物馆中自在穿梭，馆中陈列的是无数曾经在这世上历经生死的生物，以及它们为数更多，却只存在于想象之中的表亲。我们将漫步在不可能之山的小径上，从远处欣赏它那如刀削斧凿般的悬崖峭壁，但又总不忘寻找山峰另一侧平缓的斜坡。我们

---

① 源自查尔斯·狄更斯的小说《艰难时世》中的人物葛擂硬，指一种过于重视事实和实用主义，忽视人性和情感的教育或态度。

将阐明"不可能之山"的喻义，以及除此之外的众多其他事物的含义。而在本书开头，我首先要澄清的是可见的自然设计的问题，其与真正的人类设计的关系，及其与偶然的关系。这就是第1章的主旨所在。

伦敦自然历史博物馆收藏了一批古怪的石头，它们看起来就像某种我们熟悉的事物：一只靴子、一只手、一个婴儿的头骨、一只鸭子、一条鱼等。它们是由那些怀疑这种相似性可能有不同寻常的意义的人送来的。但是普通的石头在经历了风吹雨打后，确会变成各种各样的形状，所以我们偶尔会发现一些石头形似一只靴子或一只鸭子，这不足为奇。博物馆所保存的，是那些人们在旅途中遇见的造型最为奇特的石头。人们会特意捡拾那样的石头，但在自然界，仍有成千上万的石头并未被收集，因为它们只是普通石头。博物馆中这些惟妙惟肖的藏品虽然看着有趣，但毫无意义。当我们自认为在云层或悬崖的轮廓中看到某张面孔，或某种动物的样子时，情况也是如此。这些相似之处不过是意外使然。

图 1.1 中崎岖的山坡轮廓让一些人联想到已故美国总统肯尼迪的侧脸。而一旦你被如此告知，你就会发现其与约翰·肯尼迪或罗伯特·肯尼迪确有那么一点相似之处。但有些人就是看不出来这一点，而且我们很容易确信这种相似只是偶然。可另一方面，你无法说服一个有正常判断力的人，让他相信南达科他州的拉什莫尔山[①]只是因为风化作用才恰好显现出华盛顿、杰斐逊、林肯和西奥多·罗斯福总统的样貌。我们根本无须被告知这些头像是故意雕刻的（在古茨恩·博格勒姆的指导下），即可做出这一判断。它们显然不是偶然生成，而是经过精心设计的。

[①]　拉什莫尔山，俗称"总统山"，上有雕刻家博格勒姆和约 400 名工人花费十余年时间雕刻出的高约 18 米的 4 位美国总统的巨型肖像。

图 1.1　一个纯粹的意外。夏威夷某山坡上呈现的肯尼迪总统的侧脸。

拉什莫尔山与约翰·肯尼迪的风化像（或毛里求斯的圣皮埃尔山，以及其他类似的自然风化奇观）的区别在于：拉什莫尔山上的头像与真实人物的相似处之多，绝对不可能出自偶然。此外，从不同的角度看，这些面孔都是清晰可辨的。而只有从一个特定的角度，在特定的光线下看图1.1中的山坡，我们才会注意到它与肯尼迪总统侧脸的偶然相似点。是的，从某个特定位置看，一块石头可能因风化而形成鼻子的形状，也许还有几块石头碰巧拼凑出了嘴唇的形状。要产生这样一个适度的巧合，并不是什么难事，尤其是如果摄影师有多种角度可选择，而只有一个角度能看到这种相似性（还有一个事实，我在下文会提到，那就是人类的大脑似乎非常渴望看到人脸：它甚至会为此无中生有）。但拉什莫尔山是另一回事。山壁上四个头像的设计可谓清楚明确。一位雕刻家构思了它们，先把它们在纸上勾勒出来，然后实地进行细致的测量，并监督工人们使用气钻和炸药雕刻出四张人脸，每张脸高 60 英尺（1 英尺约合 0.3 米）。天气因素未必不可能和巧妙放置的炸药起到同样的作用，但在所有可能的风化方式中，一座山形成四个特定人物的肖像的概率微乎其微。即使我们并不知道拉什莫尔山的历史，我们也会估计，意外风化产生四个头像的概率极低——就如同连扔硬币 40 次，每次都是正面朝上的概率一样。

我认为，偶然产生和经过设计之间的区别是显而易见的，即使在实际情况中未必如此，原则上却是必定如此。但在本章中，我将介绍第三类更难以区分的对象。我称它们为"仿设计物"（designoid，读作 design-oid，而不是 dezziggnoid）。仿设计物是生命体及其产物，其看起来如同经过设计，以至于有些人——唉，大多数人——认为它们就是经过设计的。这些人错了。但他们认为仿设计物不可能是偶然的结果，这种想法是没错的。仿设计物的出现并非偶然。事实上，它们由一个宏大的非随机过程塑造，正是这个过程创造出了一种近乎完美的设计错觉。

图 1.2 展示了一个活生生的例子。甲虫通常看起来并不像蚂蚁。因此，如果我看到一只甲虫长得几乎和蚂蚁一模一样——而且，它完全生活在蚁巢里——我就有理由怀疑这种巧合隐含了某种重要信息。图中上方的动物实际上是一种甲虫——它的近亲是普通甲虫或花园甲虫——但这种甲虫看起来像蚂蚁，走路也像蚂蚁，还和蚂蚁共同生活在蚁巢里。图中下方的则是一只真正的蚂蚁。就像现实主义雕像与其模特的相似并非偶然一样，这种现象需要一个解释，而不是归因于纯粹的偶然。什么样的解释呢？既然所有看起来酷似蚂蚁的甲虫都住在蚁巢里，或者至少与蚂蚁有密切的联系，那么会不会是蚂蚁身上的某种化学物质，或者蚂蚁身上的某种传染病，影响了这些甲虫，改变了它们的生长方式？并非如此。真正的解释——达尔文的自然选择——与这些无端猜测截然不同，我们将在后文对此加以探讨。目前，

图 1.2　一种并非经由设计，但也并非出自偶然的相似。一只模仿蚂蚁的甲虫——前角隐翅虫（*Mimeciton antennatum*，a）和一只蚂蚁——掠食钳蚁（*Labidus praedator*，b）。

我们只要确信这种相似和其他"拟态"的例子不是偶然的就够了。它们要么是刻意设计出来的，要么是某些过程的结果，却和设计一样令人印象深刻。我们将再举一些动物拟态的例子，暂时不去解释这些惊人的相似度是如何产生的。

　　前述例子表明，如果甲虫开始以自己的躯体"模仿"另一种昆虫，它可以模仿得惟妙惟肖。现在我们再看看图 1.3b 中的生物，它似乎是一只白蚁；作为对比，图 1.3a 是一只真正的白蚁。图 1.3b 所示的昆虫不是白蚁，事实上，它也是一只甲虫。我承认我在昆虫世界里见过更好的拟态者，包括前述例子中模仿蚂蚁的甲虫。而这只甲虫有点奇怪。它的足似乎缺少适当的关节，就像扭曲的小气球。既然甲虫像任何其他昆虫一样，都有可以任其使用的关节足，你便觉得它应该能比这更好地模仿白蚁的关节足。那么，这个谜题的答案是什么呢？为什么这个拟态者看起来像一个充气的假虫子，而不像一个真正的、有关节足的昆虫？答案可以在图 1.3c 中看到，这是博物学迄今最令人震惊的景象之一。该图是模仿白蚁的甲虫的侧视图。这只甲虫真正的头部很小（你可以看到它的眼睛就在正常的关节触角附近），位于甲虫那细长的躯干或称胸部前方。躯干上有三对正常的、有关节的足，甲虫实际上是用这些足走路，而它的伪装把戏是用腹部完成的。其腹部向后呈拱形翘起，像一把遮阳伞一样悬挑并完全覆盖甲虫的头部、胸部和足部。至于整个"白蚁"部分，则是由（解剖学上）甲虫腹部的后半部构成的。"白蚁头"是甲虫腹部的末端。"白蚁足"和"触角"是腹部的一些摇摆赘生物。难怪这个作品的模仿质量不如前一幅图中那只模仿蚂蚁的甲虫"表亲"。顺便说一下，这种模仿白蚁的甲虫生活在白蚁的巢穴里，与图 1.2 中模仿蚂蚁的甲虫一样营寄生生活。虽然模仿白蚁的甲虫实现的相似度不如前者，但当你考虑到这两者所用的初始材料时，它似乎比前者取得了更令人印象深刻的雕琢成就。这是因为模仿蚂蚁的甲虫只是修改身体的每个部位，使其看起来像蚂蚁身体

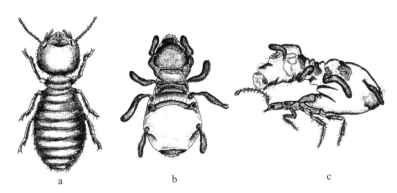

图 1.3 （a）黑丘白蚁（*Amitermes hastatus*），一种真正的白蚁；（b）一种模仿白蚁的甲虫，奥万博兰隐翅甲（*Coatonachthodes ovambolandicus*）；（c）奥万博兰隐翅甲侧视图，展示了其如何实现这种模仿。

的相应部位而已。而模仿白蚁的甲虫却是通过改变自身一个完全不同的部分——腹部——以使其看起来像白蚁身体的所有部分来做到这一点的。

在这类动物"雕像师"中，我最中意的是叶海龙（图 1.4）。它是一种鱼，确切地说是一种海马，它的身体被雕琢成海藻的形状。这为它提供了保护，因为它栖息于海藻中，这一身伪装让它在海藻丛中很难被天敌发现。从任何纯粹意义上说，它的拟态伪装都极为出色，绝不可能是偶然出现的。比起"肯尼迪轮廓崖"，它更接近拉什莫尔山。我对叶海龙拟态的肯定，部分是基于它在很多方面通过让自己貌似另一个不相干的事物而给我们留下的深刻印象，还有一部分则是基于一个事实：鱼类身上通常没有这种形状的突起。在这方面，叶海龙的灵巧雕琢技艺可与前例中甲虫对白蚁的模仿相提并论，远胜过模仿蚂蚁的甲虫的手段。

图 1.4　完美的伪装。一只来自澳大利亚的雌性叶海龙。

到目前为止，我们已讨论了一些如同现实主义雕塑般给我们留下深刻印象的对象，我们觉得这些对象不可能是偶然出现的，因为它们看起来太像其他某种对象了。叶海龙和模仿蚂蚁的甲虫都是仿设计物所造就的雕像：它们看起来就像是由艺术家精心设计，专为模仿其他事物而创作出来的。但雕像只是人类设计的一种物品。其他的人工制品之所以引起我们的重视，并不是因为它们貌似某物，而是因为它们针对某些目的毫无疑问是有用的。飞机对飞行有用，锅用来盛水时很有用，刀用来切东西时很有用。

如果你悬赏寻找那些天然锋利、能切割东西的石头，或者碰巧形状能盛水的石头，你可能会得到一些有效的替代品。燧石经常断裂，留下锋利的边缘，如果你在世界各地的采石场和碎石堆游荡一番，你肯定会发现一些合用的天然刀片。在石头可以风化形成的各种丰富形状中，有一些恰好包含了蓄水的凹陷。某些类型的水晶会自然在内部形成一个球形中空空间，虽然有些粗糙。当它被分成两半时，就会产生两个可用的杯子。这些石头甚至有一个名字：晶洞。我把一个晶洞当作镇纸放在桌上，要不是因为其内部坑坑洼洼，很难清洗，我肯定会用它来喝水。

我们很容易就能构想出某种效率的衡量标准，以证明天然容器的效率比人造的低。效率是收益除以成本而得到的某种度量。一个容器的收益可以用它能盛多少水来衡量，而成本则可以方便地用某种等效单位来衡量，即容器本身材料的用量。因此效率可以定义为一个容器能容纳的水的体积除以用来制造该容器的材料的体积。我桌子上的空心石头镇纸能容纳 87.5 毫升（立方厘米）水，石头本身的体积（我用阿基米德著名的"浴中发现"的方法测量）是 130 毫升，因此这口"锅"的效率约为 0.673。这是一个非常低的效率，但并不奇怪，因为这块石头从来都不是被刻意设计成容纳水用的，它只是恰好能盛水。我还对一个葡萄酒杯做了同样的测量，其效率大约是 3.5。我朋友的一个银质奶油罐效率更高。它能容纳 250 毫升水，而制造它的银只能置换 20 毫升水，因此它的效率高达 12.5。

在这个标准上，并非所有人为设计的容器都是高效的。我的厨房橱柜里有一个"大罐"能装 190 毫升水，用掉的大理石却可置换 400 毫升水。因此，它的"效率"只有 0.475，甚至比全无设计的空心石块还要低。这怎么可能呢？答案是显而易见的。这个大理石罐实际上是一个臼。它不是用来装液体的，而是一种和杵一起使用以研磨香料和其他食物的手动磨：杵是一根粗棍子，会带着很大的力量击打臼的内部。你不能把葡萄酒杯当臼用，因为它会在外力作用下破碎。当容器被设计成臼时，我们为盛水功能设计的效率度量方式就不适用了。我们应该设计一些其他计算收益/成本比的方式，其中的收益应考虑到其抗杵击打的强度。那么，天然的晶洞是否符合设计精良的臼的标准呢？它可能会通过强度测试，但如果你想用它来做臼，它粗糙不平的内面很快就会劣势尽显，这些裂缝会让放在晶洞里的谷物没法被杵磨碎。你必须通过纳入一些诸如内部曲率平滑度之类的指标来改善你对一个臼的效率的衡量。我的大理石臼是经过设计的，也可以从其他迹象中辨识：如它完美的圆形表面部分，还有它的优雅翻边和基座。

我们也可以构想出类似方法来衡量刀具的效率，我毫不怀疑，我们在采石场偶然捡到的自然剥落的燧石片，其效率不仅与谢菲尔德钢刀片相去甚远，而且与博物馆的石器时代晚期藏品中那些经过精雕细琢的燧石刀相比，也是大大不如。

自然中偶然形成的容器和刀具还在另一种意义上与它们的设计对等物相比而言是低效的。为了找到一个堪用的锋利燧石刀片，或者一个有用的不漏水的石质容器，我们必须检视大量无用的石头并将其丢弃。当我们测量一个容器所容纳的水，并除以容器材料中石头或黏土的体积时，也许在分母中加上那些被丢弃的石头或黏土的成本会更公平。而当我们在超市里随手将一个人造容器丢进购物车时，这一额外成本几可忽略不计。就经过雕刻的雕塑而言，丢弃碎片的成本虽然也存在，但很小。而在偶然产生的"天成之物"，例如石质容器或石刀的例子中，这种"丢弃成本"将是巨大的。大多数石头既不耐水蚀，也不锋利。如果一个生产工具器物的产业完全基于天成之物而非人工制品，那就会产生成堆的无用废品，低效将是沉重的负担。因此，设计比发现更高效。

现在让我们将注意力转向"仿设计物"——那些看似是被设计出来，但实际上是通过完全不同的过程组装起来的有生命物体——从仿设计的容器开始。猪笼草（图 1.5）可以被看作另一种容器，但它有一个优雅的"经济比例"，即使达不到银罐的标准，也足以与我测量的葡萄酒杯媲美。从外表上看，它被设计得非常出色，不仅能蓄水，还能淹死昆虫并消化它们。用它可调制出一种微妙的香水，令昆虫无法抗拒。这种气味，加上诱人的颜色、图案，可将猎物引诱到这个容器的顶部。在那里，昆虫们发现自己身处一个陡峭的滑坡上，这种暗藏危险的滑溜溜的触感也不仅仅是偶然，容器壁上还有向下生出的长毛，很好地阻止了掉落的昆虫的垂死挣扎。当它们掉进这个罐子那黑洞洞的内部时（它们几乎总会如此），等待它们的可不仅是会让它们溺毙的水。引起我对这些细节的关注的是我的同事巴里·朱尼珀（Barrie Juniper）博士，我将简要地讲述这个故事。

捕虫对猪笼草不成问题，但它没有颌部、肌肉和牙齿，无法将昆虫降解至适合消化的状态。也许植物也可以长出牙齿和咀嚼用的颌，但实际上有一个更简单的解决办法。这个容器里的水是大量蛆虫和其他生物群落的家园。它们只生活在猪笼草形成的封闭水槽里，天生就有猪笼草所没有的"尖牙利齿"。被猪笼草淹死的受害者的尸体被它的蛆虫同伙的口器吞食，被消化液分解。而植物本身则分得一些废弃腐殖质和排泄产物，并通过植物内壁吸收这些物质。

图 1.5　一个仿设计容器，伯威尔猪笼草（*Nepenthes pervillei*），产自塞舌尔。

猪笼草可不只是被动地接受那些碰巧落入它"私人水池"的蛆虫的服务，它还会主动地为这些蛆虫提供它们需要的服务。如果分析一下猪笼草的捕虫笼中的水，你会发现一个奇怪的事实。它不像在这种条件下产生的死水那样臭气熏天，而是出奇地富含氧气。没有这种氧气，重要的蛆虫就不能茁壮成长，但是氧气从哪里来呢？它是由猪笼草自己制造的，这种植物器官很明显是专门为水充氧而设计的。与面对阳光和空气的外壁细胞相比，排列在笼体内壁上的细胞含有更丰富的产氧叶绿素。这种惊人的、明显的反常现象也不难解释：内壁细胞专门将氧气直接释放到笼体内的水中。猪笼草可不仅是借用这些寄宿者的"爪牙"作为颌，它以氧气作为货币来雇用它们。

其他仿设计的陷阱也很常见。维纳斯捕蝇草的造型和猪笼草一样优雅，还具备精致的运动部件。被捕食的昆虫会触动植物上敏感的刚毛，从而令植物的"颌部"敏捷地合拢。蜘蛛网是所有动物陷阱中最常见的，我们将在下一章中对其特点进行详尽描述。蛛网在水下的对等物是栖息在溪流中的石蛾幼虫（石蚕）所织的"网"，它们也因为自己建造居所的行为而闻名。不同种的石蛾会使用石粒、树枝、树叶或小蜗牛壳等不同材料建造鞘壳。

在世界各地随处可见的一个熟悉情景是蚁狮挖出的圆锥状陷阱。这种可怕的生物竟是听起来温和无害的草蛉的幼虫。蚁狮会潜伏在坑底的沙子下面，等待蚂蚁或其他昆虫掉进去。这个坑几乎呈完美的圆锥状——这使得受害者很难爬出来——这并非出自蚁狮的设计，而是一些简单的物理规律产生的结果，而蚁狮挖坑的方式恰恰利用了这些规律。它会通过猛扭头的方式把沙子从坑底部甩到坑的边缘。其产生的效果与沙漏从下方抽空沙子的效果一致：沙子会以可预测的陡峭度自然形成一个完美的圆锥状陷阱。

图1.6把我们的视线带回容器。许多独居的黄蜂把卵产在猎物身上，这些猎物被它们蜇至麻痹，然后被储藏在洞里。这些黄蜂会把洞封起来，以使其从外面不可见，幼虫以洞里的猎物为食，最后长成有翅膀的成虫，完成这个循环。大多数种类的独居黄蜂在地面上挖出巢洞。而陶工黄蜂用黏土筑巢——这个巢是一个圆罐，不显眼地挂在一根小树枝上（图1.6a）。和猪笼草一样，这个黏土罐在我们的外观设

计效率测试中也会得到好评。独居蜜蜂也表现出类似的筑巢模式，但它们以花粉而不是猎物为幼虫喂食。

图 1.6　由动物工匠制作的仿设计物：出自陶工黄蜂（a）和壁蜂（b）。

就像黄蜂中有陶工黄蜂一样，蜜蜂中也有许多种类的壁蜂会建造自己的罐状巢。图 1.6b 中的容器不是用黏土制成，而是用小石头黏在一起制成的。除了与高效的人造容器极为相似之外，照片中这个特定的标本还显现出另一些奇妙之处。你在图中只看到一个罐子，但实际上有四个。其他三个已经被壁蜂用硬化的泥土覆盖，与周围的岩石混同为一。没有捕食者会发现在那三个罐子里长大的幼虫。我的同事克里斯托弗·奥图尔（Christopher O'Toole）在访问以色列时之所以能发现这一壁蜂的杰作，唯一的原因是壁蜂还没有完全盖住那最后一个罐子。

这些昆虫罐具有"设计"的所有特征。在这个例子中，与猪笼草的情况不同的是，它们确实是由一个生物以其熟练的行为（尽管可能是无意识的）塑造的。从表面上看，陶工黄蜂和壁蜂所造的罐子似乎更像人造容器，而非猪笼草。但这两类蜂并没有有意识地或刻意设计它们的罐子。尽管这些容器确实是通过昆虫的行为活动以黏土或石头塑造的，但这与昆虫在胚胎发育期间形成自己身体的方式并没有什么重大区别。这说法听起来可能很奇怪，容我对此解释一二。神经系统的生长方式使得活着的黄蜂的肌肉、四肢和颚部以某种协调的方式运动。而这种特定的有规律的肢体运动的结果便是，黏土被收集起来，并被塑造成一个罐子的形状。这种昆虫很可能不知道自己在做什么，也不知道为什么这么做。它没有将这个罐子视为艺术品、容器或育婴室的概念。它的肌肉只是按照神经的指令运动，而罐子则是其结果。出于这个原因，我们坚定地——也许有人会觉得这很奇怪——将这两类蜂做出的罐子归类为"仿设计物"，而不是"设计物"：因其不是由动物自己的创造性意志塑造的。事实上，公平地说，我不能确认黄蜂是否真的缺乏创造性意志和真正的设计能力。但就算它们真的具备这些，我的解释对我来说也足够了。同样的道理也适用于鸟巢（图1.7）、求偶亭、石蚕的鞘壳和陷阱，但不适用于拉什莫尔山的雕塑或用来雕刻它们的工具——后者确实是被设计出来的。

破译了蜜蜂舞蹈语言的奥地利著名动物学家卡尔·冯·弗里希曾写道："如果我们想象白蚁和人类一样高，那么它们最高的蚁丘按同样的比例放大，将有近1英里（1英里约合1.6千米）高，是纽约帝国大厦高度的4倍。"图1.8中的"摩天大楼"是由澳大利亚的白蚁建造的。它们被称为罗盘白蚁，因为它们的蚁丘总是南北向排列，迷路的旅行者可以把它们当作指南针（顺便说一句，卫星天线也可以作

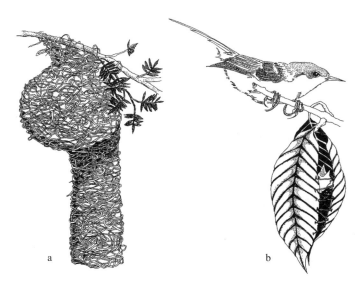

图 1.7 仿设计物中的精美作品。（a）织巢鸟的巢和（b）长尾缝叶莺（*Orthotomus sutorius*）及其巢。

图 1.8 昆虫建造的"摩天大楼"呈南北向排列。图为澳大利亚罗盘白蚁的蚁丘。

为参照：在英国，它们似乎都面朝南方）。对白蚁来说，这样建造的好处是，蚁丘宽阔平坦的表面在清晨和傍晚可以被阳光温暖。但由于只有较尖的边缘朝向北面——南半球正午的太阳所在的方向——所以蚁丘可以免受正午强烈日光的照射。如果我们认为是白蚁自己设计了这个聪明的把戏，也属情有可原。但是，白蚁的建筑行为虽然貌似表现出智能，但其原理实则与这些昆虫的颚部或足的设计原理并无二致。它们都不是经过刻意设计的，而是仿设计物。

动物造物，如石蚕鞘壳和白蚁蚁丘、鸟巢或壁蜂的罐，都很吸引人，但它们在仿设计物中属于特例，是一种有趣的奇观。其实"仿设计物"这个名字主要是指有生命的生物躯体本身及其组成部分。生物躯体不是由熟练的手、喙或颚组装而成的，而是由胚胎发育的复杂过程形成的。沉迷于面面俱到的分类狂可能会把像黄蜂罐这样的动物造物视为次级的仿设计物，或者是介于刻意设计和仿设计物之间的中间类别，但我认为这很容易让人困惑。不可否认，这个陶罐是用泥土制成的，而不是活细胞，它的形状是通过黄蜂肢体运动形成的，表面上类似于人类陶工的手部动作。但是，这两个例子体现的所有"设计"、所有巧思、所有针对某种容器用途而实现的契合度，其实有着迥异的来源。人类的陶罐是由陶工头脑中想象力的创造性过程构思和规划的，或者是通过刻意模仿另一个陶工的风格而塑造的。黄蜂的陶罐则是通过一个非常不同的过程实现其精巧构造和与用途的契合的——实际上，这个过程与赋予黄蜂自身身体精巧和适合度的过程完全相同。如果我们继续将生物躯体作为仿设计物对象加以探讨，这一点将变得更加清晰明确。

我们之所以对"真正的设计"和仿设计物的"伪设计"表现出赞赏之意，原因之一是我们为该物体和其他物体之间呈现的相似之处所打动。拉什莫尔山的头像显然是精心设计的，因为它们看起来很像总统本人。叶海龙长得像海藻，这显然也不是偶然。但是，这样的拟态，如甲虫与白蚁的相似，或竹节虫与树枝的相似，绝对不是生命世界中唯一让我们印象深刻的相似性。我们常常会对具有相同功能的生物结构和人造装置之间的相似之处感到震惊不已。人眼和人造的相机之间的"拟态"是众所周知的，无须在此赘述。工程师通常是最有资格分析动物和植物的"躯体"如何运作的人，因为有效的运行机制必然遵循同样的原则，无论其是设计物还是仿设计物。

　　生物体常常会彼此趋于相同的形状，不是因为它们互相模仿，而是因为它们所共有的形状对各自都有用。图 1.9 中所示的刺猬和马岛

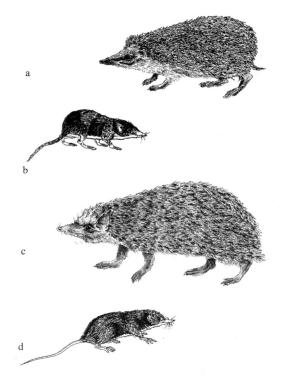

图 1.9　具有相似需求的动物彼此之间的相似程度往往超过它们与近亲之间的相似程度。阿尔及利亚刺猬（*Erinaceus algirus*，a）是形如鼩鼱的中国鼩猬（*Neotetracus sinensis*，b）的近亲。而大马岛猬（*Setifer setosus*，c），则是长尾稻田猬（*Microgale melanorrachis*，d）的近亲。

猬是如此相似，以至于把它们分别画出来都显得吃力不讨好。它们之间的亲缘关系可以说较近，毕竟都属于食虫目。然而，其他证据表明，它们之间的亲缘关系也足够远，远到足以让我们确信，它们是独立演化出多刺外表的，且可能是出于类似的原因：这些刺可以保护它们免受捕食者的攻击。图中，与每一种带刺动物相邻描绘的是一种类似鼩鼱的动物，然而每一种带刺动物与这种类似鼩鼱的小家伙的亲缘关系反而比与另一只带刺动物的关系更近。图 1.10 给出了另一个例

图 1.10　趋同演化：独立演化出的流线型的身体。从上到下依次为：（a）宽吻海豚（*Tursiops truncatus*），（b）鱼龙（*Ichthyosaurus*），（c）大西洋蓝枪鱼（*Makaira nigricans*），（d）加岛环企鹅（*Spheniscus mendiculos*）。

子。在海面附近快速游动的动物常常拥有相同的形状。工程师们称这种形状为流线型。图中所示分别为海豚（哺乳动物）、已灭绝的鱼龙（我们可以把它想象成相当于海豚的爬行动物）、枪鱼（硬骨鱼类）和企鹅（鸟类）。这便是所谓趋同演化。

　　表面上的趋同并不总是那么有意义。那些把面对面的交配体位视为高等人类的特质的人——不全是传教士——可能会被图 1.11 中的千足虫迷住。如果我们称之为趋同，那可能不是由于趋同的需求，相反，男性和女性相互依偎的姿势只有这么多，而且可能有充足理由去随机实施其中任何一个。

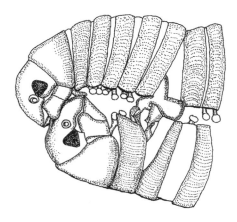

图 1.11　正在交配的钝尾蛇千足虫（*Cylindroiulus punctatus*），呈传教士体位。

　　于是绕了一圈后，我们又回到了开头的主题——纯粹的偶然。也有一些生物与其他物体相似，但这种相似程度可能不够强烈，所以只能归为偶然。吕宋鸡鸠的胸前有一簇红色的羽毛，这样的位置会让人产生它的胸部有致命伤口的错觉，但这种相似不太可能有什么意义。同样出自偶然的是海椰子与女性会阴的相似（图 1.12a）。就像山坡呈现的肯尼迪轮廓像一样，认为这些相似之处是出于巧合的原因是统计学上的。鸡鸠用红色羽毛演绎一道伤口，"模拟"出流血的心脏。另一方面，不可否认海椰子那个明显的"拟态"令人印象深刻。它包含两到三个特征，而不仅仅是一个。它甚至还能让人联想到阴毛。但人类的大脑会努力寻找物体间的相似之处，尤其是对我们特别感兴趣的身体部位。我怀疑这正是我们看到海椰子时发生的情形，就像我们对呈现肯尼迪轮廓像的山体所产生的认知一样。

图 1.12a　自然界中偶然的相似：海椰子。

　　鬼脸天蛾的例子也是如此（图 1.12b）。的确，我们的大脑对人脸有一种过度的渴望，这是心理学家所知的最显著的错觉之一的基础。如果你买到一个普通的面具，把它举起来，让空白的一面对着另一个人（你选择的背景要使面具的眼洞很显眼），观者很可能会将其看作一张实际的脸。你会发现还有一个非常奇怪的结果，如果你轻轻地将面具从一面旋转到另一面的话。记住，观者的大脑"认为"它是一张实际的脸，但这个物体实际上是一个面具。于是当面具向左转动时，为使视觉信号与大脑认为"脸是实物"的假设相一致，唯一的方法就是假设面具向相反的方向转动。而这正是观者将会看到的错觉。这个面具看起来是在按照与实际旋转方向相反的方向旋转。①

图 1.12b　自然界中偶然的相似：赭带鬼脸天蛾（*Acherontia atropos*）。

因此，鬼脸天蛾似乎很有可能只是偶然与一张脸相似而已。不过，对此我要补充一点，我们德高望重的演化理论家之一、现任职于新泽西州罗格斯大学的罗伯特·特里弗斯（Robert Trivers）认为，昆虫背部的面部模仿可能是一种适应，目的是吓阻潜在的捕食者，比如鸟类（我们觉得飞蛾背上的脸就像一个人类骷髅，但它也可能看似一只猴子的脸）。他很可能是对的，若是如此，我应该把这个例子放在"仿设计物"的类别之下才对。出于不同的原因，另一种明显的人脸拟态动物——日本武士蟹可能也以此为适应手段。这只螃蟹的背部很像凶悍的武士面部（可我不得不说，并不算酷似）。有人提出，几个世纪以来，日本渔民在人类大脑对面孔的天然的内在渴望的驱使下，会注

---

① 作者所述即凹面脸错觉（Hollow Face），也被称为空心面错觉，是一种经典的视错觉现象，反映了大脑经验对外界信息认知的影响。

意到一些螃蟹的背部与人的面孔有轻微的相似之处。出于迷信或尊重的原因，渔民不希望杀死长着人脸的螃蟹（尤其是长着武士脸的螃蟹），所以他们会将其扔回海里。根据这一理论，许多螃蟹的生命都是由其背上的人脸所拯救的，而那些在任何一代中具有最明显的人脸特征的螃蟹都为下一代贡献了更多的后代。因此，后代蟹相比前代蟹在模拟人脸方面就有了领先优势，并且这种相似性会逐渐增加。

当我们讨论如何简单地通过搜寻石头来获得一把石刀时，我们一致认为，你可以通过检查世界上所有的石头，然后扔掉那些钝的（绝大多数）来"制造"一把锋利的刀具。如果你寻遍了各个碎石堆和采石场，你肯定会找到一块石头，它不仅有锋利的刀刃，而且有方便握持的把手。有人说制药行业的运作方式就是先对大量随机产生的分子进行检验，然后再对少数看起来有希望的分子的功效加以测试，这当然只是片面的过度简化。但我们一致认为，作为一种获得有用工具的方法，"发现"是极其低效的。最佳的方法是先选择合适的材料，比如石头或钢铁，然后根据设计对其进行打磨或雕刻。然而，这并不是仿设计物对象——让人产生设计错觉的生物——所采取的制造方式。生物从根本上说是通过一种更像是"发现"的过程产生的，但它在一个非常重要的方面与纯粹的发现有所不同。

在以下问题上提及石头似乎有点古怪，但我还是会看看它会把我的思路带向哪里。石头不生子。如果石头有像自己一样的孩子，这些孩子就会从父母那里继承生育孩子的属性。这意味着它们会有无穷的世代和无穷的后代。人们可能会认为这是一种牵强附会的推断，石头有后代又怎样呢？要回答这个问题，我们需将目光转向一种同样在无意间获得锐利度，但又确实有后代的物件。

一些芦苇坚硬的带状叶片有相当锋利的边缘。这种锐利度可能是叶子的其他特性的副产物。你可能被芦苇叶割伤，这足以让人恼火，但又不足以让人怀疑它的锋利边缘是故意为之。毫无疑问，有些叶子比其他叶子锋利，你也可以在湖边搜寻你能找到的最锋利的芦苇叶。然而此处正是我们与寻找石头的经历分道扬镳的地方。不要只是用你找到的芦叶刀去切东西，还要用它来繁殖，或者用你采摘的同一株植物上的其他部分进行繁殖。让叶片最锋利的植物进行异花授粉，淘汰那些钝叶片的植物：怎么做到这一点并不重要，只要确保叶片最锋利的植物完成大部分的繁殖即可。不是一次，而是一代复一代。在这个过程中，你会注意到这些芦苇仍然有钝叶和锋利叶之分，但就平均而言，芦苇叶会变得越来越锋利。百代之后，你可能会繁殖出一些能用来给你刮胡子的叶片。如果你在培养叶边缘锐利度的同时还培养其刚性，那你最终可能会被折断的芦苇叶割破喉咙。

从某种意义上说，你所做的不过是找到了某种你想要的品质：并没有雕刻、打磨、铸模或抛光，你只是找到了已经存在的最佳选择。锋利的叶片被发现，钝叶片被丢弃。这就像寻找锋利石刀的故事，但有一个重要的补充：这个过程是累积的。石头不能繁殖，而叶片，或者更确切地说，是制造叶片的植物却可以。当你找到了一代植物叶片中最好的刀片，你不会简单地使用它直到它磨损殆尽。你可以通过培育它来增加你的收获，将它的优秀品质传递给后代，而它可以在已有基础上进一步增强特性。这个过程是累积的，永无止境的。你仍然只是在不断地搜寻，但由于遗传特性使累积收益成为可能，你能在后一代找到的最佳样本会比你能在前一代找到的更好。我们将在第 3 章看到，这就是"攀登不可能之山"的含义所在。

这种不断锐化的芦苇叶是我为阐明某种观点而虚构出来的。当然，世上也不乏基于同样原理的真实例子。图 1.13 中的所有植物均源自一种野生甘蓝（*Brassica oleracea*）。这是一种相当不起眼的植物，看起来也不太像甘蓝或卷心菜。而人类利用这种野生植物，在短短几个世纪的时间里，便将其塑造成了图中这些迥异的食用植物。狗的育种情况也与此如出一辙（图 1.14）。

图 1.13　所有这些蔬菜都是从同一个祖先，即野生甘蓝培育而来的：（从左上起顺时针依次为）芽甘蓝、球茎甘蓝、芜菁甘蓝、鼓甘蓝、花椰菜和金皱叶甘蓝。

图 1.14　人工选择塑造动物的力量。所有这些家犬都是由人类从同一个野生祖先——狼（最上）培育出来的：（在狼以下，从上到下依次为）大丹犬、英国斗牛犬、惠比特犬、长毛腊肠犬和长毛吉娃娃。

虽然狗和豺、狗和郊狼的杂交确实存在，但现在大多数权威人士都承认，所有家犬品种都是几千年前狼类祖先的后代。看看如今各种家犬的形态，就好像我们人类将狼的血肉当作一个制陶的土坯随意拿捏一样。当然，我们并没有真的把狼的躯体"捏"成惠比特犬或腊肠犬的形状。我们是通过累积性发现做到这一点的，或者，对此更传统的说法是选择性育种或人工选择。惠比特犬的育种者会找出那些看起来比平均水平更像惠比特犬的个体犬只。他们以这些个体为基础进行繁殖，然后找到下一代中最像惠比特犬的个体，以此类推。当然，事情不会那么简单，育种者的头脑中也不会事先就有一个现代惠比特犬的模子作为远期目标。也许他们只是钟情于那些我们现在认为是惠比特犬所具有的身体特征，或者这些可见的特征是为了实现其他目标——比如熟练地猎兔——而进行育种时得到的副产物。但人们培育出惠比特犬、腊肠犬、大丹犬和斗牛犬的过程更像是发现，而不是揉捏黏土模型。然而，它仍然不同于纯粹的发现，因为它是世代累积的。这就是我称之为"累积性发现"的原因。

偶然产生的物体被简单地发现。经过设计的物品压根就不是被发现的，它们的形状是被塑造、模压、揉捏、组装、组合、雕刻而成的。而仿设计物则是被累积性发现的，要么是经由人类之手，比如家犬和甘蓝，要么就是大自然的造化，比如鲨鱼。遗传的事实决定了每一代偶然发现的改进会在许多世代中累积起来。经过延续数代的累积性发现，一个仿设计物便产生了，其外观设计之完美可能会让我们惊叹不已。但它不是真正的设计，因为它是通过一个完全不同的过程实现的。

如果我们能够随时按自己的心意对这个过程加以演示，那就再好不过了。狗繁育一代所需的时间比我们的短一点，但即便如此，推动犬类演化出任何显著程度的特征所需的时间也超过人类的一生。人类培育出吉娃娃的时间大约是大自然从吉娃娃大小（尽管不是吉娃娃的样子）的食虫类祖先培育出狼所花时间的万分之一，这些祖先还得追溯到恐龙灭绝的时代。即便如此，对真实的、有生命的生物——至少是比细菌大的生物——实施人工选择的速度还是太慢，无法给我们这些缺乏耐心、寿命短暂的人类带来足够震撼的示范。因此，你可以用计算机加速这个过程。不管计算机有什么缺陷，它们的运行速度都快得令人眼花缭乱，它们能模拟任何可精确定义的事物，其中便包括动物和植物的繁殖过程。如果你模拟遗传——生命最基本的条件，并配以偶尔出现的随机突变，那么在几百代的选择性育种过程后，那些呈现在你眼前的演化事物便会真的令你吃惊不小。我在拙作《盲眼钟表匠》（*The Blind Watchmaker*）中率先采用了这种方法，并使用了一个与之同名的计算机程序。有了这个程序，你就可以通过人工选择，培育出被称为"计算机生物形"（computer biomorphs）的造物。

所有计算机生物形都是由一个形似 的共同祖先繁殖出来的，就像所有的狗都是从狼繁殖而来的一样。带有随机"基因突变"的后代会"成窝"地出现在计算机屏幕上，并由人类选择每一窝后代中的哪些成员被用来进行繁殖。对此过程，我还需要做一些解释。首先，在这些计算机生成对象中，"后代"、"基因"和"突变"是什么意思？所有生物形都具有相同的"胚胎机制"。它们基本上被构建成一棵分枝的树，或者是一连串彼此连接的树的片段。这棵树的细节，比如有多少根树枝，不同树枝的长度和角度，都是由"基因"控制的，而"基因"就是计算机里的数字。真正的树的基因，就像我们的基因和细菌的基因一样，都是用 DNA 的语言写成的编码信息。DNA被一代一代地复制，虽然并非完美，但精确度非常高。在每一代中，DNA 都被"读出"，并对动物或植物的形状产生影响。图 1.15 展示了在真实的树木和计算机模拟的生物形树中，仅仅几个基因的改变如何通过改变生长——如每个新枝的发芽——的编程规则来改变整个植物的形状。生物形的基因不是由 DNA 构成的，但这种差异对我们的目的来说并不重要。DNA 也是数字编码的信息，就像我们计算机里的数字一样，而这些计算机里的数字"基因"也会随这些生物形代代相传，就像 DNA 会随着一代又一代的植物或动物传递一样。

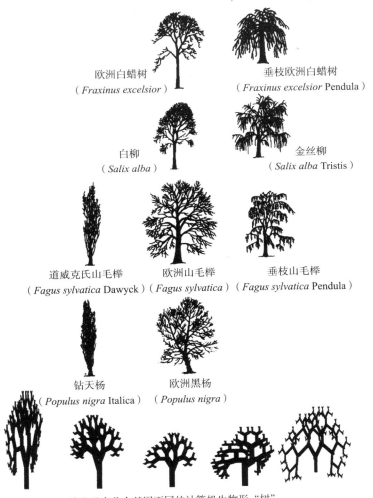

欧洲白蜡树
（*Fraxinus excelsior*）

垂枝欧洲白蜡树
（*Fraxinus excelsior* Pendula）

白柳
（*Salix alba*）

金丝柳
（*Salix alba* Tristis）

道威克氏山毛榉
（*Fagus sylvatica* Dawyck）

欧洲山毛榉
（*Fagus sylvatica*）

垂枝山毛榉
（*Fagus sylvatica* Pendula）

钻天杨
（*Populus nigra* Italica）

欧洲黑杨
（*Populus nigra*）

彼此只有几个基因不同的计算机生物形"树"

图 1.15　真实的树木和计算机模拟的生物形树，展示了由于生长规律的微小变化，同一物种的不同品种在形态上是如何变化的。一些种类的树出现了垂枝品种，而一些种类则呈现出指向天空的"伦巴第"钻天形态。

当一个生物形有一个子代时，这个子代继承了其亲代的所有基因（它只有一个亲代，因为没有性别），但存在随机突变的可能性。突变是基因数值的少量随机增减。因此，一个子代可能像它的亲代，但其中一个分枝的角度略大，因为它的"基因6"的数值从20增加到了21。当程序进入生物形繁殖模式时，计算机会在屏幕中央绘制一个生物形，周围是一窝随机突变产生的子代。因为它们的基因只有轻微的变化，子代总是与亲代表现出一家人般的相似性，而且子代彼此之间也很相似，但它们经常显现出人眼可以察觉到的细微差异。于是一个人可以使用鼠标，从屏幕上的生物形中选择一个进行"繁殖"。此时屏幕将被清空，除了被选中的生物形。它会滑到屏幕中央的亲代位置，然后在周围"产下"一窝新的突变子代。随着一代又一代的演变，选择者便可以引导演化，就像人类引导家犬的演化一样，但速度要快得多。当我第一次编写这个程序时，让我感到惊讶的一件事是可以如此之快地从最初的树形演化出各种形态。我发现我可以将生物形导向一只"昆虫"或一朵"花"、一只"蝙蝠"、一只"蜘蛛"或一架"喷火战斗机"。图1.16中的每一个生物形都是历经几百代人工选择繁殖的最终产物。因为这些造物是在计算机里实现繁殖的，所以你可以在几分钟内完成许多代的演化。只要在一台处理速度飞快的现代计算机上运行这个程序几分钟，你就会对达尔文式选择是如何运作的有一种无比生动的切身体验。在我看来，图1.16中呈现的生物形"野生动物园"中的各种形态类似于黄蜂、蝴蝶、蜘蛛、蝎子、扁虫、虱子和其他各种"生物"，即使它们并不像这个星球上的特定物种。然而，它们都是这些生物所栖身的树木的表亲，也是右上角"喷火战斗机中队"的表亲。在这一点上，它们是近亲。它们都有相同数量的基因（16个），只是在这些基因的数字编码值上有所不同。仅通过选择性繁殖，你就可以将这个"野生动物园里"的任何一种造物变成另一种，或者是数万亿种其他生物形中的任何一种。

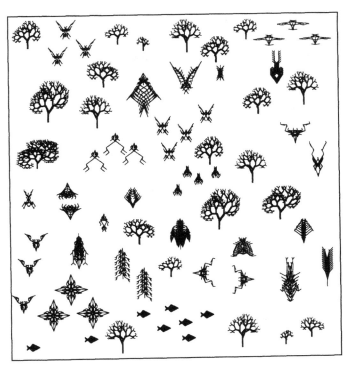

图 1.16 黑白生物形组成的"野生动物园"，它们由计算机程序"盲眼钟表匠"繁殖得出。

该程序的最新版本还可以繁育出颜色各异的生物形。它基于旧的程序搭建，但有一个更复杂的"胚胎机制"和一些新的基因来控制树枝的颜色。还有一些新的基因决定了树的每一个分枝是直线、长方形还是椭圆形，所涉及的形状是填充颜色的还是空心的，以及线条被涂得有多粗。当使用有颜色版本的程序时，我发现自己所循的不是朝向昆虫和蝎子的演化路线，而是朝向花朵和那种可能很适合印在壁纸或浴室瓷砖上的抽象图案（图 1.17）。我的妻子拉拉·沃德在椅套上绣了四个这样的生物形，每一针都精确对应一个计算机像素。

生物形是由人类选择者"人工选择"出来的。在这方面，它们就像甘蓝或纯种狗。但人工选择需要一个身为人类的选择者，这不是本书的主旨。在这方面，我只是效仿达尔文，将人工选择作为另一个不同过程的范例而已，这个过程便是自然选择。最后，是时候谈谈自然选择本身了。自然选择与人工选择很像，只不过没有了人类选择者。物种子代的生死存亡，不由某个人类抉择，而是由大自然来"决定"。前一句最后的引号是至关重要的，因为大自然不会有意识地决定。这一点似乎显而易见，无须强调，但你会惊讶地发现，很多人认为自然选择蕴含着某种个人选择。他们大错特错。事实是，一些子代更有可能死亡，而另一些子代则具备生存繁衍的条件。因此，随着一代又一代的推移，种群中一般的、典型的生物在生存繁衍的技艺方面便日臻精湛。我应该说明的是，如果对此用某种绝对标准来衡量当然更好。但在实践中这种绝对标准未必奏效，因为生物的生存不断受到其他生物的威胁，后者也在演变和完善自己的技艺。一个物种可能在躲避捕食者的技巧上愈加娴熟，但由于捕食者同时也在捕捉猎物的技巧上越发进步，因此可能没有净收益。这种"演化军备竞赛"是个颇为有趣的话题，但现在要加以讨论为时尚早。

人工选择在计算机上相对容易实现，生物形就是一个很好的例子。而在计算机中模拟自然选择也是我的梦想。理想情况下，我想为演化军备竞赛设定条件，让"捕食者"和"猎物"出现在屏幕上，互相刺激而趋向渐进演化，我们只需袖手旁观即可。不幸的是，想做到这一点是非常困难的，原因如下。我之前说过，一些子代更有可能死亡，计算机模拟非随机死亡似乎很容易。但是，为了很好地模拟自然死亡，这些计算机造物的消亡必须是由于一些怪异的缺陷造成的，比如腿短，这使得它比食肉动物跑得慢。计算机生物形，例如图 1.16 中的昆虫形态，有时身体上会有附属物，我们想象我们看到的是足。但它们不用这些足做任何事，也没有天敌。它们没有猎物，也不采食植物。它们的世界没有天气变化，也没有疾病。理论上我们可以模拟这些环境

图 1.17 由 "彩色钟表匠" 培育的生物形 "野生动物园"。黑色和白色背景
纯粹是为了装饰而添加的。

危机。但是，孤立地对其中任何一种进行建模，其人为性将不亚于人工选择本身。我们必然会有所干涉，比如武断地决定，长而瘦的生物形比矮而胖的生物形更可能逃离捕食者。让计算机测量生物形的尺寸并选择最瘦的进行繁殖并不困难。但是由此而来的演化就不会那么有趣。我们只会看到生物形一代又一代变得越来越纤细。这就像我们用眼睛人工选择出最纤细的生物形一样。它不具备自然选择的突现特性，而一个好的模拟可能会做到这一点。

现实中的自然选择要微妙得多。从某种意义上说，它要比这复杂得多，但从另一种意义上说，它又非常简单。还有一点要指出，任何一个维度上的改进，比如腿长，都只是在有限的范围内进行的改进。在现实中，对于一条腿来说，过长的阈值未必好。长腿更容易折断，更容易被灌木丛缠住。只要略施小计，我们就可以在计算机上编程模拟这种破损和缠结。我们可以建立一些断裂的物理学原则：找到一种表示应力线、拉伸强度、弹性系数的方法——只要你知道它是如何工作的，任何东西都可以被模拟。问题来自所有我们不知道或未曾想到的事物，而这意味着几乎所有事物。而且，受到无数我们未曾想到的效应影响的，可不仅是最适的腿长。令情形雪上加霜的是，长度只是涉及动物腿部的无数因素之一，这些因素不仅彼此相互作用，还与众多涉及其他方面的因素相互作用，并影响这种动物的生存。可列举的因素有腿的粗度、刚度、脆度，承载重量，关节的数量，腿的数量，腿的尖削度（锥度）等。而且我们目前只考虑了腿。须知动物的所有其他部分均会相互作用，并对动物生存的可能性造成影响。

只要我们试图在理论上将所有对动物生存造成影响的因素进行加成，编程者在计算机上就将不得不做出武断的、人为的决定。理想情况下，我们应该模拟一套完整的物理规律和一个完整的生态，其中有着模拟的捕食者、猎物、植物乃至寄生虫，且所有这些模型生物本身必须能够演化。避免做出人工决定的最简单方法可能是摆脱计算机束缚，将我们的人造生物打造为三维的机器人，让它们在三维现实世界中相互追逐。但是，真要这样做，还不如完全抛弃计算机，直接观察现实世界中的真实动物，这样成本更低，可这样我们就回到了起点！这个主意其实并不像听上去那么无聊，我将在后面的章节中讨论这一点。我们还可以在计算机上做更多的事情，但不是借助生物形。

生物形之所以无法模拟自然选择的影响，原因之一是它们是由二维屏幕上的荧光像素构成的。这个二维世界在很多方面都不符合现实生活中的物理学法则。在一个二维像素构成的世界里，诸如捕食者牙齿的锋利程度和猎物所披盔甲的强度，或是抵御捕食者攻击的肌肉力量、毒液的毒性这样的变量是不会自然出现的。我们能想到一个现实中的例子吗？比如说，一个关于捕食者和猎物的例子，且其能够以自然的、非人为的方式在二维屏幕上模拟？幸运的是，我们真的可以。在谈及仿设计物陷阱时，我已经提到了蜘蛛网。蜘蛛有三维的身体，它们像大多数动物一样生活在一个错综复杂的正常物理世界中。但是部分蜘蛛的捕猎方式有一个特点，尤其适合在二维空间中进行模拟。一张典型的圆蛛网，无论从哪个角度看，都是一个二维结构。它欲捕获的昆虫在第三维度移动，但在关键时刻，当一只昆虫被捕获或逃逸时，所有的动作都发生在一个二维平面上，即蛛网所在的平面。蜘蛛网是我能想到的在二维计算机屏幕上进行自然选择的有趣模拟的最佳候选对象。下一章中，我将主要讲述蛛网的故事，这个故事以真实蛛网的博物学概述为开端，随后呈现的则是蛛网的计算机模型，及其在计算机中通过"自然"选择实现的演化。

第2章

柔丝禁锢

梳理我们对任何生物的理解的一个好办法是，想象"它"（如果你愿意，可以为这些生物安排一个假想中的"设计者"）面临一系列的问题或任务。首先，我们提出最初的问题，然后考虑可能有意义的解决方案，然后再看看这些生物到底是怎么做的。通常我们会注意到，这类动物将因此面临一个新问题，且这一模式将循环往复。我在《盲眼钟表匠》的第二章中叙述蝙蝠和它们复杂的回声测距技术时就是这样做的。在本章关于蜘蛛网的叙述中，我也将沿用同样的策略。请注意，一个问题导致另一个问题的进展过程不能被认为仅贯穿某只动物的一生。如果它是一个纯粹时间的进展，那其在时间尺度上是遵循演化的，但有时它可能不是一个时间的进展，而是一个逻辑的进展。

现在，我们的基本任务是找到一种有效捕虫以果腹的方法。一种解决方案可能是快速飞行。像猎物一样飞向天空，在快速飞行的过程中张开嘴，用敏锐的眼睛精确瞄准猎物后一口叼住。这种方法适用于雨燕和家燕，但需要在高速飞行、机动设备，以及高科技制导系统上进行代价高昂的投资。蝙蝠的解决方案也是如此，不过其在夜间使用回声代替光线来进行制导。

另一种完全不同的可能性来自"守株待兔"式的解决方案。螳螂、变色龙和某些蜥蜴在这方面经历了独立演化和趋同，它们解决这一问题的方式可以变色龙为例，即高度伪装，并以极具耐心的、缓慢隐蔽的方式移动，直到最后关头暴起，用前肢或舌头以迅雷不及掩耳之势捕获猎物。变色龙的舌头使它能够在与自身身长相当的半径范围内捕捉苍蝇。螳螂臂伸展后的可及范围若按身体比例而论，也与变色龙相仿。你可能会认为这种设计可以通过进一步延长捕获半径来加以改进，但是比身体长度长得多的舌头和前肢的构造成本和维护成本太高了：它们因改进而捕获的额外苍蝇不足以补偿对其加以改进而付出的代价。我们能否构想出一种更廉价的方式来扩大捕获"范围"或半径呢？

既然如此，为什么不织一张网呢？网的构建必然需要用到一些材料，而且不是凭空得来。但与变色龙的舌头不同的是，网不需要移动，所以不需要庞大的肌肉组织。它可以像游丝一样纤细，因此可以以低成本纺出并覆盖更大的区域。如果你将原本为构建肌肉发达的前肢或舌头而消耗的肉类蛋白质重新加工成丝，以此织就的网就可以延伸到很大的范围，比变色龙的舌头所及更远。蛛网的面积可以达到蜘蛛躯体的 100 倍，但只需相当经济地利用蜘蛛体内微小腺体的分泌物即可实现。

在节肢动物（动物界的主要分支，昆虫和蜘蛛均可被归入其中）中，丝被广泛使用。枯枝毛虫用一根细线把自己绑在树上。织叶蚁用幼虫吐出的丝将树叶缝在一起，幼虫就像活的梭子一样被工蚁夹在颚中（图 2.1）。许多毛虫在羽化成有翅膀的成虫之前，都会把自己包裹在丝制茧里。天幕毛虫用丝结出的网幕可以把树闷死。一只家蚕结茧时能吐丝近一英里。不过，虽然蚕是人类丝绸工业的基础，但实际上，蜘蛛才是动物王国中技艺最为精湛的产丝动物，而令人惊讶的是，人类竟然没有更大规模地应用蜘蛛丝，它只被用来制作显微镜上精确的十字准线。动物学家兼艺术家乔纳森·金顿（Jonathan Kingdon）在他的佳作《自我塑造的人》（*Self-Made Man*）中推测，蜘蛛丝可能启发人类孩子发明了我们最重要的技术之一——绳子。连鸟类也认识到蜘蛛丝作为一种材料品质优良：已知 165 种鸟类（分属 23 个独立的科，这表明蜘蛛丝的用法已被多次独立发现）将蜘蛛丝纳入它们的巢穴构建材料中。典型的圆网蛛十字园蛛（*Araneus diadematus*）① 可从它的尾部喷嘴中吐出 6 种不同的丝，这些丝是在它腹部的不同腺体中产生的，它会根据不同的目的在不同类型的丝之间切换。早在蜘蛛演化出织网能力之前，它们就已经在使用丝了。即使是从不结网的跳蛛，在跳向空中时也会系上一根丝制的安全线，就像登山者用绳子把自己拴在最近的安全立足点上一样。

图 2.1　大自然中的纺丝工。来自澳大利亚的一种织叶蚁，黄猄蚁（*Oeco-phylla smaragdina*），它将幼虫用作活的织布梭。

---

① 我将使用物种的拉丁学名，我希望大家能原谅我在有关这些名称的惯例上做了一个学究式的脚注，因为有大量受过教育者（也许就是那些把达尔文的杰作称为《物种起源》的人）会把它们搞错。拉丁学名由两部分组成：一个属名［例如，人属（Homo）是一个属］，后面跟着一个种名［例如，智人（sapiens）是唯一幸存的人属物种］，都用斜体或加下划线书写。更高级别的分类单位的名称不用斜体。人属归于人科（Hominidae）。属名是独一无二的：只有一个人属（Homo），也只有一个胡蜂属（Vespa）。物种经常与其他属的物种共享一个种名，但由于属名的独特性，不会造成混淆：大胡蜂（Vespa vulgaris）是一种胡蜂，不会被误认为是普通章鱼（Octopus vulgaris）。属名总是以大写字母开头，而种名则从不如此（现在是这样。最初的惯例是可以从专有名称派生出来。但即使是"达尔文氏"这个种名，现在也会被写成"darwinii"，而非"Darwinii"）。如果你曾经看到过（你常会看到）"Homo Sapiens"或"homo sapiens"的写法，那都是错误的。顺便说一下，请注意"种"（species）这个词既是单数也是复数，而"属"（genus）的复数形式是"genera"。——作者注

所以说，在蜘蛛的"工具箱"中，丝线其实早已有之，而它特别适合编织捕虫网。我们可以把网想象成一种令蜘蛛即刻现身于多处的手段。就体型而言，我们可以把蜘蛛比作一只有着鲸口般大嘴的燕子，或者一只有着 50 英尺长的舌头的变色龙。蛛网极其经济。变色龙肌肉发达的舌头肯定占了其总体重的很大一部分，但蛛网中的丝的重量（一张网所用丝的总长度可达 20 米）还不到蜘蛛身体重量的千分之一。此外，蜘蛛在用完蛛丝后会吃掉这些蛛丝来循环利用，所以被浪费的蛛丝很少。但是，织网手段本身也带来了问题。

对于坐镇蛛网中的蜘蛛来说，一个重要的问题是确保猎物在冲进蛛网后被粘在那里。这个过程存在两种风险。这只昆虫可能轻易地撕破蛛网，然后直穿过去。这个问题可以通过让蛛丝变得非常有弹性来解决，但这又加剧了第二个风险：昆虫现在会像跳上蹦床一样，直接从蛛丝上弹回去。这种情况下，理想的丝，化学领域研究人员梦寐以求的纤维，应该可以有很强的延伸性，以吸收快速飞行的昆虫带来的冲击；但同时，为了避免蹦床效应，在回弹时应该有所缓冲。现任职于丹麦奥胡斯大学的弗里茨·沃尔拉特（Fritz Vollrath）教授在其任职于牛津大学期间，曾与同事一同阐明，由于蛛丝本身结构非常复杂，因此至少有一些蛛丝确实具备上述特性。图 2.2 和图 2.3 中放大的蛛丝实际上比看起来的要长得多，因为它大部分收卷在水滴状微珠中。它就像一条项链，串珠里还缠绕着多余的线。这种收卷是由一种尚未完全了解的机制完成的，但其结果是毋庸置疑的。蛛丝可以伸展到静止长度的 10 倍，而且其回弹速度也足够慢，不至于把猎物弹出蛛网。

为了防止猎物逃跑，蛛丝需要的另一个特征是黏性。在我们刚刚讨论的缫丝系统中，包裹在丝上的物质不仅仅是水。丝很黏，只要一碰，昆虫就很难逃脱。但并不是所有的蜘蛛都以同样的方式让蛛丝获得黏性。筛器类蜘蛛从一种叫作筛器（cribellum）的特殊吐丝器官中产生多股丝。然后，蜘蛛通过装于其腿节的特制梳子（栉器）将多股蛛丝梳理出来。以这种方式"纺出"的多股丝会在表面膨出一团乱麻的缠结效果（图2.4）。这种缠结小到肉眼不可见，但正好可以勾住

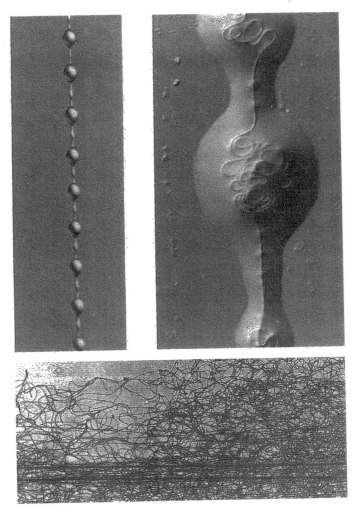

图2.2（左上） 沿着蛛网的丝线分布的微珠。

图2.3（右上） 其中一个微珠放大后可见内部盘绕着的丝线，就像一个"绞盘"。

图2.4（下） 另一种使网具有黏性的方法：筛器类蜘蛛"纺出"的丝。

昆虫的腿。这种经过梳理的"筛器"丝如同有黏性，只是获得黏性的方式不同。从某方面来看，筛器类蜘蛛有一个优势。它们的丝保持黏性的时间更长。那些不对丝进行梳理而是使用黏性"胶水"的蜘蛛每天早上都要重新编织它们的黏性网。诚然它们完成这个工作可能只需不到 1 个小时，速度之快几乎令人难以置信，但当你面对自然选择时，每一分钟都至关重要。

但现在，黏性丝线带来了一个极具讽刺意味的新问题。无论是涂上"胶水"还是将其纺成一团，足以诱捕昆虫的黏性丝线对蜘蛛自己来说也会很棘手。蜘蛛并没有对这种黏性产生神奇的免疫力，但其已经借助演化手段给出了各种不完全有效但也多少有些效用的解决办法，以避免自己被自己的网粘住。那些使用"胶水网"的蜘蛛在自己的足上涂了一种特殊的油，以防止被粘住。我们已经通过将蜘蛛的足浸在乙醚中证明了这一点，乙醚会去掉油性保护层，令蜘蛛失去这种保护。蜘蛛采用的第二个解决方案是使一些丝——从网的中心向外辐射的主辐——不具黏性。蜘蛛自己只在这些主辐上来回走动，她用经过特别修饰的足末端的小爪抓住细丝。（雄性蜘蛛也结网。对这种叙述方式的解释，请参见第 44 页。）她会避开在这些辐条构筑的脚手架上绕来绕去的黏性螺旋状丝线。这很容易做到，因为她通常就端坐于蛛网的中心等待猎物落网，所以到网络上任何一点的最短距离都是沿着这些辐条前进。

现在，让我们来看看蜘蛛在织网时所面临的一系列问题。并不是所有的蜘蛛都遇到同样的问题，在这里，我将以我们熟悉的十字园蛛为代表。我们——或者说蜘蛛——最初遇到的问题是如何让第一根丝穿过网所要横跨的距离，比如一棵树和一块石头之间的缝隙。一旦至关重要的第一根丝成功跨越了这个缝隙，蜘蛛就可以将其作为桥梁来构建剩下的。但是如何建造第一座桥呢？有一种步行搭建方式是拖着一根丝向下爬，在地上绕一圈，然后再爬高到另一端。蜘蛛有时会这样做，但有没有更具想象力的解决方案呢？我们也许有过放风筝的经历，那为什么不利用蛛丝本身轻盈的特性呢？是的。如果有足够大的风，蜘蛛便会这样做。她放出一根蛛丝，顶端是一个扁平的丝制帆或"风筝"。它能兜住风并飘浮到空中。这个风筝是有黏性的，如果它碰巧落在缝隙另一边的坚硬表面上，它就会粘在上面。如果风筝没有触到对面，蜘蛛就会把风筝拖回来，吃掉珍贵的蛛丝，然后再试着换一个新的风筝。最后，缝隙之上便架起了一座可堪一用的桥，蜘蛛只需把自己所在的那一端固定住。于是这座桥现在可供其通行了。

第一座桥不太可能是紧绷的，因为丝的长度是随机的：它不是为特定的缝隙量身定做的。蜘蛛现在要么将这根蛛丝缩短，作为网的一条边，要么把它拖长，呈 V 形，形成蛛网的两根主要辐条。此处存在的问题是，尽管可以将这根丝向下拉成 V 形，但这条 V 形丝不太可能下探足以形成两根长的辐条的距离。蜘蛛自己对这个问题的解决方案是不改变这座桥本身，而是把它作为支撑，并用一根新的、更长的蛛丝来代替它。她是这样做的。她站在桥的一端，从她的尾部抽出一根新的蛛丝，并牢牢地固定好。然后，她把现有的桥咬断，用足抓住切断的一端。之后她凌空跨过缝隙，在身前提供拉力的是被她咬断的最初的桥的遗留部分，在身后拉住她的则是新抽出的蛛丝。她自己就是这座桥上活生生的一个衔接点，并在桥上稳步前行。至于她已经跨过的那部分旧桥，既然已经物尽其用，她便将其吃了。她以这种惊人的方式，一边沿着旧桥向前并将其吃掉，一边在身后造出一座从一端横跨另一端的新桥。此外，她后端尾部吐丝的速度比她吃丝的速度快。因此，在精心控制的情况下，新桥会比旧桥更长。现在这座桥的两端都牢牢地固定住了，它可以垂到合适的位置，拉成 V 形，形成蛛网的中心。

为了做到这一点，她移动到新桥的中心，用自己的重量把这根蛛丝从一条松弛下垂的弧线拉成紧绷的 V 形。V 形丝线的两个臂的位置很好，形成了蛛网的两个主要辐条。下一根要构架的辐条的位置是显而易见的。从 V 形丝线的转折处拉一根垂线是一个好主意，这样可以从下方固定住蛛网中心的位置，即使蜘蛛自身的重量不在这一点上，也能保持这条 V 形丝线绷紧。蜘蛛把一根新的蛛丝固定在 V 形丝线的尖端，然后像一根铅垂线一样把自己吊到地面或其他合适的表面上，在那里把垂直的线固定住。这样一来，蛛网的三根主要辐条现在均整齐就位了，看起来像一个 Y。

接下来的两个任务是把其余的辐条从中心向外辐射出去，并搭建外围框架的边缘。蜘蛛经常巧妙地将两个任务结合起来一起完成，她运用惊人的灵巧手段，操纵两根甚至三根蛛丝，然后在沿着现有的辐条行走时将它们一一分开固定。在本章的初稿中，我详细地解释了这种如同魔法般的翻花绳技巧，但这让我感到头晕目眩。我的一位编辑也抱怨说，读这篇文章让他头晕目眩，因此我不情愿地把这段话删掉了。这一阶段结束后，蜘蛛便构建出了一个完整的轮辐，有 25~30 根辐条（数量因物种而异，也因个体而异），蛛网的基本骨架已经就位。但此时的蛛网仍然像自行车轮一样，大部分空间是空的，苍蝇可以直接穿过。即使苍蝇碰到了其中一根蛛丝，也不会被缠住，因为它们并不黏。现在需要的是在这些径向辐条之间填补大量横丝。想要完成这个任务，编织方式多种多样。例如，蜘蛛可以依次处理每根辐条之间的间隙，她可以从蛛网的中心到边缘，在两根辐条之间不断走之字，然后再反方向填补下一个间隙，以此类推。但这种方式需进行无数次方向的改变，而改变方向会浪费能量和时间。一个更好的解决办法是绕着整张网螺旋式行进，这便是蜘蛛通常的做法，尽管蜘蛛偶尔也会折回。

但是，无论你是之字形行进还是螺旋式行进，都会有其他问题。铺设黏丝是为了捕捉昆虫，这是一个需要精确性的作业。丝线间的空隙必须恰到好处。与径向辐条的连接必须定位巧妙，使这些辐条不至于被拉成一团糟，留下可容猎物飞过的孔洞。如果蜘蛛试图在单靠辐条本身保持平衡的情况下实现这种微妙的定位，那么它自身的重量很可能会把辐条拉断，有黏性的螺旋线就会在错误的位置以错误的张力连接在一起。此外，在网的外缘附近，辐条之间的间隙往往大到蜘蛛靠自己的足无法跨越。这两个问题的解决之道就是从蛛网中心开始螺旋向外工作。中心附近的间隙很窄，辐条也不太容易被蜘蛛的重量扭曲，因为它们相互支撑。而当你螺旋行进逐渐向外时，辐条之间的间隙必然会扩大，但没关系，因为当你开始螺旋式铺设每一个环时，之前的内环便在不断扩大的间隙之间提供了桥式支架。但这个解决思路的问题在于，用于捕捉昆虫的丝非常细，而且很有弹性，它没有办法提供太多支撑。当整个螺旋架构最终完成时，蛛网会是相当坚固的，但在施工过程中，我们面对的是一张并不完整且较为脆弱的网。

这是蜘蛛在铺设精细的捕虫用螺旋结构时会遭遇的主要问题，但不是唯一的问题。请记住，尽管向外辐射的辐条没有黏性，而且蜘蛛踩上去也没什么问题，但我们现在已经开始讨论针对猎物的黏丝的铺设。如我们先前所见，蜘蛛并不是完全不受自己网的黏性的影响。就算它们不受影响，在建造下一圈螺旋结构时，把先前的一圈当作桥梁可能会部分削弱它宝贵的黏性。因此，虽然从中心向外构建黏性螺旋结构看起来是个不错的主意，但当蜘蛛在前一圈黏性环上行走时，可能会遇到字面意义和隐含意义上的"绊子"。

这些困难难不倒蜘蛛。她的解决方案是人类建筑师可能也会想到的：临时脚手架。她确实从蛛网中心向外铺设了一个螺旋结构，但并不是用最终用于捕虫的黏丝。她首先铺设一个特殊的一次性"辅助"螺旋结构，以帮助她随后搭建黏性螺旋结构。辅助螺旋不具有黏性，它的间距比最终的黏性螺旋大得多。它不适合捕虫，但它比黏性螺旋结构更强韧。它使蛛网变得更为坚固并提供支撑，当蜘蛛最终开始构架真正的黏性螺旋结构时，它能让蜘蛛在辐条之间安然通行。辅助螺旋结构只需要绕网转七到八圈就能从中心到达边缘。完成后，蜘蛛便关闭了它那产生不黏蛛丝的腺体，亮出真家伙：专门分泌致命黏丝的腺体。她沿着从边缘到中心的螺旋路径反方向编织，比由内向外移动时的步幅更紧密、更均匀。这时，辅助螺旋结构不仅被用作脚手架和支撑，而且也可作为视觉（实际上是触觉）指引。铺设黏性螺旋结构的时候，她会在每个阶段完成后切断相应的辅助螺旋结构。随着她跨过每根辐条，更细致且带有黏性的新螺旋结构便被小心翼翼地连接，通常这种连接十分巧妙，让人联想起铁丝网或渔网。顺便说一下，临时搭建的脚手架并不会浪费蛛丝，因为这些蛛丝仍然附着在辐条上，以后会被蜘蛛吃掉。当蜘蛛最终拆除蛛网时，剩下的蛛丝也会被吃掉。她不会在铺设黏性螺旋结构时立即吃掉这些辅助丝，大概是因为从辐条上找出单根断丝会浪费时间。

当蜘蛛螺旋式行进到蛛网中心时，网就完成了。此时还需要对网的张力进行一些调整：这是一项需要熟练技术和精确性的工作，就像给弦乐器调音一样。蜘蛛会立于网的中心，用足轻轻地拉动蛛网，感受蛛网的张力，做一些必要的加长或缩短工作，然后转身从另一个角度重复这个动作。有些蜘蛛会在蛛网中心周围编织复杂的纹路，可能这便是用来微调张力的。

提到弦乐器，我得顺便解释一下为什么这支弦乐队有点缺乏阳刚之气。在这个故事中，我将蜘蛛称为"她"，不是因为雄性蜘蛛不会织网——其会织网，甚至新生的蜘蛛也能织成微型的网——而是因为雌性蜘蛛更大更显眼。雌性蜘蛛体型较大，再加上任何年龄或性别的蜘蛛都倾向于吃掉任何比自己小的移动物体，这确实给雄性蜘蛛带来了一些问题。蜘蛛是甲虫、蚂蚁、蜈蚣、蟾蜍、蜥蜴、鼩鼱和许多鸟类的食物。有一大类群的黄蜂专门捕捉蜘蛛，并将它们喂给自己的幼虫。但蜘蛛最主要的捕食者可能是其他蜘蛛，它们并不顾忌物种的界限。任何冒险爬上比自己更大的蜘蛛所编织出的蛛网的蜘蛛都会有致命危险，但这是雄性蜘蛛必须面对的危险，如果他想要完成他必须完成的任务——交配——的话。

雄蛛如何应对这个问题会因物种而异。在某些情况下，他会将苍蝇包裹在一个丝制包裹里，然后将它送给雌蛛。等到她完全沉浸于这顿苍蝇大餐之后，他才过去进行交配。没有苍蝇包裹的雄蛛可能会被吃掉。另一方面，雄蛛有时会给雌蛛一个空包裹，或者在交配完成后从她的嘴里抢走食物并潜逃，也许是为了将这些食物递送给另一只雌蛛。在另一些物种中，雄蛛则仰仗一个事实：在蜘蛛蜕皮之后，新壳变硬之前，她或多或少是没有防御能力的。而此时正是雄蛛寻求交配的最佳时机，而且有几种蜘蛛的唯一交配时机就是在雌蛛蜕皮后，此时雌蛛较为柔软、顺从，或者至少是解除了武装。

其他蜘蛛物种使用一种更引人入胜的手段，为此我得离题多说两句。结网蜘蛛生活在一个充满张力的世界里。其蛛丝就像额外的肢体、探索的触角，几乎相当于眼睛和耳朵。它通过一种包含紧张和放松、伸展和松弛的改变张力平衡的语言来感知事件。雌蛛的心弦便如同绷紧的顺滑蛛丝一样。如果雄蛛想向雌蛛求爱，并避免或至少推迟被后者吃掉，他最好学会拨弄那些丝线。即使是俄耳甫斯，恐怕也没有比这更好的奏乐理由。在某些情况下，雄蛛会站在雌蛛的蛛网边缘，像拨动竖琴琴弦一样拨动网（图 2.5）。这种有节奏的拨弦声是任何昆

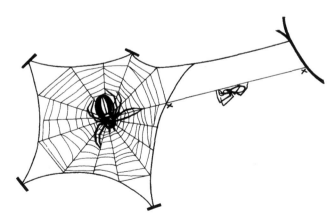

图 2.5　慎之又慎：雄蛛将交配丝系在雌蛛的网上。

虫猎物都不会发出的，似乎是为了安抚雌蛛。在许多物种中，雄蛛还通过将自己的一根特殊的"交配丝"附着在雌蛛的网上来拉开他与雌蛛蛛网的距离。他拨动这根特殊的弦，就像爵士乐手拨动单弦茶箱贝斯。振动沿着交配丝传播，并在雌蛛蛛网的周围产生共鸣。

这种共鸣抑制或延迟了雌蛛正常的进食冲动，并诱使雌蛛沿着交配丝走向拨弦声的来源，并在那里完成交配。这个故事的结局对雄蛛那速朽的肉体来说未必总是幸事，但他不朽的基因现在已经安全地潜入了雌蛛的体内。世界上有很多蜘蛛的雄性祖先在交配后死亡。但如果雄性祖先在一开始因为爱惜己身而不曾交配，那这世界上便将没有蜘蛛。

在结束这场对性与蛛丝的讨论之前，不妨再看看下面的故事。有些蜘蛛物种，其雄蛛在与雌蛛交配之前，会将雌蛛像格列佛在小人国遭遇的那样用蛛丝绑住（图 2.6）。人们很容易猜测，他是利用雌蛛的性冲动暂时抑制了她的捕食本能，从而把她绑住，这样当她的进食欲望又占据上风时，他就能安然逃走了。但我所听到的版本是：雌蛛在交配后，毫不费力地挣脱束缚，独自阔步而去。也许这种仪式上的束缚是其祖先真正的束缚行为的象征性残余。也有可能，雌蛛被困的时间只要足够雄蛛抢先一步溜之大吉便可。毕竟，他不希望她永远被束

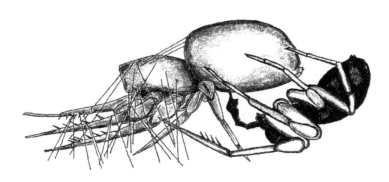

图 2.6　雄蛛用蛛丝绑住体型较大的雌蛛。

缚在那儿：她必须重获自由以便产卵，否则这一连串危险动作在遗传上都只会是徒劳无功。

现在让我们回到关于圆蛛网及其如何构建和使用的主题上。让我们暂且假设，在织网过程结束时，织网的蜘蛛会位于网的中央，专注于微调。然后我们继续罗列问题和解决方案。一张网眼足够细的网可以捕捉昆虫，但网眼太细了，会使蜘蛛自己也无法从网的一面穿行到另一面。只需简单设置"自由区"通常便可避免迂回绕行蛛网边缘的漫长路程。这往往是一圈围绕蛛网中心的无黏性螺旋蛛丝区域。在某些蜘蛛中，例如楚蛛属（*Zygiella*）蜘蛛，其蛛网有单个扇形区域是空的。虽然我在介绍这部分的时候，是将其当作从蛛网的一面快速行进到另一面的通道，但它的重要性可能没有你想象的那么大，因为楚蛛不像许多蜘蛛那样坐镇蛛网的中心。她踞于一个离蛛网边缘有点距离的管状藏身处，个中原因我会在探讨下一个相关问题时提及。

正如我们所见，蜘蛛本身面对其捕食者时并非无懈可击，比如它会被鸟吞食。除了在某些角度的光线下，或者在其缀满闪烁的露珠的时候，蜘蛛网本身是很难被看到的，因为蛛丝太细了。而它的建造者，雷打不动地坐在蛛网中央的蜘蛛，通常是蛛网最显眼的特征。而当你又胖又惹鸟类注目的时候，离网而栖就是一个不错的选择。但另一方面，蜘蛛的捕猎天性决定了她会长时间坐等猎物自投罗网，而蛛网中心显然是最适合坐等之处，因为它是所有不黏丝架设的主干道的交会处。这样的两难困境会导致妥协，不同的物种会选择各自的妥协方式。我们的雌性楚蛛可能会立足于蛛网外，但她也不会与蛛网中心断开连接。她通过一条特殊的信号丝保持联系，这条蛛丝从她的藏身之处一直延伸到蛛网中心。信号丝处于紧张状态，它会将振动即刻传递给在旁等待的蜘蛛。只要一有响动，她就会沿着信号丝爬到蛛网中心，然后在那里沿着任意一根主辐前往正在不断挣扎的目标的所在之处。这根信号丝位于我之前已提到过的"空白"部分的中间。让我们重新来探究一下，为什么蛛网要空开这部分呢？也许，如果这部分铺设了黏丝，就会阻碍她以迅雷不及掩耳之势冲到蛛网中心。或者，信号丝如果被与其交叉的横丝干扰，也许其传递振动信息的效率便会降低。

完全离开蛛网是楚蛛选择的妥协方式，毫无疑问，当猎物在蛛网中挣扎时，它付出的代价是到位速度多少慢了一点（如果你想知道为什么速度很重要，我们很快就会谈到这一点）。另一个折中办法是仍然让自己踞于网中心，但尽量看起来不显眼。一些蜘蛛经常会在蛛网中心铺上一层更密实的丝垫，它们可以躲在这块垫子后面，或者将自己伪装起来。有些蜘蛛网上有一条或几条特别密集的锯齿状丝带，可能会转移猎食者对潜伏在蛛网中心的蜘蛛本身的注意力（但也有人认为，这样的条纹实际上是蜘蛛微调蛛网张力所用装置的一部分）。有些蜘蛛会在网上织出额外的丝制装饰品，看起来有点像"假蜘蛛"，有人认为它们的作用是让鸟啄偏。然而，也有人提出了另一种截然不同的作用原理。这些饰品会反射紫外光（我们看不见），以至于在昆虫的眼睛里，它们可能看起来像一片蓝天，换句话说，就是一个洞。

我刚刚提到过，蜘蛛需要在昆虫被蛛网缠住时立即赶到现场。这又是何苦呢？为什么不坐等昆虫停止挣扎呢？答案是，昆虫的殊死挣扎往往是有效的。它们有时会设法挣脱蛛网，尤其是像黄蜂这样大而强壮的昆虫。即使它们没有挣脱，也会在如此尝试的过程中破坏蛛网。如何防止昆虫在被蛛网捕获后拼命挣扎，是蜘蛛要面对的下一个问题。

对此，基本的解决方案非常简单。只需根据昆虫挣扎时产生的颤动，立即冲到昆虫落网之处，将它咬死即可。如果在你寻找这只昆虫的时候，它有段时间不怎么挣扎，你可以试着通过拉扯径向的蛛丝，并根据不同蛛丝呈现的张力来感觉哪一条丝上缠住了昆虫，从而确定其位置。一旦抓到猎物，蜘蛛就会尝试对其注射致命的或麻痹性的神经毒素。大多数蜘蛛都有锋利中空的毒牙和毒腺（少数蜘蛛，比如著名的黑寡妇，对我们人类来说都是危险的，但大多数普通蜘蛛的毒牙不能穿透我们的皮肤，即使能穿透，她们也没有足够的毒素来伤害我们这样的大型动物）。一旦蜘蛛将毒牙插入猎物体内，她通常会在猎物身上停留几分钟，等待猎物停止挣扎。

我将分泌毒液的噬咬描述为制服不停挣扎的受害者的基本方法，但它不是唯一的方法。其他的制服方式都涉及蛛丝的使用——这也符合我们对蜘蛛的预期。在咬住猎物之前，即使受害者的肢体已经缠绕了蛛丝，大多数结网蜘蛛也会在受害者身上缠绕一些额外的丝。如果猎物像黄蜂一样危险，蜘蛛通常会把它裹在丝里，一圈一圈裹得严严实实，最后用毒牙刺穿这条白色的裹尸布，给它注入毒液。

蝴蝶和飞蛾有着巨大的、带鳞片的翅膀，这带来了一个特殊的问题。鳞片很容易脱落，如果我们触碰到一只飞蛾，我们的手指就会沾上一层由鳞片构成的细粉末。脱落的鳞片有助于飞蛾逃离蛛网，因为这些粉末似乎可以中和蛛丝的黏性。飞蛾遇到危险时，通常会折叠翅膀，落到地上。无论是出于这个原因，还是仅仅因为它们的翅膀仍然有一部分被黏住而无法飞行，当飞蛾从网中逃脱后，它通常会落向地面。这就为蜘蛛开辟了一条新的机遇之路，而一些蜘蛛已经抓住了这一机遇。

华盛顿国家动物园园长迈克尔·罗宾逊（Michael Robinson）和他的妻子芭芭拉在新几内亚的丛林里发现了一张堪称非凡的蛛网（图 2.7a）。这种新几内亚的长梯蛛网本质上就是一张普通的圆蛛网，但网的下端延展成了长达 1 码（1 码约合 0.91 米）的垂直条状网。蜘蛛坐镇于靠近顶端的蛛网中心。当飞蛾碰到圆蛛网时，它很有可能垂直下落。但新几内亚的梯网蜘蛛却能织出具有足够"纵深"的网，飞蛾会在上面翻滚而无法脱离。让其在蛛网上持续挣扎有助于消耗飞蛾的鳞状粉末，增加了飞蛾被留在网上的时间和概率，这足以使蜘蛛有余裕沿这个梯子爬下去，并对准猎物的要害给出致命一击。罗宾逊在新几内亚发现这一蛛网后不久，其同事威廉·埃伯哈德（William

Eberhard）在哥伦比亚也发现了新大陆的对等物（图 2.7b）。这架梯子是独立于新几内亚的长梯蛛网演化出来的，这一点可以从两者细节上的不同得到证明：哥伦比亚长梯蛛网的中心位于梯子的底部而不是顶部。但两者的工作方式和产生原因显然是一样的：这两个物种都专以飞蛾为食。

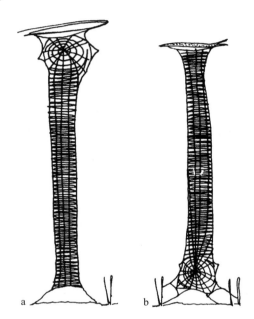

图 2.7　两种各自独立演化出的长梯蛛网：（a）发现于新几内亚，（b）发现于哥伦比亚。

因此，长梯蛛网是阻止猎物逃跑的一种方法，它对飞蛾特别有效。而一些种类的蜘蛛有另一种手段——弹力陷阱。扇妩蛛属（*Hyptiotes*）蜘蛛的网不是完整的圆形，而是只有四根辐条的扇形。在扇形的顶点上有一根额外附加的丝，使整张网保持紧绷。但是这条重要的牵绳却不是直接连接在一个坚固物体的表面上，而是由蜘蛛抓在手中的。事实上，这只蜘蛛自己在附着于一个坚固物体的表面的过程中构成了一个活的环节。她用前足将蛛丝拉紧，然后用她的第三对足抓住身后一圈富余的蛛丝。她以危险的姿势一动不动地悬在那里静静等待着。当一只昆虫误入蛛网时，蜘蛛会立即做出反应。她松开陷阱，陷阱在昆虫身上坍塌，同时将蜘蛛拉向猎物。她还可以进一步分两到三个阶段启动陷阱，比如在身后准备更多富余的蛛丝，并在启动陷阱时松开。这只昆虫现在无可救药地被困在坍塌的网里了。蜘蛛用更多的丝将受害者包裹起来，将其像厚包裹一样带走。直到那时，她才终于咬住这个可怜的生物，注入消化液，然后沿着这个丝制包裹的壁慢慢地吸食猎物被液化的遗体。这张扇形网现在已不适合再次使用，必须从头搭建。

据推测，扇妩蛛试图以此解决一个问题，即构建张力适当的网。虽然张力强的网很适合捕捉昆虫，但在后者的激烈挣扎之下网很容易受损，昆虫可能因此逃脱。如果你是一只被黏糊糊的丝线缠住的昆虫，如果这些丝线是紧绷着的，那么相比它们的松弛状态，你会更容易借力挣脱出来。而如果这些丝线本身松松垮垮的，你就没有东西可以借力了，如此一来你就会陷在黏糊糊的丝里。就像超声速飞机起飞时的最佳机翼形态不同于快速飞行时的一样，蛛网捕捉猎物时的最佳张力也不同于将猎物缠入网中时的最佳张力。一些飞机通过对机翼形状做折中处理来解决双重最优问题：使自己在两项任务中都不会表现太差。而另一些飞机——可变翼战斗机——则通过改变机翼的几何形状得到了两全其美的效果，但这要付出构建复杂变形机制的代价。而扇妩蛛构建的是一张张力可变的网。

普通的织圆蛛网的蜘蛛似乎倾向于保持蛛网的高张力，这是最适合捕获猎物的，但猎物撞网后就得靠蜘蛛自己的速度——在猎物逃脱之前将其擒住。其他蜘蛛似乎采取了相反的解决方案，它们首先用松散的蛛丝织网（图2.8）。菱腹蛛（*Pasilobus*）织的也是扇形网，并用一根蛛丝将其主角平分。用于捕获的黏丝数量被大幅减少，只剩下几根松散悬吊着的挂环。这些松散挂环状丝的精妙之处在于——这是迈克尔·罗宾逊和芭芭拉·罗宾逊夫妇在新几内亚的另一个绝妙发现——它们的一端特别容易脱落。一种昆虫，如飞蛾，一旦碰到一根蛛丝并黏在上面，很快就会在特定的低剪力连接处将蛛丝弄断，但却仍然被系在蛛丝的另一端。受害者现在像一架拴在绳子上的玩具飞机一样只能绕着圈飞。对蜘蛛来说，拉住线将猎物拖上来并杀死小菜一碟。这种布局的优势可能部分在于昆虫不能自由地挣扎，因为一切都是如此松散，它无法得到一个坚实的支点。或者说，快速断开蛛丝的主要优点可能是它有助于解决我们之前列出的那个问题：如何让蛛网吸收快速飞行的昆虫对蛛网的冲击，而不会像蹦床一样将其反弹。和其他扇形网一样，菱腹蛛的网似乎很可能是一个完整的圆蛛网的缩小版衍生物。另有双刺蛛属（*Poecilopachys*）蜘蛛在一个完整的圆蛛网中使用相同的快速断线原理。而在这个例子中，与大多数圆蛛网不同的是，双刺蛛的网是水平的，而不是垂直的。

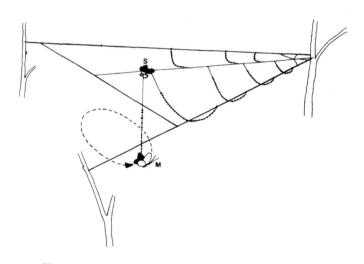

图 2.8　具有可快速断开的蛛丝的菱腹蛛的扇形网。

如果我们将菱腹蛛的扇形网看作双刺蛛的圆蛛网的简化版本，那么在同一简化方向上，最终版本便是流星锤蛛（*Mastophora*）的单根蛛丝（图 2.9）。此处的"流星锤"（bolas，或 bola）指的是一种最初由南美原住民发明的武器，至今仍被高乔人用来捕猎，猎物包括潘帕斯草原上的大型不飞鸟美洲鸵。它由一根绳子及其两端的重物，比如一对球状物或石头组成。高乔人捕猎时将其抛向猎物，以缠住猎物的腿，将猎物拽倒。查尔斯·达尔文年轻时曾在马背上试用过这东西，结果套住了自己的马——这让高乔人忍俊不禁，但马就未必开心了。流星锤蛛的猎物始终是夜蛾科的雄蛾，这是有原因的。夜行性的雌蛾通过释放一种独特的"香水"引诱远处的雄蛾。而流星锤蛛通过合成一种与之非常相似的"香水"来引诱雄蛾赴死。这种蜘蛛的"流星锤"是末端有一个沉重坠子的蛛丝。蜘蛛会用一足握住，然后不断挥舞着这个流星锤，直到流星锤缠住一只飞蛾，最后蜘蛛把猎物拖向自己。总的来说，这个坠子比高乔人那简单的石头袋更富有技术含量。它实际上是一根紧密收卷在一个水滴中的蛛丝，就像圆蛛网上的一颗黏珠一样。当蜘蛛抛出它时，蛛丝就会自动散开，就像垂钓者抛饵时鱼线会自动散开一样。如果飞蛾被流星锤击中，它就会被黏住并绕着圈子飞。故事的其余部分与先前那些利用易断蛛丝织网的蜘蛛所为大

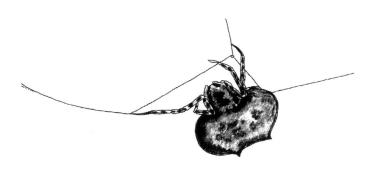

图 2.9　流星锤蛛。

致相同：飞蛾被蛛丝包裹起来，蜘蛛用尖牙对飞蛾注入毒液。流星锤蛛生活在南美洲，对此我不禁突发奇想，也许美洲原住民正是通过观察它的行动而得到了制作流星锤的灵感。

到目前为止，我们一直在审视各种标准圆蛛网的变体和简化版本。现在是时候回到圆蛛网本身了。在前一章的末尾，我们提出了一个问题，即如何将生物形程序这样的人工选择计算机模型转化为自然选择模型，用盲目的"自然之眼"而不是人类的眼睛来做选择。我们一致认为，生物形面临的障碍在于，它们没有一个与真实的物质世界相对应的环境，让它们可以在其中生存并检验成功与否。我们可以想象一些生物形表现得像捕食者；也许可以想象它们追逐其他生物形，就像追逐猎物一样。但是，似乎没有一种自然而不做作的方法来决定生物形的哪些特征会让它们在捕捉猎物或逃避捕食者方面表现得好或不好。我们人类的眼睛可能会看到某个生物形的一端有一对可用以捕食的尖牙（图 1.16）。不管这些尖牙厉爪在我们的想象中有多么可怕，却都不能在实践中证明自己，因为它们不会动，它们并不存在于一个真正的物理世界中，一个让利齿可以咬穿真正猎物的外壳或皮肉的世界。这些尖牙和硬皮只是二维荧光屏上的像素图案。锐度和韧性，脆弱性和毒性，这些数值在计算机屏幕上没有任何意义，程序员可将任意数字定义为某种经过设计的意义。你可以制作让这些数值彼此对抗的计算机游戏，但给这些数值披上图形的外表只是装点门面的花架子而已。游戏玩家可以毫不在意这些"武断"和"做作"，但我们不行。而这正是在上一章的末尾，我们如释重负地将蜘蛛网视为救星的原因：它是一种可以用非人为方式模拟的自然。

现实生活中的圆蛛网主要在二维平面上展开。如果网眼太大，苍蝇就会直接穿过。而如果网眼太小，竞争对手（其他蜘蛛）就会以更少的成本获得几乎相同的收益，因此会留下更多的后代来继承它们在经济方面更吝啬的基因。自然选择找到了有效的妥协。在计算机屏幕上绘制的网具有与在同一屏幕上绘制的苍蝇相互作用的属性，且这种互动方式绝非随心所欲。网眼的大小是一个在计算机屏幕上真正有意义的量，与计算机中"苍蝇"的大小相关。线的总数量（"蛛丝成本"）是另一个这样的量。两者之间定义效率的比率可以在人为的较小允许范围内进行衡量。我们甚至可以将一些更复杂的物理规律引入这个计算机模型中，弗里茨·沃尔拉特（很多我在本章中所写的内容就是从他那里学到的）及其物理学家同事洛兰·林（Lorraine Lin）和唐纳德·埃德蒙兹（Donald Edmonds）已经开了个好头。模拟计算机"蛛丝"的弹性和断裂张力要比模拟"躲避计算机捕食者"时的"敏捷性"或"发现"捕食者时的"警觉性"更容易。但在本章中，我们将更多地关注织网行为模型本身。

在为计算机蜘蛛编写模拟规则时，程序员可以对真实蜘蛛实际遵循的规则以及打断蜘蛛行为流的决策点进行大量详细研究。沃尔拉特教授及其国际蜘蛛研究小组的成员处于这一研究领域的前沿，因此他们很出色地将相关知识赋予了计算机程序。事实上，编写计算机程序是一种总结任何规则的很好的方法。山姆·乔克（Sam Zschokke）是这个小组的成员，他的任务是以计算机能理解的形式总结蜘蛛织网活动相关的描述性信息。他开发的程序被称为"活动观察"（Move Watch）。彼得·富克斯（Peter Fuchs）和蒂埃莫·克林克（Thiemo Krink）则以尼克·格茨（Nick Gotts）和阿伦·阿普·里西亚特（Alun ap Rhisiart）的工作为基础，专注于计算机蜘蛛"捕捉计算机苍蝇"的逆向编程任务。他们的程序叫作"织网者"（NetSpinner）。

图 2.10 为"活动观察"程序呈现的蜘蛛织网时的动作图。请注意，这些不是真实蛛网的图片，尽管它们看似如此。我们现在看到的是蜘蛛运动时段的叠加生成图。它是通过拍摄蜘蛛织网的过程制作的。蜘蛛在连续时点的位置以网格坐标的形式被输入计算机，然后计算机在这些连续的位置之间画线。例如"黏性螺旋"线（图 2.10e）代表

了蜘蛛在构建黏性螺旋结构时的运动轨迹。它们并不代表任何蛛丝的确切位置，否则它们会分布得更均匀。事实上，这些图聚焦于位置的"波动"，其反映了蜘蛛在构建黏性螺旋结构时使用临时辅助螺旋结构作为支撑的事实（图2.10d）。

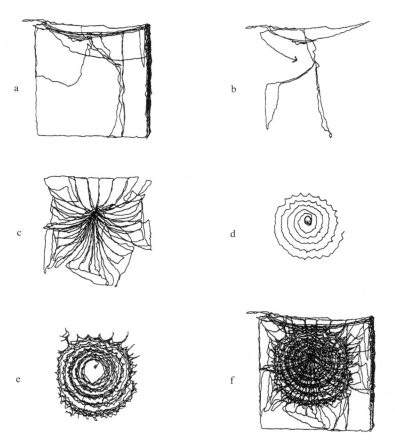

图2.10　对某种具体蜘蛛（十字园蛛）织网时所在位置进行的计算机追踪，由山姆·乔克编写的"活动观察"程序实施：（a）（b）预备阶段；（c）径向辐条；（d）辅助螺旋结构；（e）黏性螺旋结构；（f）所有轨迹重叠。

这些图并不代表计算机蜘蛛的行为模型。相反，它们是真实蜘蛛行为的计算机描述。现在我们转向"织网者",这是一个互补程序,它的行为就像一种理想化的、理论化的蜘蛛。我们可以让它表现得像任何一种理论上存在的蜘蛛。"织网者"程序会模拟人造蜘蛛的行为,就像生物形程序模拟类昆虫生物的组成结构一样。它利用行为规则在计算机屏幕上构建"蛛网",这些行为规则的细节在"基因"的影响下有所不同。就像在生物形中一样,这里的基因只是计算机内存中的数字,它们也会代代相传。在每一代中,这些基因都会影响人造蜘蛛的"行为",从而影响"蛛网"的形状。例如,一个基因可能控制径向辐条之间的角度:该基因的突变将通过对计算机蜘蛛的行为规则进行数值调整来改变辐条的数量。就像生物形程序一样,基因可以随着世代的更替而随机地改变它们的值。这些突变表现为蛛网形状的变化,并因此受到选择的影响。

你可以将图 2.11 中的 6 张网视为生物形(暂时忽略图上的那些

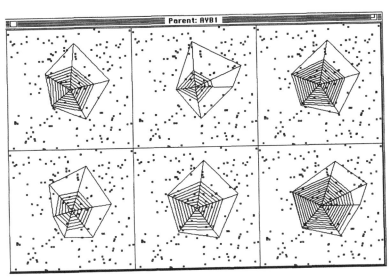

图 2.11　计算机生成的蛛网,被计算机苍蝇不断扑上。"织网者"程序由彼得·富克斯和蒂埃莫·克林克编写。

点）。左上角的网是亲代，另外 5 张则是突变的子代。当然，在现实生活中，网不会生网，而是（织网的）蜘蛛生蜘蛛。但这种设置实际上有一个很重要的意义，我先前说过，蛛网也可以被认为是蜘蛛躯体的一部分。（塑造人类亲代的）基因产生（塑造人类子代的）基因。而在计算机模型中，构建左上角亲代网的基因（通过它们对一只我们在屏幕上无从得见的"假想蜘蛛"的行为的影响）发生突变，从而产生了构建其他 5 个子代网的基因。

当然，就像我们选择一种生物形进行繁殖一样，我们可以打量 6 张网并从中选择一张进行繁殖。这意味着它的基因将被选择并传递给下一代（可能会发生突变），但这种做法是人择。我们从生物形转向蜘蛛网的全部意义在于，我们由此窥见了一个模拟自然选择的机会：通过测量网捕捉"苍蝇"的效率进行选择，而不是通过人类审美的一时兴起进行选择。

现在让我们看看图片上的点。这些"苍蝇"是计算机随机向蛛网发射的。如果仔细观察，你会注意到射向所有 6 张蛛网的苍蝇采用的是同一组随机定位。这是计算机一如既往的特点，恰与现实生活相反，除非你特意告诉它不要这样做，否则它就会重复实施。在这个例子中，这种重复无关紧要，甚至可以简化蛛网之间的比较。这种比较在一定程度上意味着计算机可以计算出 6 张网中每一张网"捕获"的苍蝇的数量。如果这就是全部规则，那右下角的蛛网无疑将拔得头筹，因为它的黏性螺旋结构囊括了最多数量的苍蝇。但是苍蝇的数量并不是唯一重要的变量，还有蛛丝成本。上排中间的蛛网用了最少的蛛丝，所以如果这是唯一的标准，它便会赢得比赛。而真正的赢家是捕到苍蝇的数量，减去根据蛛丝长度计算出的成本后所得数值最高的蛛网。通过这种更为复杂的计算，下排中间的蛛网力压其他对手。于是它被选择繁殖并将构建它的基因传递给下一代。正如在生物形程序中一样，这种优胜者代代繁殖的过程形成了一种渐进的演化趋势。但是，在生物形中，这种趋势的方向完全是由人类的心血来潮所引导的，而在"织网者"程序中，选择是自动朝着提高效率的方向进行的。这正如我们所愿：一个模拟自然选择，而非人工选择的计算机程序。在这些条件下会发生什么呢？运行了一整夜、传递了40代后出现的蛛网竟是如此逼真，这确实相当令人满意（图2.12）。

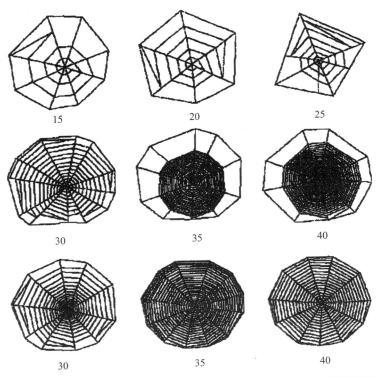

图 2.12 "织网者"程序呈现的蛛网的一夜演化过程，图中数字代表繁殖的代数。

到目前为止，我所展示的图片是由"织网者Ⅱ代"制作的，它主要是由彼得·富克斯编写的（"织网者Ⅰ代"是一个初级版本，我就不在此讨论了）。后续的"织网者"程序版本由蒂埃莫·克林克重写，在生物形的另一个重要方面实现了进一步突破。"织网者Ⅲ代"纳入了有性生殖，而生物形程序和"织网者Ⅱ代"均只能实现无性生殖。计算机蜘蛛的有性生殖有何意味？你不会真的在屏幕上看到蜘蛛交配，尽管毫无疑问这是可以做到的，还可以偶尔呈现同类相食的高潮部分，但并无必要。这个程序所做的是实施有性生殖特有的基因交流，将亲代一方的一半基因与另一方的一半基因重新组合。

以下是它的工作原理。每一代都有一个由 6 只蜘蛛组成的种群，或称"同类群"（deme），其中每只蜘蛛都会织网。蜘蛛网的形状是由"染色体"或一串基因决定的。正如我们在上面看到的，每个基因都通过影响特定的蛛网构建"规则"发挥作用，然后蛛网就会经受"苍蝇"的狂轰滥炸。蛛网"优秀度"的计算方法和以前一样，用捕获的苍蝇数减去所用"蛛丝"的成本得出。每一代都会有固定比例的蜘蛛死亡，而且死亡的都是结网效率最低的蜘蛛。剩下的蜘蛛则随机地相互交配，产生新一代的蜘蛛。"交配"意味着两只蜘蛛的染色体"排成一行"并交换一部分染色体。这听起来似乎有点古怪且做作，不过你只要想想这正是我们和蜘蛛的真正染色体在有性生殖中的表现，便会释然了。

随着这个过程的继续，种群经历了一代又一代的演变，但程序编写者还做了进一步的改进。我们拥有的不是一个由 6 只蜘蛛组成的同类群，而是拥有（比如说）3 个彼此"半分隔"的同类群（图 2.13）。除了不时有一个个体带着自己的基因"迁徙"到另一个同类群外，这 3 个同类群中的每一个大体都是独立演化的。我们将在第 4 章讨论这背后的理论。目前，我们可以简单地说，这 3 个同类群都朝着不断改进的蛛网——更经济地捕捉苍蝇的蛛网——这一方向演化。有些同类群可能会走上演化的死路。迁徙蜘蛛的基因可以被认为是另一个种群的新鲜"理念"。这就像一个成功的亚种群向一个不太成功的亚种群发出基因，以"建议"使用更好的方法来解决织网问题。

在第一代，所有 3 个同类群中都出现了各种各样的网形，大多数不是特别高效。和在图 2.12 的无性生殖例子中观察到的一样，随着世代更替，变异逐渐收窄，蛛网朝着更好、更高效的形状发展。但是现在有性生殖使得织网"理念"在同类群内部共享，所以每个同类群的不同成员彼此间非常相似。另一方面，它们在基因上与其他同类群基本隔绝，因此同类群之间存在明显差异。在第 11 代的某一时刻，两个蛛网的基因从同类群 3 迁徙到同类群 2，从而用同类群 3 的"理念"感染了同类群 2。到了第 50 代——实际上在有些例子中不需要这么久——这些蛛网已经演化成优良、稳定、高效的捕蝇工具。

因此，像自然选择这样的机制可以在计算机中运作，并产生比最初的网更有效的人工网来捕捉苍蝇。这仍然不是真正的自然选择，但它比生物形的纯粹人工选择更接近自然选择。但即使是"织网者"程序，也不是真正的自然选择。"织网者"必须进行计算，以决定哪些蛛网适合繁殖，哪些不适合。程序员必须决定多少给定长度的"蛛丝"的价值与一只"苍蝇"的价值相同。程序员可以随意改变两者的转换率。比如说，他可以把蛛丝的"价格"提高一倍，这可能会降低更大或更密集的网的繁殖成功率，因为为了多捕几只苍蝇，这些网在蛛丝的使用上有点奢侈。程序员必须自行决定这种转换率，他可以随意选择数值。这只是在幕后进行的许多此类转换中的一种而已。苍蝇"肉"转化成小蜘蛛的速度也由程序员决定，它可以有所不同。蜘蛛死于其他与蛛网质量无关的原因的可能性，也由程序员暗中决定。这些决定是任意为之的，不同的决定可能产生不同的演化结果。

但在现实生活中，这些决定都不是任意为之的。它们甚至都不是一个真正的决定，也没有计算机被用来进行决策。它们只是发生了，自然而然，波澜不惊。蜘蛛吞食的苍蝇会转换为构成蜘蛛子代的蛋白质，其中的转换因数也同样顺其自然而已。面对大自然，我们仅能事后再来对其进行计算，并不能事前干预这类因数。而不管是否有人用某种数学上的经济术语来描述它，这种转换都会自然发生。昆虫肉被

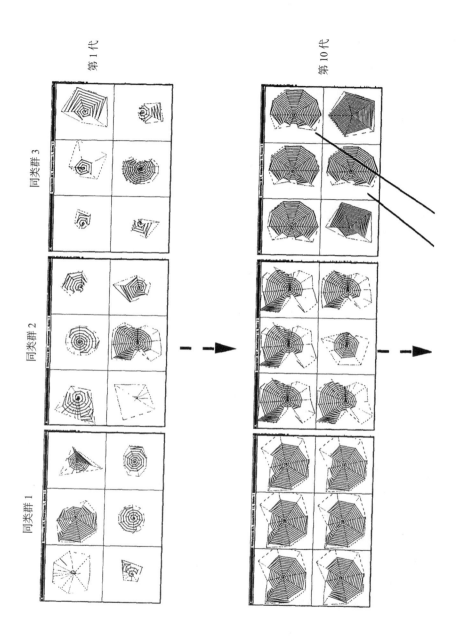

第 1 代

第 10 代

同类群 3

同类群 2

同类群 1

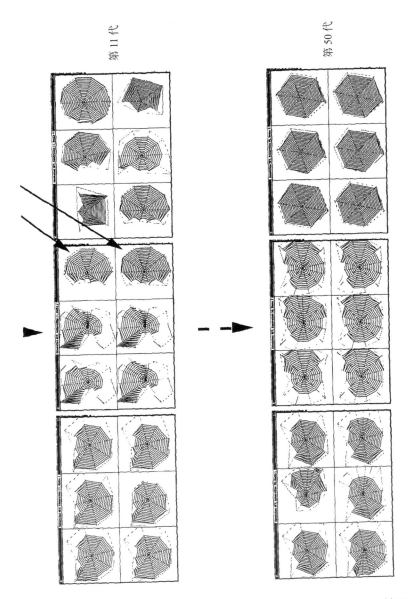

图 2.13 "织网者"程序通过"自然"选择繁殖的 3 个有性生殖计算机蛛网同类群的 50 代演化。在第 11 代，来自同类群 3 的两个蛛网基因型迁徙到同类群 2 并进行杂交（如图中实箭头所示）。

转化为蛛丝也是如此。实际上，"织网者"程序假定所有苍蝇都是相同的。在现实生活中，这些猎物的细节可能会有令人生畏的复杂性，但程序对这些复杂性的处理也同样简单而直接。除了一些昆虫比其他昆虫大这一事实外，不同昆虫还可能存在细微的质的差异。假设为了制造蛛丝，一种特定的氨基酸是必需的，而这种氨基酸在蜘蛛体内是短缺的。不同种类的昆虫在这种特定氨基酸的含量上各不相同。因此，要真正计算昆虫的价值，就必须考虑到它是什么种类的昆虫，以及它的体型有多大。"织网者"可以计算，但这将是另一种人为、武断的计算。而在现实中，它就这样自然而然地发生了，并无任何精心计算。这是另一种复杂性。据推测，在一只蜘蛛几乎已吃饱的时候，一只额外苍蝇的价值要比她饿着肚子时捕获苍蝇的价值少。"织网者"程序忽略了这一点，但现实不会。"织网者"可以进行人为计算，以考虑到蜘蛛饱腹程度带来的复杂性。而在现实生活中，不管你愿不愿意，它都会发生，无需明确的计算。

我想表达的观点是显而易见的，几乎不言自明，但又重要到必须言明。每次在"织网者"程序中加入一个额外的和复杂的细节时，就必须由一个熟练的人类程序员费力编写数页计算机代码。然而相比之下，在现实中，这种显式计算却是明显缺位的。苍蝇蛋白和蛛丝蛋白之间的转换因数是自然存在的。一只苍蝇对一只空腹蜘蛛而言，比对一只饱腹蜘蛛更有价值，这一事实不需要导入任何计算即可证明。如果食物对一只空腹蜘蛛来说不是更有价值的话，那才是咄咄怪事呢。我们习惯于将计算机模型看作现实世界的简化。但从某种意义上说，自然选择的计算机模型并不是对现实世界的简化，而是对现实世界的复杂化。

从某种意义上说，自然选择是一个极其简单的过程，几乎不需要设置什么机制就能使其运行。当然，自然选择的影响和结果是极端复杂的。但是，为了让自然选择在一个真实的星球上进行，全部所需便只是遗传信息。为了在计算机中设置一个自然选择的模拟模型，你当然需要遗传信息的等效物，但除此之外你还需要很多其他的因素。你需要精密的机器来计算大量的成本和收益，还要设置对这些因素进行转换所需的假定"通货"。

此外，你还需要建立一个完整的人工物理环境。我们之所以选择蜘蛛网作为例子，是因为在自然界的所有构造手段中，它们是最容易翻译成计算机语言的手段之一。原则上，我们可以为翅膀、椎骨、爪牙、鳍和羽毛的构造建立计算机模型，计算机可以通过编程来判断其各种形态的效率。但这将是一项极其复杂的编程任务。除非将翅膀、鳍或羽毛置于具有阻力、弹性和湍流等具体特性的物理介质中——如空气或水——否则就无法显示其性能究竟如何。而这些介质很难模拟。除非将椎骨或肢骨置于一个存在压力、杠杆力和摩擦力的物理体系中，否则无法明确其品质如何。硬度、脆性、弯曲和压缩弹性——所有这些参数都必须在计算机中呈现。要模拟大量骨骼之间的动态相互作用——这些骨骼以不同的角度互相支撑，并由韧带和肌腱连接在一起——是一项艰巨的计算任务，动辄需要做出武断决策。模拟机翼周围的气流和湍流是一个如此棘手的难题，以至于航空工程师经常求助于风洞模型，而不是试图在计算机上进行模拟。

然而，我绝对不会低估计算机建模师的工作。"人工生命"（Artificial Life）这门学科于1987年得到命名，我很荣幸被邀请参加在洛斯阿拉莫斯举行的命名仪式，这里曾经诞生过原子弹，现在则转向更具建设性的目标。克里斯托弗·兰顿（Christopher Langton）是1987年第一次会议及后续会议的灵魂人物和召集人，现在他创办了一份关于人工生命的期刊，创刊号刚刚出版。这份期刊中的文章有助于缓解我在上一段表达的悲观情绪。例如，三位北美科学家杰梅特里·特佐普洛斯（Demetri Terzopoulos）、涂晓媛（Xiaoyuan Tu）和拉杰克·格泽茨丘克（Radek Grzeszczuk）编写程序，生成了令人叹为观止的模拟计算机鱼，它们的行为像真正的鱼，并在模拟的计算机水体中互动。这些鱼所畅游的计算机世界有自己的模拟物理规律，基于水的真实物理特性而构建。大部分的编程工作都是为了模拟一条鱼，让它表现出恰当行为。然后，这条合格的计算机鱼被复制了很多次，并有了变体，它们都被释放到"水"里，在那里它们会"注意"到彼此，并进行互动。例如，它们会避免彼此"碰撞"，并在"鱼群"里彼此交流。

每条计算机鱼都有一个由23个节点组成的解剖结构，排列在模拟的三维空间中，这些节点通过91根"弹簧"与相邻节点连接（图2.14）。其中12根"弹簧"能够收缩，它们是人工鱼的"肌肉"，通过"肌肉"传递的可控收缩波可模拟真正鱼类弯曲身体的游泳动作，包括转弯。这些鱼可以从经验中学习，改善肌肉收缩的顺序，以便实现直线游泳、转弯和跟随目标。鱼有三种"心理状态变量"，分别是"饥饿"、"性欲"和"恐惧"，它们共同作用产生了"意图"。意图包括"进食"、"交配"、"闲逛"、"离开"和"避免碰撞"。计算机鱼有两个感觉器官，一个用来测量水的"温度"，另一个就像一只粗糙的

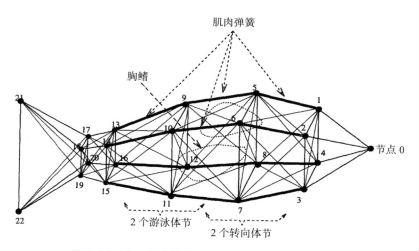

图2.14　人工鱼（计算机鱼）有着弹簧构成的骨架。

"眼睛"，探测其所在世界中物体的位置、颜色和大小。为求美观，节点和弹簧组成的骨架被包裹在一个貌似坚固的鱼皮状外壳中。不同种类的鱼，例如捕食者和猎物，不仅可通过计算机渲染出的不同外观来区分，而且还可通过行为差异来区分（图2.15）。捕食者与猎物的不同，不仅在于它们的大小，还在于它们的行为倾向、三种心理状态变量的权重以及不同的"意图"。顺便说一下，即使使用今天运行速度飞快的计算机，这种模拟也是极其耗时，以至于一个包含许多条彼此互动的鱼的人工世界无法提供实时的拟真视觉呈现。这些鱼在一个比现实世界更慢的时间尺度上游弋，相互追逐、逃离和求爱，如果我们想要以现实生活中的速度来观赏它们，就不得不求助于类似延时摄影的技术。不过，这只是一些细枝末节，在理论上并不重要：这个问题将随着性能更强大的计算机的出现而解决。

图 2.15　人工鲨鱼跟踪一群猎物。

特佐普洛斯、涂晓媛和格泽茨丘克在计算机水体中构建的人工鱼世界可谓丰富多彩，足以成为演化模拟的一个上佳候选对象。目前，尽管他们的鱼也交配，但仅限于求偶行为，它们实际上并不繁殖。该篇文章的作者很清楚，下一步的方向显然是为控制肌肉弹簧的各种行为变量建立定量权重的"基因"，并在更高的层次上设置精神状态变量和意图。交配的雄性和雌性可以重新组合它们的基因，偶尔发生突变，产生基因结构不同的新一代。随之而来的便会是自然选择下的演化，尽管其终究是在计算机模拟的人工环境中进行的。也许没有必要事先定义分别作为捕食者和猎物的鱼。你可以从两个物种开始模拟，它们只在体型和交配相容性上存在差异，而并非在习性上不同，自然选择可能会自然而然地导致体型较大的物种在许多代之后演化出捕食较小物种的习性。谁知道届时在我们眼前会呈现出何等奇妙怪诞的人工自然史呢？

我预见这将是一个蓬勃发展的研究领域，并对此充满期待。人们可能会给它起一个自相矛盾的名称：人工自然选择。然而，从某种意义上说，对现实世界中自然选择的最简单"模拟"就来自现实世界本身。不同的骨头在断裂张力、压缩弹性、硬度、力线和钙消耗方面确实有所不同。如果你愿意，你可以计算这些细节，但不管你是否计算，事实都是有些骨头会断裂，而有些则不会；有些骨头会消耗大量珍贵的钙，而另一些还能让身体留下多余的钙并进入乳汁中。从这个意义上说，现实生活非常简单。有些动物比其他动物更容易死亡。美国目前性能最强的计算机可能要花费一年的时间来计算相关细节。但在自然界，残酷的事实就是，有些生物会死，有些则不会，如此而已。

如果你愿意的话，你可以想象世界上所有种群的基因共同构成一台巨型计算机，不停计算着成本、收益和转换率，基因频率的变化模式所发挥的作用就如同电子数据处理器中来回穿梭的 1 和 0。这是一个非常有启发性的见解，我们将在本书的最后再提及这一点。而现在，是时候阐明书名的含义了。什么是"不可能之山"？我们能从中学到些什么？

第 3 章

来自山峰的信息

"不可能之山"从平原上拔地而起，山峰高耸入云，光是抬头仰望便令人有头晕目眩之感。其刀削斧凿般的陡峭悬崖似乎永远高不可攀。如虫蚁般渺小的登山者只能带着挫败感在山脚下徘徊，无奈地仰望着眼前这巍然兀立、无法企及的高度。他们摇着自己困惑的小脑袋，宣布这座令人念念不忘的山峰永远无法攀登。

我们的登山者太过野心勃勃了。他们是如此专注于眼前激动人心的峭壁，却未曾想到去看看山峰的另一边。在那里，他们看到的将不是壁立的悬崖和飘荡着回声的深谷，而是以平缓的坡度向远方高地绵延的草甸。偶尔，这个上山的缓坡也会为一片小小的巉岩所阻，但你通常可以找到一条弯路继续前行，后者对于一个身轻体健、装备得宜且不怎么赶时间的登山者来说，并不算太陡。只要你并非试图从陡峭的一侧征服这座山峰，其绝对高度并不是难题。重要的是找到一条平缓的坡道，如果你有无限的时间，那么登顶的难度其实和你在这条路上迈出的每一步并无分别。当然，"不可能之山"的故事是一个寓言。我们将在接下来的两章中探讨它的意义所在。

下面这段话摘自伦敦《泰晤士报》几年前发表的一封读者来信。作者是一位物理学家，为免尴尬，我隐去了他的名字。他受到同行的高度评价，并被选为英国最杰出的学术机构——皇家科学院的院士。

先生，我正是那些……对达尔文演化论秉持怀疑态度的物理学家之一。我的怀疑并非出于任何宗教动机，也无意为任何相关争议的辩论方加油助威，而仅仅是因为我认为达尔文主义在科学上是站不住脚的。

……对于演化，我们别无选择，唯有接受——所有的化石证据都指向演化的存在。因此争论的焦点只是其原因。达尔文坚持认为，这种原因是偶然的：随着生物一代又一代的繁衍，会有一些随机的小变异产生，那些赋予生物优势的变异会继续存在，而那些没有带来优势的则会消失。因此，生物将逐渐改善自身，例如，它们获得食物或消灭敌人的能力增强了。达尔文将这个过程称为自然选择。

作为一个物理学家，我不能接受这一点。在我看来，随机的变异是不可能产生人体这一精妙绝伦的机器的。只需举一个例子——眼睛。达尔文自己也承认这一点令他泄气——他不明白眼睛是如何从一个简单的感光器官演化而来的。在我看来，有生命物质是被设计出来的这个假设目前是这一问题的唯一选项。无论是生命的起源，还是生物在这个星球存在的亿万年中所进行的奇妙演替，都是常规科学所无法解释的。

但这个设计者又是谁呢？

此致

作者煞费苦心地在信中两次告知我们，他是一位物理学家，这给了他的观点以特别的分量。还有一位科学家，加州圣何塞州立大学的化学教授，也涉足了生物学领域，并出版了一本名为《士麦那无花果的生产需要上帝》(*The Smyrna Fig requires God for its Production*)的书。他描述了无花果树和传粉者黄蜂之间关系的显著复杂性（见第10章），并得出以下结论："一只黄蜂幼虫整个冬天都在野生无花果中休眠，却会在确切时刻孵化，以便于夏季在其他野生无花果中产卵，而这一行为恰是传粉所必需的。这一切都需要精确的时间把握，这意味着对其加以操控的是上帝之手！"（感叹号是我加的。）"认为所有这些一丝不苟的精密模式都是演化带来的偶然结果是荒谬的。没有上帝，就没有像士麦那无花果那样的事物存在……演化论者认为事物的产生是出自偶然，既没有明确的目的，也没有经过深思熟虑的计划，这完全就是自欺欺人。"

英国最著名的物理学家之一弗雷德·霍伊尔爵士〔Sir Fred Hoyle，顺便提一下，他也是《黑云》(*The Black Cloud*)的作者，这本书一定是有史以来最出色的科幻小说之一〕，经常对像酶这样的大分子的产生表达类似的观点，酶固有的不可能性——它们偶然自发产生的可能性几乎不存在——比眼睛或无花果的不可能性更容易计算。酶在细胞中起作用，就像大量生产分子的机器一样。它们的效力取决于它们的三维结构，这些结构取决于它们的盘绕折叠，而这种盘绕行为取决于组成它们的氨基酸链的顺序。这个精确的序列则是由基因直接控制的，这至关重要。

这可能是偶然产生的吗？霍伊尔说不可能，他是对的。人体内氨基酸的种类是固定的，共20种。一个典型的酶就像一个由几百个环组成的链条，每个环都是从这20种中抽取的。初步计算表明，任何特定序列，比如说100个氨基酸，其自发形成的概率是$20 \times 20 \times 20 \cdots$即20连续相乘100次分之一，或表示为$1/20^{100}$。这个分母是一个难以想象的天文数字，远远大于整个宇宙中基本粒子的数量。霍伊尔为了公平地对待那些在这场达尔文主义辩论中被他视为对手的人（我们会看到，这其实并无必要），宽容地将这一概率增大

至 $1/10^{20}$。可以肯定的是，这是一个更低调一点的数字，但仍然是一个低到可怕的概率。他的书的合著者、天体物理学家钱德拉·维克拉马辛哈（Chandra Wickramasinghe）教授曾引用他的话说，一种工作酶的"偶然"自发形成，就像飓风扫过废品堆放场，自然而无比幸运地组装出了一架波音747一样。霍伊尔和维克拉马辛哈没有注意到的是，达尔文主义并不是关于随机的理论。这是一个随机突变加上非随机累积自然选择的理论。我真的很纳闷，为什么即使是老练的科学家也很难理解这个简单的观点？

达尔文自己也不得不与上一代的物理学家唇枪舌剑一番，后者认为"随机性"正是他理论中所谓的致命缺陷。威廉·汤姆森，即开尔文勋爵（Lord Kelvin），可能是他那个时代最伟大的物理学家，也是达尔文一众科学对手中最出挑的。他的成就之一，就是基于地球曾是太阳"火焰"的一部分的观念，根据冷却速率计算出了地球的年龄。他的结论是地球有数千万年的历史。而现代学者的估计把地球的年龄提升到数十亿年。开尔文勋爵的估计是正确答案的百分之一，但这无损他的名誉。在他的时代，基于放射性衰变的测年方法还不曾应用，人们对核聚变——太阳真正的"火焰"——也懵然未知，所以他的计算从一开始就注定要失败。相比之下不那么情有可原的，是他"作为物理学家"表现出的对达尔文的生物学证据不屑一顾的态度：地球的年龄不够大；没有足够的时间让达尔文设想的演化过程达到我们现在所见的结果；生物学上的证据肯定是错的，因为物理学提供的证据略胜一筹。对此达尔文其实大可以反驳（但他并没有），生物学证据清楚地表明演化存在，因此演化一定是有充足的时间发生的，所以物理学家的证据一定是错误的！回到"随机"的问题上来，开尔文勋爵在英国科学促进协会发表的著名演讲中，引用了另一位杰出的物理科学家约翰·赫歇尔爵士（Sir John Herschel）的话，并对此表示赞同。顺便说一句，赫歇尔爵士将达尔文主义称为"一塌糊涂法则"（The

Law of Higgledy-Piggledy）：

> 我们不能把随意为之、偶然发生的变异和自然选择的原理本身当作对过去和现在的生物世界的充分解释，正如我们不能把拉普达人那种不切实际的排字成书方法当作莎士比亚作品和《数学原理》存在的充分理由一样。

赫歇尔所用的典故来自《格列佛游记》，其作者斯威夫特在书中嘲笑了拉普达人通过随意组合单词来写书的方法。赫歇尔和开尔文、霍伊尔和维克拉马辛哈、我匿名引用的物理学家，以及数量众多的耶和华见证会小册子都犯了个错误——将达尔文的自然选择等同于异想天开的拉普达作家。时至今日，在某些本该对达尔文主义有更多了解的团体中，达尔文主义仍被广泛认为是一种"随机性"的理论。

明显到不能再明显的是，如果达尔文主义真的是一种随机性理论，那么它肯定是行不通的。你根本无须成为数学家或物理学家，也能估摸出来：一只眼睛或一个血红蛋白分子完全凭借"一塌糊涂的运气"自我组装出来几乎需要无穷尽的时间。眼睛、膝盖、酶、肘关节以及其他生命缔造的奇迹那小到难以置信的产生概率，绝对不是达尔文主义才会遇到的难题，而恰恰是任何生命理论都必须解决的问题，而且唯有达尔文主义才真正解决了这个问题。它将不可攀登的高峰分解成小段的、容易涉足的区段，如此便无需所谓的运气，而只需绕到不可能之山的后方，沿着平缓的山坡一寸一寸地攀爬便可，即使每一寸进步需要耗去百万年的光阴也无所谓。只有上帝才能一跃登上峭壁，而对其他人而言，这是个不可能完成的疯狂任务。如果我们假设这位上帝正是我们宇宙的设计者，我们就会发现自己回到了论证的起点。任何能够创造出如此众多、令人眼花缭乱的生物的设计师，都必定具备超乎想象的智慧和复杂性。而复杂性只是"不可能发生"的另一种表述方法而已，因此我们又需要对这位上帝何以存在进行解释。神学家会反驳说，他的神是极其简单的，但他只是借此巧妙地（其实也不算很巧妙）回避了这个问题，因为一个神如果真的足够简单，那么不管他有何种其他的美德，他都会因为太过简单而无法设计出一个宇宙（更不用说宽恕罪恶、回应祈祷、祝福结合的夫妻、将水变成酒，并且满足其他许多人对他的期望了）。在这个问题上，你不能指望两全其美，认为上帝既简单又全能。要么你的上帝有能力设计出整个世界，并施展各种神迹，在这种情况下，他需要为自身何以存在做出解释，要么他没有这些能力，在这种情况下，他无法为世界的存在提供解释。也许弗雷德·霍伊尔应该把上帝看作某个终极版本的波音 747 才对。

不可能之山的高度代表了"完美"和"不可能实现"两种性质的组合，这就体现在眼睛和酶分子（以及能够设计它们的神）上。说像眼睛或蛋白质分子这样的物体具有不可能性，意思相当精确。这个物体是许多部件以一种极其特殊的方式组合而成的。这些部件可能的组合方式非常多。在下文的蛋白质分子这个例子中，我们可以计算出天文数字。艾萨克·阿西莫夫（Isaac Asimov）对一种特殊的蛋白质血红蛋白（的部件的组合方式）进行了计算，并将结果称为"血红蛋白数字"——足足有 190 个零。这是所有重新排列血红蛋白片段，但产生结果并非血红蛋白的组合方式的数量。在眼睛的例子中，我们无法在不做出大量假设的情况下对其部件的组合方式进行同等的计算，但我们可以直观地看到结果将是另一个大得惊人的数字。我们实际观察到的构成眼睛的部件组合，只是数万亿种可能排列中的一种而已。从这个意义上来说，当前的组合也是"不可能实现"的。

现在，我有一个不太有趣的见解，以后见之明来看，任何特定的部件组合方式都具有同样的不可能性。事后看来，即使是一个废品堆放场，也不太可能组合出一架波音 747，因为组成客机的"部件"可以有很多其他的组合方式。问题是，这些方式中的大多数结果也就是一个废品堆放场。这就是"质"的概念的由来。波音飞机部件的绝大多数组合结果都无法飞行，只有极少数组合可以。在数以万计的眼睛的可能组合方式中，只有极少数成品能让人看到东西。人眼在经过球差和色差校正后，在视网膜上形成清晰的图像；其以虹膜为光圈，在外界光强波动较大的情况下，光圈自动缩小或扩大，保持内部光强相对恒定；其根据被观察物体的远近自动改变焦距；还能通过比较三种不同类型的光敏细胞的激发率来区分颜色。眼睛各部分的几乎所有随机组合都无法完成这些微妙而困难的任务。现有的这种特殊的组合方式堪称独一无二。所有的特定组合的不可能性是相同的。但在所有的特定组合中，那些无用的远远超过有用的。只有有用装置的不可能性才需要我们加以特别解释。

伟大的数学遗传学家、现代统计学的创始人 R.A. 费希尔（R.A. Fisher）在 1930 年以他一贯一丝不苟的风格指出了这一点（我从未见过其人，但只需见其文，你就几乎可以听到他对他妻子那堪称吹毛求疵的口述，而他的妻子想必也因此饱受煎熬）：

> 只有在我们能设想出一个与某一特定状况略微不同的状况组合或环境，而该生物作为整体不太适应时，我们才能说生物体对该特定状况或构成了特定状况的环境是适应的；同样，也只有在我们能设想出一种略微不同的生物形态的组合，而这种形态组合不太适应该特定环境时，我们才能认为原生物体适应某个特定状况或环境。

眼睛、耳朵和心脏，秃鹫的翅膀，蜘蛛的网，无论我们在何处看到它们，它们都以其显而易见的完美设计给我们留下深刻的印象：我们无须将它们置于相应自然环境中呈现，便能看出它们有某种用途，如果它们的部件被重新组合或以任何方式改变，它们就会变得更糟。

它们身上写满了"不可能实现的完美"。如果一名工程师需要解决某个特定问题，他会承认这些事物正是他所欲设计的目标。

这其实就是"这类物体不能被解释为随机出现"的另一种表述方式。正如我们已经看到的，援引随机性本身作为解释，就相当于从不可能之山最陡峭的悬崖底部一跃而登上顶峰。那么，在山峰另一侧的缓坡上缓步而行，对应的又是什么？那便是缓慢的、累积的、步步为营的随机变异的非随机存续，也就是达尔文所说的自然选择。不可能之山的比喻是对本章开头所引用的那些演化怀疑论者所犯下的错误的戏剧化呈现。他们的错误之处在于一直盯着垂直的悬崖及其令人眩晕的高度不放。他们认为这陡峭的悬崖是通往山巅的唯一途径，而眼睛、蛋白质分子和其他不可思议的部件组合便位于这山巅之上。而达尔文的伟大成就便是，他发现了山峰的另一侧其实还有蜿蜒曲折的缓坡。

但是，这种误会是否属于"无风不起浪"呢？达尔文主义被如此广泛地误解为一种纯粹的随机性理论，难道不应该是它自身的某些内容诱发了这个谣言吗？好吧，在因误解而生的谣言背后确实有一些东西，它们是这种歪曲得以存在的基础。达尔文演化过程中的一个阶段——突变——确实是一个随机过程。突变是提供新的遗传变异供选择的过程，它通常被描述为随机的。但达尔文主义者对突变的"随机性"小题大做，只是为了将其与选择的非随机性进行对比，而后者正是演化过程的另一面。使自然选择发挥作用的突变未必都是随机的。无论突变是定向的还是非定向的，选择都会起作用。强调突变可能是随机的，这是我们提醒人们注意一个与之相对的重要事实的方式，那个重要事实便是选择毋庸置疑是非随机的。具有讽刺意味的是，这种强调突变的随机性和选择的非随机性之间的对比，却导致人们误认为整个演化理论都是一个随机性的理论。

事实上，即使是突变，在某些意义上也是非随机的，尽管这些意义与我们的讨论无关，因为它们对生物体所呈现的不可思议的完美性没有建设性贡献。例如，突变有很容易理解的物理诱因，在这一情形下它们是非随机的。X 射线机操作员在按下启动键前退后一步或穿上铅制围裙的原因，便是 X 射线会导致突变。某些基因比其他基因更容易发生突变。染色体上有所谓"热点"，其突变率明显高于平均值。这是另一种非随机性。突变可以被逆转（"反突变"或"回复突变"）。对大多数基因来说，任何方向的突变都是一样可能的。而对一些基因来说，一个方向的突变比相反方向的反突变更频繁。这就产生了所谓的"突变压力"——一种不顾自然选择而朝着特定方向演化的趋势。在这种意义上，突变也可以被描述为非随机的。注意，突变压力并不能系统地将生物体推向不断改善的方向。X 射线也不行。恰恰相反：绝大多数突变，无论如何产生，就质而言都是随机的，这意味着它们通常是坏的，因为让情况变糟的方式多于令其变好的方式。

我们可以想象一个理论世界，其中突变倾向于令生物体得到改善。在这个假设的世界里，突变将是非随机的，且不仅仅是在"X 射线引起的突变是非随机的"这个意义上，这些假设的突变会存在系统性的偏差，以使其始终领先选择一步，并预测生物体的需求。但与许多理论期望相反，这种非随机性几乎可以肯定没有事实基础：突变不可能系统性地预测生物体的需求，也不可能明确这种预测如何起作用。这里的"预测"又是何意呢？假设一个可怕的冰期正在逼近一个温带地区，当地的鹿因为皮毛较薄而纷纷死亡。无论如何，大多数个体都会死亡，但只要在关键时刻，该物种能演化出像麝牛一样厚的皮毛，那它就能绝处逢生。原则上，我们可以设想一种机制，在需要时开启所需的突变。我们知道 X 射线增加了一般的突变率，会不分青红皂白地使皮毛变薄或变厚。如果极端寒冷只会在一个方向上——皮毛变厚——增加突变率又如何呢？而且，与此相对地，如果高温会导致出现另一个方向的突变，即皮毛变薄又如何呢？达尔文主义者不会介意这种"天意"突变的存在。它并不会有损达尔文主义，尽管它会让其所宣称的独有性落空：如果你在跨大西洋的航班上遇到了顺风，这会以一种令人愉悦的方式加速你的抵达，而且这不会动摇你的信念，即让你回家的主要推动力来自喷气发动机而不是风。但是，如果这种有益的突变机制真被发现，那达尔文主义者实际上会感到非常惊讶（并对其极感兴趣），原因有三。

第一，尽管我们已进行了大量的研究，但尚未发现这样的机制（至少在动物和植物中是这样，细菌中的某种情况似乎显示出此类机制的一种非常特殊且并不具普遍意义的存在迹象，但围绕这一事实仍存在争议）。第二，目前还没有理论可以解释身体如何"知道"应该诱导哪一种突变。我想我们可以想象，如果在数百万年的时间里冰期循环出现了几十次，构成了一种"种族经验"的形式，那么一些尚未被发现的更高层次的自然选择可能已经建立了一种倾向，即在下一个冰期的第一个迹象显露出来时，便朝着正确的方向突变。但我要重申的是，没有证据表明存在任何这样的效应，而且，到目前为止，还没有任何理论能够解决这个问题。第三，这又回到了我之前的观点——一些达尔文主义者，包括我在内，认为定向突变的机制是画蛇添足。这在很大程度上是出于一种审美反应，因此不应被视为压倒性的正当理由。但是，我们之所以对定向突变的想法表现得无动于衷，是因为提出这些想法的人，往往正是那些错误地认为我们需要这样一个理论的人：他们不明白，即使突变是随机的，选择本身也足够强大，足以胜任这项工作。许多达尔文主义者强调自然选择理论允许突变的随机性存在，其实是以此作为渲染非随机性选择所具备的充分胜任性的一种方式。但是，正如我之前所说的，突变必然随机的理论并不重要，而且它也不能被当作将整个理论与随机性混为一谈的借口。突变可能是随机的，但选择绝对不是。

读罢上文，在我们把这些鹿放于严寒之中任其自生自灭之前，你可能会灵光一闪，想到"天意"突变理论的一种变体。也许我们确实很难明白身体是如何"知道"在寒冷中需要朝着拥有更厚皮毛的方向突变，而炎热时则需要朝着相反的方向突变。但更容易想象的情景是，突变率可能会有以下预先设定，在境况变得艰难时，突变率便在各个方向上不分青红皂白地骤增。直观的逻辑是这样的：一场新的危机，比如冰期或酷热期，会让身体感受到压力；无论是寒冷、炎热、干旱还是其他不明原因给我带来的巨大压力，都表明我的身体构造在目前的状况下出了问题；也许做出改变对我来说为时已晚，但如果我让自身性器官中保存的基因在各个随机方向上疯狂突变，也许我的孩子中的一些的生活状况就会得到改善；无论环境危机是什么（寒冷、炎热、干旱、洪水），对我那些遗传了突变基因的孩子来说，如果突变方向错误（可能是大多数），便会死亡，但如果危机真如此严重，他们无论如何都会死；而也许通过产出一窝变异的畸形怪物，某种动物就会更有机会产出一个比它自己更能应对新危机的后代。

的确，有些基因的作用就是控制其他基因的突变率。有人可能会争辩说，理论上这些"增变基因"（mutator gene）也可能是由压力触发的，而这种趋势可能是某种更高层次自然选择的结果。但不幸的是，这个理论和我们之前讨论的良性定向突变理论一样没有得到更多支持。首先，没有事实证据能证明其存在。更不幸的是，任何认为自然选择将有利于突变率增加的观点都存在严重的理论困境。这类论点通常所导向的结论是，增变基因总是倾向于从种群中消失，这种情况也适用于我们所假设的遭遇生存压力的动物。

简单而言，其一般逻辑论证如下。任何成功达到可生育年龄的动物一定已经足够优秀。如果你一开始表现出色，然后却肆意改变，就很可能会把事情搞糟而不是相反。事实上，绝大多数突变确实会让事情变得更糟。的确，少数突变可能会让情形转好，这就是自然选择所介导的演化成为可能的终极原因。但另一个事实是，增变基因通过增加总体突变率，可以帮助其拥有者获得那种珍贵的稀缺性，也就是带有改进倾向的突变。而当这种情况发生时，这种增变基因的特定拷贝本身将繁荣一时，因为它将与它所帮助创造的改进突变共享一个身体。你可能会认为这构成了有利于增变基因的积极自然选择，因此，通过这种方式，突变率可能会增加。但是，且让我们继续往下看。

在这些后代中，有性生殖将进行洗牌工作，重新排列和重组那些共享个体身体的基因。代复一代，增变基因与它所创造的有利基因的分离趋势将不可阻止：有些个体出生时只带着有利基因，而另一些则只带着增变基因。有利基因本身将继续在自然选择中受到青睐，并可能在未来的种群中日益繁盛。但不幸的是，创造它的增变基因却已被性别重组抛弃。像任何其他基因一样，增变基因的长期命运取决于它的平均效应，即长期来看，它对它所在的所有不同身体所产生的平均效应。增变基因所产生的有利基因的平均效应自然是好的，这个有利基因会在种群中越来越多的个体躯体中留存。但是，增变基因本身的平均效应却称不上好，尽管它偶尔也会灵光一现，产生些许好处，但平均而言，增变基因必然会受到自然选择的惩罚。它会发现自己所寓居的大部分身体不是畸形的怪物就是胎死腹中。

这种反驳存在增变基因被积极选择的可能性的论点依赖于生殖是有性的假设。如果生殖是无性的，那么论证中的"洗牌"步骤就缺失了。在相当长的一段时间内，增变基因确会受到自然选择的青睐，因为在没有性别的情况下，它们不会与其偶尔产生的有利基因分离，它们可以搭上后者的便车，并代代相传。当生殖是无性生殖时，一个新的有利突变将产生一个新的克隆（无性系）。一个新的不利突变会迅速消失，一同消失的还有携带这个突变的亚克隆怪物。如果一个有利突变足够好，其克隆将继续繁荣兴旺，其中所有的基因都将获利——即使是不利基因。不利基因之所以也能迎来繁盛，是因为尽管它们有不良效应，但克隆中基因的平均质量是积极的。在这些"一人得道，鸡犬升天"式的搭便车客中，自然也有负责产生有利突变的增变基因。有利突变会"希望"摆脱这些不利基因，即使是产生它的增变基因也不例外。如果这些有利突变能思考的话，会渴望进行具有清除作用的有性生殖。它会说，只要我所在的身体实施性行为，我就能摆脱这群不受欢迎的搭便车客；我仅凭自身的优点就能受到重视；我自己所在的这具身体中，有些基因是坏的，也有些是好的，但平均而言，有性生殖可以让我更自由地从自己的有利效果中受益。另一方面，不利基因没有进行有性生殖的"渴望"：它们是依附于有利基因存在的。如果它们不得不在基因的自由竞争——有性生殖——中自力更生，它们很快就会消亡。

这个论点本身并不能对有性生殖何以出现进行解释，尽管它可能是这种解释的基础。正如我所说，有利基因可以从性的存在中受益，而不利基因则从性的缺失中受益，这并不能解释为什么性会存在。关于性存在的原因有很多理论，但没有一个是完全令人信服的。这方面最早的理论之一，"穆勒棘轮"（Muller's Ratchet）[1] 理论，是我刚刚不那么正式地以有利基因和不利基因的"渴望"形式所表达的理论的一个更严谨的版本。我对增变基因的讨论可以被视为对穆勒棘轮理论的补充。无性生殖不仅会让不利基因在种群中累积，它还给了增变基因积极的鼓励，这可能会加速无性克隆的灭绝，换句话说，加速穆勒棘轮的运作。但关于性的问题，以及它为什么会存在，还有穆勒棘轮，等等，则是另一个讲起来颇有难度的故事了。也许有一天，我会鼓起勇气来全面解答这个问题，并写一本关于性演化的书。

但这都是题外话了。目前重要的结果是，在有性生殖的情况下，尽管个别突变（其中的一小部分）偶尔会受到自然选择的青睐，但突

---

[1] 一种假说，用于解释为什么一些具有重要功能的基因，可能会在无性生殖中逐渐丢失；换句话说，有害突变会在无性生殖的生物体中不断累积，直至积重难返，甚至可能导致物种的灭绝。对于无性生殖的生物体而言，它们不可能发生高层次的基因交换（例如有性生殖基因重组），这也就意味着那些已经发生有害突变的基因（突变型），不可能再从别的生物体中获得相对应的野生型基因。这些已经发生有害突变的基因，对于无性生殖的生物体而言，就好像一个棘轮（ratchet），是不可倒转的。这便是这一理论名称的由来。

变现象总体受到自然选择的惩罚。即使在高压力时期，你可以为突变率的增加给出一个表面上合理的理由，这一点也不会改变。对突变的偏好总体是不利的，即使个别的突变偶尔会被证明是有利的。我们最好认为自然选择倾向于使突变率为零，尽管这有点自相矛盾。幸运的是，对于我们来说，为了让演化延续，这种基因上的超脱境界永远不会完全实现。自然选择是达尔文演化过程的第二阶段，是一种推动演化的非随机力量。而突变只是这个过程的第一阶段，在不推动改进的意义上是随机的。因此，所有的改进在一开始都是因幸运而生的，这就是为什么人们误以为达尔文主义是一种随机理论。但他们实在是大错特错了。

自然选择倾向于零突变率和突变无定向的观点，并不排除一种有趣的可能性，我称之为"可演化性的演化"，并在一篇以此为标题的文章中力主该观点。我将在第 7 章中阐释该观点的一个新版本——万花筒胚胎机制。而在此处，让我们暂且将话题引回自然选择本身，即达尔文主义这枚硬币的另一面。虽然突变可以是随机的，而且在一个重要的意义上几乎必然是随机的，但自然选择的本质是，它不是随机的。在所有可能存活下来的狼中，一个非随机的样本——腿跑得最快的，头脑最机智的，感觉最敏锐的，牙齿最锋利的——是真正存活下来并将基因传递下去的狼。因此，我们现在看到的基因是过去存在的基因的非随机样本的副本。每一代生物都是一个基因筛子，而经过百万代筛选后仍然存在的基因具有通过筛选所必需的条件。它们参与了数以百万计的躯体的胚胎构造，无一失败。这数以百万计的躯体都活到了成年，它们中没有一个因为缺乏吸引力而找不到配偶——缺乏吸引力的意思是对相关物种的潜在配偶来说没有吸引力。事实证明，它们中的每一个个体都至少有能力生育一个孩子。这个筛子很苛刻，能够通过其筛选争取到未来的基因绝对不是随机的样本，而是个中精英。它们熬过了冰期和干旱，躲过了瘟疫的侵袭和掠食者的爪牙，历尽了种群的兴衰起落。它们不仅经受住了传统意义上的风霜雨雪，也在更为严苛的气候变化中生存了下来。而且它们还在伙伴基因不断更迭的体内环境变迁中存活至今，因为有性生殖的生物的基因每一代都要更换伙伴；存活下来的基因必定是那些与来自整个物种基因库的各色纷呈的基因伙伴组合都能和睦相处且相得益彰的基因，这意味着这些基因善于与该物种的其他基因合作。在一个基因赖以生存的环境形势中，其实占主导地位的正是其所在物种的其他基因：它那些在生物的连续肉身中代代相传，在流淌至今的"伊甸园之河"中的同伴。我们可以把不同的物种想象成这条河在不断分流的过程中形成的彼此独立的"小环境"，而不同的基因组合必须在不同环境中生存。

简单起见，我们说突变是达尔文演化过程的第一阶段，而自然选择是第二阶段。但是，如果这种说法让人以为自然选择需要等待一个突变，然后这个突变要么被拒绝，要么被哄抢，而等待过程随即再次开始，那便是一种误导。这种形式的自然选择可能会发挥作用，也许在宇宙的某个地方确实是如此运作的。但事实上，在我们所在的这个星球上，通常情况并非如此。实际上存在一个巨大的变异库，最初汇入其中的突变如同涓涓细流，但伴随有性生殖所产生的大量变异已将其变为了滔滔洪流。变异最初来自突变，但当自然选择开始对突变起作用时，这些突变可能已经相当古老了。

例如，我在牛津大学的同事、已故的伯纳德·凯特尔韦尔（Bernard Kettlewell）以研究迄今为止颜色较浅的飞蛾中出现的深色乃至黑色种的演化而著称。在他特别关注的物种桦尺蛾（*Biston betularia*）中，深色的个体往往比浅色的个体稍耐寒一些，但在未受污染的乡村地区，它们很少见，因为它们对鸟类来说很显眼，很快就会被啄食。而在工业地区，树干因污染而变黑，深色形态便不像浅色形态那么显眼，因此被啄食的可能性降低了。这也使它们能够发挥自身天生的耐寒性这一额外优势。因此，自19世纪中期以来，深色蛾的数量急剧增加，在工业地区有着压倒性的优势，这是自然选择发挥作用的最好例证之一。现在你应该明白我在此引用这一案例的原因。人们常常错误地认为，自然选择是对某个在工业革命之后才出现的全新突变施加了影响。可事实恰恰相反，我们可以肯定，一直都有深色的桦尺蛾个体存在——它们只是没能持续存在很长时间。像大多数突变一样，这种突变是反复发生的，但深色的蛾总是很快被鸟类吃掉。而工业革命之后，当环境发生变化时，自然选择便在基因库中找到了现成的少数深色基因，并对其产生影响。

我们已经确定了在演化发生之前必须存在的要素，即突变和自然选择。在任何星球上，只要有一种更基本的要素存在，那么突变和自然选择就会自然出现，这种更基本的要素很难产生，但显然也不是全无可能。这种基本要素便是遗传。无论在宇宙的哪个角落，自然选择若要发生，就一定存在某种与其直系祖先的相似程度大于与整个种群所属成员相似程度的生物谱系。遗传和繁殖不是一回事。没有遗传你也可以繁殖。草原大火也会自我"繁殖"，但它可没有遗传。

想象有一片炎热干旱的草原，向四面八方不断延伸。现在，在一个特定的位置，一个粗心的吸烟者丢了一根被点燃的火柴，草场很快就燃起了一场熊熊大火。我们的吸烟者连忙拼命地跑开，否则浓烟进入肺部会让他猛烈咳嗽，但比起他的肺，我们更关心的是大火蔓延的方式。它不只是从最初的起点稳定地向外扩张，还会向空中迸出火星。这些火星，或者说燃烧的干草，被风吹到远离原始火源的地方。当火星最终落下来时，它会在干燥草原上的其他地方引发火灾。然后，新的火源又迸出新的火星，并在其他地方引发更多的火灾。我们可以说，这场大火正陷入一种繁殖形式。每个新火都有一个亲火，也就是一场会迸出火星的大火。它还有一个祖火，一个曾祖火，以此类推，一直回溯到那个由一根任性的火柴点燃的祖先之火。一个新火只能有一个母亲，但它可以有一个以上的女儿，因为它可以向不同的方向迸出不止一个火星。如果你能从空中观察整个过程，并记录下每次起火的历史，你就能画出一幅完整的草原火灾族谱。

这个故事的重点是，虽然这些火以某种形式"繁殖"，但不存在真正的遗传。若存在真正的遗传，那么每一堆火比起其他火来，都必须更像它的亲火。觉得一堆火会像它的亲火的想法并没有错，这是可能发生的。火与火之间确实存在不同，确实有个体特质，就像人一样。一堆火可能有自己特有的火焰颜色、烟雾颜色、火焰大小、燃烧噪声水平等。在这些特征中，它可能在任一方面与亲火有相似之处。总的来说，如果火确实在这些方面均与它们的亲火相似，那我们就可以说这些火存在真正的遗传。但事实上，相比其他点缀在草原上的普通大火，某处火并不会更像它的亲火。一堆火的特性（火焰大小、烟雾颜色、发出的噼啪声的大小等）来源于其周围环境，来源于火星落地之处碰巧生长的草的种类，来源于草的干燥程度，来源于风的速度和方向。这些都是火星落地区域的特质，而并非产生火星的亲火的特质。

为了体现真正的遗传，每个火星都必须携带其亲火的某种品质，某种特征性的要素。例如，假设有些火焰是黄色的，有些是红色的，有些则是蓝色的。现在，如果黄色火焰的火星会引发新的黄色火焰，而红色火焰的火星也会引发新的红色火焰，以此类推，我们就观察到了真正的遗传。但事实并非如此。如果看到蓝色的火焰，我们会说，"这片区域一定有铜盐"，可不会说，"这场火一定是由其他地方的另一场蓝色火焰的火星引起的"。

当然，这就是兔子、人类和蒲公英不同于火堆之处。顺便说一句，不要被兔子有两个亲代和四个祖代，而火只有一个亲代和一个祖代的事实误导了。这是一个重要的区别，但这不是我们现在谈论的区别。如果对你有所帮助的话，不要用兔子作为对比对象，而用竹节虫或蚜虫，这些虫的雌性可以在没有雄性参与的情况下生出女儿、外孙女和曾外孙女。毫无疑问，竹节虫的形状、颜色、大小和其他特质都受到其生长环境和气候的影响，但也受到只由亲代传递给子代的"火种"的影响。

那么，这个只从亲代传给子代，却并非从火传到火的"神秘火种"到底是什么呢？在这个星球上，它就是 DNA，世界上最神奇的分子。我们很容易把 DNA 想象成一个身体使另一个身体与自己相似所需的信息。但更正确的观点是，身体是 DNA 用来制造更多类似自己的 DNA 的载体。在一个特定的时刻——比如现在——世界上所有的 DNA，都是通过一条不曾间断的成功祖先链传下来的。没有两个人（除了同卵双胞胎）具有完全相同的 DNA。个体之间 DNA 的差异确实有助于提升它们生存并复制相同 DNA 的机会。我在此重复一遍，因为这一点是如此重要，那些沿着时间之河顺流而下的 DNA，是那些在数亿年的时间里始终寄身于成功繁衍的祖先身体的 DNA。而许多潜在的祖先要么英年早逝，要么没能找到配偶，它们的 DNA 如今已不复存在了。

在这一点上，我们很容易犯以下错误，认为某种存在，某种带来成功的精髓，某种来自优秀、成功的祖先身体的神圣气息，会在 DNA 流经这些躯体时"沾染"其上。这类情形根本不会发生。流经我们的身体并通向未来的 DNA 之河，是一条纯粹不染的河流，它流入我们身体时是何等面貌，流出时便也是一般模样（突变除外）。可以肯定的是，它会在性重组中不断混合。你体内的 DNA 一半来自你的父亲，另一半来自你的母亲。你的每一个精子或卵子都将包含不同的混合体，这些混合体来自你父亲的基因流和你母亲的基因流。但我的观点仍然正确。在基因之河流经我们祖先的身体而通往遥远未来的途中，成功的祖先特质并不会"沾染"这条河流。

达尔文主义对生物为何如此擅长于它们所实施行为的解释非常简单。它们之所以优秀，是因为它们的祖先积累了智慧。但这并不是它们习得或获得的智慧，而是它们通过幸运的随机突变而偶然拾得的智慧，这种智慧随后被选择性地、非随机性地铭刻在物种的基因数据库中。每一代生物都谈不上撞大运：它们的好运气之渺茫，连我先前引述的那些怀疑主义的物理学家都对此深信不疑。但运气已经积累了这么多代，其最终产物所呈现的显著不可能性让我们印象深刻。整个达尔文主义的马戏表演都依赖于也来源于遗传的存在。当我称遗传为基本要素时，我的意思是，在宇宙中任何一颗行星上，只要有类似遗传的存在出现，达尔文主义和生命就会多少不可避免地接踵而来。

于是我们又回到了"不可能之山"的山脚下，回到了为何攀登这座山峰无须借助"运气"的问题上：只需把看似大到不可能实现的运气——比如说，让以前没有眼睛的部位变出一个眼睛所需的运气——分解成许多小份的运气，每一份都可以堆叠累积到之前的运气之上。我们现在已经清楚这一机制是如何工作的，其凭借的正是存活下来的 DNA 中积累的大量祖先留下的小份运气。除了少数基因优良的个体存活下来之外，还有大量不那么幸运的个体死亡。每一代生物中都不乏达尔文式的失败，但每个个体都只会是先前世代中取得成功的少数个体的后裔。

从山上传来的信息有三重含义。第一重是我们已经介绍过的：不可能存在突然的飞跃——有序复杂性不会骤然增加。第二重，不存在下坡路，物种不能以变坏作为变好的前奏。第三重，可能有不止一个高峰——一个问题不止一种解决方法，它们都在这个世界上如火如荼地铺排展开。

就拿任何动物或植物的任何部位来说，一个合理的问题是，这个部位是如何从更早祖先的其他部位逐渐转变形成的？偶尔，我们可以通过依次演变的化石来追踪这一过程。一个著名的例子是我们哺乳动物耳骨的演化——这三块骨头（它们具有精确的"阻抗匹配"，如果你碰巧了解这个术语的话就更明白了）将声音从鼓膜传递到内耳。化石证据清楚地表明，这三块骨头，分别被称为锤骨、砧骨和镫骨，直接源于我们爬行动物祖先形成下颌关节的三块对应骨头。

但通常,化石记录对我们并不那么友善。我们不得不猜测可能的中间物种,有时我们会从其他现存动物那里得到一些灵感,这些动物与我们研究的物种可能有亲缘关系,也可能没有。大象的鼻子没有骨头,也不会变成化石,但我们不需要化石就能明白大象的鼻子最初只是鼻子,而现在则是……好吧,请允许我引用一本让我每次都需要强忍着眼泪读完的书:《大象之战》(*Battle for the Elephants*),作者是一对英雄夫妻,伊恩·道格拉斯-汉密尔顿和奥莉亚·道格拉斯-汉密尔顿(Iain and Oria Douglas-Hamilton)。书中章节由他们交替撰写,我在此引用的是奥莉亚在第 220 页对她在津巴布韦目睹的大象被捕杀的可怕情景的描述:

> 我看着其中一根被丢弃的象鼻,心想,创造这样一个演化奇迹,定要花费数百万年的时间。它有 5 万块肌肉,并由大脑控制,以配合这种复杂性,它可以输出高达数吨的扭力和推力。然而与此同时,它又能进行最精细的操作,比如把一个小豆荚摘下来放进嘴里。这个多用途的器官是一根虹吸管,可以容纳 4 升水,供大象饮用或喷洒在身体上,它既可以当作探出的手指,也可以作为小号或扬声器。
>
> 象鼻也有社交功能:爱抚、性挑逗、安慰、问候和相互缠绕相拥;在雄性中,当它们以象牙互击,或玩耍或认真地争夺主导地位时,象鼻可以成为殴击和扭打的武器,就像摔跤手的手段。然而,它现在被丢在那里,像我在非洲各地看到的许多象鼻一样被残忍地截断了。

引用这段话让我禁不住再次落泪……

这里,从不可能之山上传来的信息是,大象的祖先一定包括一系列连续的中间物种，它们的鼻子或长或短，就好像貘、象鼩、长鼻猴或象海豹。不过这些生物都与大象（或彼此之间）没有密切的亲缘关系。它们各自独立地演化出了长鼻子，可能是出于不同的原因（图3.1）。

图 3.1 非洲象（*Loxodonta africana*，右上），以及与其无亲缘关系的长鼻哺乳动物，它们的长鼻子可能是出于独立的原因发展而来的。从左上起逆时针方向分别为长鼻猴（*Nasalis larvatus*）、象鼩（*Rhynchocyon petersi*）、马来貘（*Tapirus indicus*）、南象海豹（*Mirounga leonina*）。

在大象从其短鼻子祖先演化而来的过程中，一定经历了一个平稳、渐进的长鼻子更迭过程，肌肉逐渐变厚，神经分布越发精致复杂。事实必定是，象鼻的平均长度每增加一英寸（1 英寸约合 2.54 厘米），其能力都会变得更完善。我们绝对不可能这样说："中等长度的象鼻不好，因为它不伦不类，上下不靠——但别担心，再给它几百万年，它就会好起来的。"没有一种动物是纯粹靠着向更好的方向演化而生存的。生存，靠的是进食，避免自身沦为食物，以及不断繁衍生息。如果中等大小的鼻子在这些方面体现的效率总是不如更短或更长的鼻子，那么长鼻子就永远不会演化出来。

象鼻必须在所有中间阶段都是有用的，并不意味着它必须在所有中间阶段都发挥相同的作用，达成相同的目的。早期，伸长的鼻部可能提供了一个与拾取物体无关的优势。也许大象鼻子一开始变长是为了增强嗅觉，就像象鼩一样；或者是作为共鸣器以更好地发出叫声，就像象海豹一样；又或者是一种吸引配偶的装饰品，就像长鼻猴一样——不管这从我们的审美角度来看多么奇怪。另一方面，也有可能在大象的演化过程中，鼻子作为"手"的作用在它还很短的时候便出现了。如果对比一下会用鼻子抓住树叶并将其拉到嘴边的貘，那这种猜测似乎是合理的。不同动物身上类似器官的独立演化可以启发我们对这些器官的理解。

在象鼻的具体案例中，我们从古代象头骨的坚硬部分所留下的化石，特别是象牙和相关的骨化石中，得到了一些具有启发性的证据。象这类长牙动物的足迹曾遍布每个大陆，而如今只有两种大象幸存。现存大象的象牙是巨大的上门齿，但许多化石显示其形态在过去非常不同，如一些乳齿象有着更为前凸的下门齿。有时这些下门齿长得又大又尖，与我们如今看到的只能从上颌伸出的象牙并无二致。还有一些象类动物的牙齿是平的，所以两颗巨大的牙齿合在一起，就像一把宽铲子或一把象牙铲，并让下颌为此延长。这种铲子可能是用来挖树根和块茎的，其在下颌部位伸得太远，以至于象的上唇都够不到它挖出来的食物。似乎早期的象鼻之所以会延长，正是为了配合这把铲子，是为了够到铲子挖出来的食物。往后，我们可以猜测，由于新生的象鼻变得如此擅长此道，以至于象类开始独立使用象鼻而无需铲子。再到后来，至少在幸存的谱系中，铲子本身缩小了，而象鼻则保留了下来，就好像因为退潮搁浅在沙滩上的鱼一样。下颌退回到原先的尺寸，却留下了如今完全独立使用的象鼻作为其遗赠。关于象鼻演化的更全面描述，可参考约翰·梅纳德·史密斯（John Maynard Smith）的佳作《演化论》（*The Theory of Evolution*）的第291—294页。

"预适应"（pre-adaptation）一词被用于描述以下情况：一个器官最初用于达成某个目的，但后来在演化中被用于达成另一个目的。这是一个有启发性的想法，因为它经常将我们从对演化起源的困惑中解救出来。豪猪的刺现在是可怕的武器。它们并不是无中生有，而是经过改造的毛发，只是"预适应"了与保暖完全不同的目的。许多哺乳动物都有高度发达的特化气味腺。它们的起源似乎是个谜，但只要你在显微镜下仔细观察它们，你就会发现它们是由更小的腺体改造而来的，其目的是分泌汗液来给身体降温。在同一动物的其他部位，未经改造的汗腺仍很常见，所以我们很容易进行比较。其他气味腺似乎是从皮脂腺进化而来的，皮脂腺最初的职责是通过分泌蜡状物来保护毛发。通常，发生预适应的器官和它如今的承替部位之间并非毫无关联。汗是有气味的，当动物出现情绪波动时，就会分泌有气味的汗液（人们通常会因为害怕而出汗，对我而言，当一场重要的演讲没有按计划进行时，我就会出汗）。因此，旧的预适应自然而然就会转变为特化的对应物。

有时，是早期的预适应先出现，还是后来的特化先出现并不那么显而易见。达尔文对肺的演化起源便感到疑惑，试图在鱼的鱼鳔中寻找答案。鱼鳔是一个充满气体的囊，硬骨鱼用它来控制自己的浮力，这也是笛卡儿所发明的浮沉子①的工作原理（通过控制瓶塞，可以使瓶子里的小玩偶下沉或上升）。通过使用肌肉来调节鱼鳔的体积，鱼能够在不同深度的水中平稳休息。这只适用于普通硬骨鱼。鲨鱼（尽管外形相似，但实际上它们与硬骨鱼的亲缘关系比我们与硬骨鱼的关系更远）没有鳔，因此它们必须频频游动使自己处于理想深度。鱼鳔看起来像一个肺，达尔文认为这可能是我们的肺演化的预适应。现代动物学家大多将这两者的关系颠倒过来，怀疑鱼鳔是原始肺的更晚近改良（呼吸空气的鱼直到今天都很常见）。无论肺和鳔哪个更原始，我们都需要考虑在其之前更早便存在的器官。也许鳔起源于肠道的一个囊，具有原始的消化功能。在它演化的每一个阶段，在攀登不可能之山的每一个斜坡时，这种囊/腔/肺都必须对保有它的动物有用。

　　大象的鼻子不可能一蹴而就吗？为什么鼻子长度和貘类似的亲代，就不能生出鼻子长度像大象一样的后代呢？这里有三个问题。第一个，是巨大的突变——我称之为"巨变"——是否会发生的问题。第二个问题是，如果真发生了，巨变是否会受到自然选择的青睐。第三个更微妙的问题是，当我们谈到巨大的突变变化时，我们所说的"巨大"是什么意思。在此我将回顾我在先前作品中所做的区分，即"波音747式巨变"和"加长版DC8式巨变"②。

　　第一个问题的答案是肯定的。巨变确实会发生。有时，后代出生时与父母中的任何一方都截然不同，与物种的其他成员也大相径庭。据《哈密尔顿观察报》（*Hamilton Spectator*）的摄影师斯科特·加德纳（Scott Gardner）说，图3.2中的蟾蜍是两个女孩在她们位于安大略省哈密尔顿的自家花园里发现的。他说这两个女孩把这只蟾蜍放在

---

① 一种利用阿基米德原理，通过改变排水体积大小而实现水中沉浮的演示道具或玩具。据说由笛卡儿发明，因此也被称为"笛卡儿水鬼"或"笛卡儿潜水员"。

② DC8是麦克唐纳·道格拉斯公司（麦道）所生产的一种大型客机，该机型曾有一个加长版改进型，在原机身基础上客舱加长了11.18米，载客量从原先的176人增加到259人。道金斯以此比喻生物在原有基础上进行突变的情形。这一比喻最先见于《盲眼钟表匠》一书。

厨房桌子上好让他拍照。它的头上根本没有眼睛。加德纳先生说，当它张开嘴时，它似乎更能感知周围的环境。他说这只蟾蜍已被送往圭尔夫大学兽医系进行检查，但是我到目前为止还没有找到任何关于它的完整报告。这些不幸的畸形动物很有趣，因为它们经常给我们提供关于胚胎发育如何正常发生的线索。并不是所有的人类先天缺陷都是遗传的，比如由沙利度胺[1]引起的缺陷便不是，但很多缺陷是遗传的。一个简单的显性基因会导致软骨发育不全，肢体骨骼严重缩短，导致身材矮小和比例失调。像这样影响很大的突变——"巨变"——有时也被称为"跃变"（saltation）。软骨发育不全基因通常是由父母中的一方遗传的，但偶尔也会因突变而自发产生，这就是它最初的来源。从理论上讲，一个类似的夸张突变，可能会导致鼻子在一个世代的时间里突然从獴鼻子的长度伸长到象鼻的长度，虽然我对现实中真的存在这种情况深表怀疑。

图 3.2　巨变确实会发生。据说这只畸形蟾蜍是在加拿大的一个花园中被发现的，它的眼睛长在上颌部。这张照片最初刊登在当地报纸《哈密尔顿观察报》上。

---

[1] 沙利度胺（thalidomide）问世于 20 世纪 50 年代，曾被用作缓解孕妇妊娠呕吐的药物，商品名为"反应停"，因其疗效极佳，上市后立刻风靡多国。但后来发现许多服用该药的孕妇产下手足缺失的畸形婴儿，即"海豹肢畸形儿"。该药被禁止销售，但仍在全球范围内造成了 1 万多例海豹样患者，被视为现代医学史上的一大浩劫。

至于第二个问题，即一旦出现了一个巨大的"怪异"突变，自然选择是否会青睐它，你可能会认为这不是那种会有笼统答案的问题。其答案是否会视特定情况而有所不同呢？比如，软骨发育不全会受青睐，而双头小牛不会。事实上，在狗身上，与人软骨发育不全基因作用对等的基因在人类育种者实施的人工选择中便受到了明确青睐，这可不仅是为了满足无聊的妄想，也是为了培育有用的工作犬。腊肠犬被培育成了猎獾犬，而这一品种的基因的一个重要构成便是软骨发育不全基因的引入。也许在自然界中有时也会出现此类情形：诸如软骨发育不全这样的重大突变反而为动物突然开启了一种新的生活方式，或带来了新的食物来源，由此而生的侏儒动物尽管在旷野上追捕猎物时将大为受挫，但它却突然发现自己在另一方面可以及大多数同类所不及，它可以追着猎物进洞。

演化理论家有时认为，大跃变是自然界演化变化的一部分。著名的德裔美国遗传学家里夏德·戈尔德施密特（Richard Goldschmidt）以令人记忆犹新的"希望畸形"（hopeful monster）理论对此加以倡导。我会在第 7 章提到这方面的一个可能例子。但戈尔德施密特的理论从未得到广泛支持，而且我们大有理由怀疑巨变或畸形在演化中是否真的很重要。生物体是极其精密复杂、需要微调的机器。如果你拿出一台复杂的机器，即使是一台运转得不太灵的机器，并对其内部做一个非常大的随机改变，你获得改进的机会也可谓渺茫。而另一方面，如果你对其内部做一个极小的随机改变，你就有可能切实改进它。如果你的电视天线没有很好地对准，以非常轻微的幅度随机转动一下天线，就有大约 50% 的可能性改善信号接收。这是因为，无论天线应该指向哪个方向，你微小的随机转动都有 50% 的可能性使天线指向那个方向。但是，如果对天线进行非常大幅度的任意摆弄，如以非常大的角度剧烈扭转它，则有可能使电视信号变得更糟。之所以如此，部分原因在于，即使你的旋转方向是正确的，它也可能会因为幅度过大而偏离正确的方向。更笼统地说，这是因为错误调整的方式比正确调整的方式多得多。对一个正在运转的复杂机制而言，恰当的调整不太会是大幅度的。一个小的随机改变可能会对其有所改善；或者，如果这改变使情况变得更糟，它仍然不会偏离正轨太远。但是一个非常大的随机变化相当于对该机制所有可能组合的庞大集进行抽样，而且其中绝大多数可能组合都是错误的。

人们常有的一种经验是，当一台电视出现图像抖动时，往往可以通过踹上恰到好处的一脚而令图像质量得到改善。但即便如此，这与我的论点也并不矛盾。虽然这一脚可能挺重，但电视是一个坚固的硬件，用脚踹并不一定会对其部件的组合产生很大的影响。这一脚起到的作用恰是小幅改变任何稍有松动的部位的位置，而这个松动的部件很可能正是导致电视故障的那个关键部件。①

至于生物的情形，我曾在《盲眼钟表匠》中写过："不管生活方式有多少种，找死的方式更多。"我很高兴这句话被《牛津英语引用语词典》（*Oxford Dictionary of Quotations*）收录，如果我不承认这种喜悦之情，那可就太矫情了！如果你想象一下组合动物身体各片段的所有可能方法，几乎所有组合出来的动物都是死的；更准确地说，它们大多从未"生"过，又何谈"死"呢？每一种动物和植物都是一套可运行的组合，其犹如坐落于浩瀚海洋中的一座孤岛，而构成这片海洋的便是其身体片段的所有可穷尽的组合方式，而其中大多数组合即使付诸实施也只会是死路一条。这片由"所有可能存在的动物"所组成的海洋中，有眼睛长在脚底的动物，晶状体长在耳朵里而不是眼睛

---

① 朱迪思·弗兰德斯（Judith Flanders）让我注意到罗伯特·X. 克林格里（Robert X. Cringely）所著的《意外的帝国》（*Accidental Empires*）中的一个有趣的相关故事。这个故事是关于 Apple Ⅲ 的，这是一款台式电脑，介于著名的 Apple Ⅱ 和更著名的 Macintosh 之间，于 1980 年推出。书中写道："……负责在生产流程中在主电路板上插入几十个电脑芯片的自动化机器没有把这些芯片足够牢固地插到对应插槽。而苹果公司告诉它的 9 万名顾客，小心地拿起他们的 Apple Ⅲ，把电脑举到离地面 12 到 18 英寸的地方，然后摔在地上，希望由此产生的冲击力能让所有的芯片复位。"——作者注

里的动物，左侧长翅膀、右侧长鳍的动物，胃周围有头骨而大脑周围什么都没有的动物。继续倒腾这些组合是没有意义的。我已经给出了足够的解释，以证明以下论点：那些具备可生存性的"孤岛"，无论它们有多大，数量有多少，与充斥着死亡的海洋相比，其大小和数量皆是微不足道的。

设想亲代产下一个突变的子代，既然亲代本身存活，那它们必然安全置身于其中一个这样的岛屿上。一个小小的突变——这里的腿骨略微加长，那里的下颌角度进行了微调——只是把子代移动到了同一个岛屿上的不同位置而已。或许后者可以开拓出一个小的近海沙洲，并将其连接到岛屿的旱地上。但是，一个巨大的突变，一个剧烈的、反常的、颠覆性的变化，相当于疯狂地将子代抛向远处的蓝色海洋。这个巨变体被掷向一个随机的方向，远离它的亲代所在的岛屿。它确实有可能机缘巧合般在另一个岛上着陆。但由于这些岛屿太过零星渺小，而海洋又如此广大，因此这种可能性微乎其微。这种情形可能每几百万年才上演一次，而当它真的发生时，它可能会对演化进程产生巨大的影响。

我们不能对这个岛屿比喻太较真。它有很多问题。所有的物种都有亲缘关系，这意味着在这片可能性的海洋中，必定存在从一种生存方式过渡到另一种的途径。在这方面，岛屿的比喻对我们并无助益，而不可能之山的比喻更贴切一点。我提到这些岛屿，旨在以一种戏剧性的方式表明，突变越剧烈、越怪异，就越不可能受到选择的青睐。

我们还需要区分不同种类的巨变。通过想象脚底长眼睛、耳朵长晶状体的动物，我主要聚焦的是部分组合的变化。发生这种大幅度变化的个体当然不太可能侥幸存活。但也有一些大幅变化涉及的是生物某个部分的大小，而并不涉及这些部分的重新排列组合。如果发生的只是某个部分变长，比如貘的鼻子突然变成象鼻就是一个例子。这种剧烈的变化也许未必让发生变化的生物跃入那片代表不可运行或死亡的海洋。

我现在真的要转回"波音747"和"加长版DC8"这两类巨变的区别问题上了。还记得弗雷德·霍伊尔爵士关于废品堆放场和波音747飞机的辩论观点吗?据说他曾说过,复杂结构(如蛋白质分子,或暗指眼睛或心脏)借由自然选择演化,就像飓风在废品堆放场刮过时幸运地拼出一架波音747一样。如果他说的是"偶然"而不是"自然选择",那他就对了。事实上,我不得不很遗憾地指出,他也是将自然选择严重误解为随机过程的众多人士之一。任何指望演化从无到有、一蹴而就、轻易便能制造出一个全新的复杂"装置"——比如眼睛或血红蛋白分子——的理论,都过于依赖偶然。根据这类理论,自然选择几乎无事可做。所有的设计工作都是通过突变来完成的,还得是一个单一的巨大突变。只有这种巨变才能配得上波音747和废品堆放场的比喻,我姑且称之为"波音747式巨变"。波音747式巨变是不存在的,其与达尔文主义也毫无瓜葛。

现在来说说我的另一个客机类比,加长版DC8客机和一架普通DC8差不多,只是更长一点。DC8的基本设计都原封不动,只是在机身中段加了一个额外长度的客舱段。这一额外长度的客舱段包含更多的座位、更多的行李寄存柜和更多的其他重复设施。同样明显的是,电缆、管道和地毯也增加了额外的长度。稍微不那么明显的是,飞机的其他部分肯定会做出许多相应的修改,因为这架飞机的新任务是将更长的机身抬离地面。但是,从根本上说,DC8和加长版DC8之间的区别可归结为一个单一的巨变:机身突然比其前身长了许多。这两者间并没有一系列渐进的中间过程。

长颈鹿的祖先很像现存的霍加狓(图3.3)。其最明显的演化变化是颈部伸长。这是否可能来自一个单一的巨大突变?我得赶紧澄清我确信没这回事。但说它没有发生过是一回事,说它不可能发生就是另一回事了。一个波音747式巨变就好比一个全新的复杂眼睛无中生有,

图 3.3　产生长脖子的步骤。霍加狓（*Okapia jobnstoni*）可能与现代长颈鹿的祖先相似。下方为现代的网纹长颈鹿（*Giraffa camelopardalis reticulata*）。

还包括虹膜和可调焦的晶状体，就像雅典娜从宙斯的脑袋里跳出来一样——这永远不会发生，即使有亿万年的时间也不会发生。但是，就像DC8的加长一样，长颈鹿的脖子确实可能经由一个突变步骤骤然出现（尽管我敢打赌它没有）。这两者有什么区别呢？这并不是说脖子明显没有眼睛复杂。据我所知，脖子可能更复杂。真正重要的是突变前颈部和突变后颈部之间差异的复杂性。这两者的差异是微不足道的，至少与"完全没有眼睛"和"我们现有的眼睛"之间的差异相比是如此。长颈鹿的脖子和霍加狓（大概也和长颈鹿自己的短颈祖先一样）的脖子有着同样复杂的结构。它们都有由7节椎骨构成的相同序列，每个椎骨都有相关的血管、神经、韧带和肌肉块。不同之处在于长颈鹿的每根椎骨都要长得多，而且它的所有相关部分都按比例拉伸或间隔。

关键在于，你可能只需改变发育中胚胎的一个因素就能使脖子的长度增加4倍，比如说你只需要改变椎骨原基的生长速率，其他的一切都会随之改变。但是，为了从空空如也的皮肤表面发育出一只眼睛，你必须改变的就不是一个生长速率，而是数以百计的类似速率了（见第5章）。如果一只霍加狓突变出长颈鹿的脖子，那将是一个加长版DC8式巨变，而不是波音747式巨变。因此，我们不必完全排除前一种可能性。这种巨变在复杂性方面没有增加任何新内容。机身被拉长了，其他所有必需部件也同样被拉长延伸，但这是对现有复杂性的延伸，而不是引入新的复杂性。即使长颈鹿的脖子上有超过7节椎骨，情况也是如此。不同种类的蛇的椎骨数量从200块到350块不等。因为所有的蛇都是近亲，而且椎骨不能分成两半或四分之一，这必然意味着以下情况间或发生，即一条蛇出生时至少比它的父母多一块或少一块椎骨。这些突变有资格被称为巨变，它们显然已经被纳入演化，因为所有这些蛇都存在。它们是加长版DC8式巨变，因为它们涉及的是对现有复杂性的复制，而不是像波音747式巨变那样凭空创造出新的复杂性。

有一些事实可能会对这种巨变的畸形体带来一些演化上的帮助，即一个特定基因的作用会取决于同一身体中存在的其他基因。基因对身体的影响，即所谓的表型效应，并不是刻在身体表面上的。软骨发育不全基因的 DNA 编码中没有任何东西可以被分子生物学家解码为"短"或"矮"的性状。它只有在同一身体内存在的众多其他基因的共同作用下才会使肢体变短，更不用说环境的其他特征所带来的影响了。基因的含义是依赖于背景环境而存在的。胚胎在由所有基因产生的整体环境形势中发育。任何一个基因对胚胎的效应均取决于造成这一形势的其他部分。R. A. 费希尔（我引用过他的话）很久以前就表达了这一点，他说一些基因对其他基因的效应起"修饰因子"的作用。请注意，这并不意味着某些基因会修改其他基因的 DNA 编码。这些修饰基因只是简单地改变形势，从而改变其他基因对身体的效应，而不是改变其他基因的 DNA 序列。

正如我们所见，由于一个基因的改变———一个巨变——使得有着 6 英寸鼻子的亲代在一代之内就能生出一个有着 5 英尺鼻子的突变子代，并非完全不可思议（但也非常不可思议）。这个新鼻子不太可能立即像象鼻那样正常工作。这就是"修饰"基因和其他基因构成的"形势"概念在理论上的用武之地了。只要巨变至少对某些功能大致有益，拥有它的个体就不会灭绝，随后由修饰基因实施的选择就可以雕琢细节，磨平棱角。我们可以将重大突变在群体中的出现看作一场灾难性的挑战，就像冰期一样。如一个新的冰期会导致整个基因集经受选择一样，诸如鼻子突然伸长这样剧烈的突变变化也会对平均个体施加选择。

在一个新的重大突变发生之后对其加以"清理"的基因并不仅仅对该重大基因最明显的效应起作用。它们可能作用于身体某些意想不到的不同部位，以补偿、减轻重大突变的不良效应或增强其可能带来的优势。随着鼻子的大幅延长，头部的重量增加，颈部的骨骼就需要得到强化。整个身体的平衡可能会改变，可能对脊柱和骨盆产生进一步的连锁效应。所有这些相应的选择将作用于影响身体许多不同部位的数十个基因之上。

虽然我是在讨论巨变的背景下引入的"善后清理"的概念，但无论是否存在任何巨变步骤，这种选择在演化中肯定都是至关重要的。即使是微小的突变也会引起不良后果，对此进行善后清理是非常可取的方法。任何基因都可以作为其他基因的修饰基因。许多基因会改变彼此的效应。一些权威人士甚至会说，在任何产生效应的基因中（很多基因不产生效应），大多数基因都会修饰和改变大多数其他基因的效应。这便是我所说的"一个基因赖以生存的'形势'主要由该物种的其他基因组成"的另一个含义。

我在巨变问题上已经用了相当长的篇幅，可能与其重要性不太相称，尽管如此，我还是得针对一个可能的困惑来源再写几句，这是我必须预先加以澄清的。有一种被广为宣传，且绝对关系重大的理论，被称为"间断平衡论"（punctuated equilibrium）。深入讨论其理论细节超出本书的范围。但是，由于这一理论被大加推广，也被广泛误解，因此我必须在此强调，间断平衡论与我所说的巨变没有——或者不应该被描述为有——任何合理联系。该理论认为，生物谱系在很长一段时间内处于停滞状态，没有任何演化变化，而演化变化的快速爆发则偶然穿插其间，这与新物种的诞生情形相吻合。但是，尽管这些爆发可能是迅速发生的，它们仍然需要在多个世代中传播，而且仍然是渐进的。只是中间阶段通常稍纵即逝，没有化石记录。这种"作为快速渐进论的间断理论"与巨变截然不同，后者是一代内发生的"即刻"变化。造成这种混淆的部分原因是，该理论的两位倡导者之一斯蒂芬·古尔德（Stephen Gould）[另一位是奈尔斯·埃尔德雷奇（Niles Eldredge）]也恰好对某些类型的巨变情有独钟，因此他偶尔会淡化快速渐进论和真正巨变之间的区别——我必须补充一点，此处的巨变并非奇迹般的波音 747 式巨变。埃尔德雷奇和古尔德对神创论者滥用他们的观点也颇为恼火，用我的术语来说，神创论者认为间断平衡论就是波音 747 式巨变，他们相信这种突变的产生需要奇迹，在这一点上他们倒是没错。古尔德曾写道：

> 自从我们用间断平衡论来解释演化趋势，让我尤为恼火的一点是一些人一次又一次地引用这一理论——我不知道他们是故意为之还是愚蠢所致——以表明我们承认化石记录不包括过渡形态。虽然在物种层次上，过渡形态通常是匮乏的，但在更大类群中，它们是广泛存在的。

如果古尔德博士更明确地强调快速渐进论和跃变（巨变）论之间的根本区别，他就能减少这种遭受误解的风险。根据他的定义，间断平衡论要么是适度且可能正确的，要么是革命性但可能错误的。如果你模糊了快速渐进论和跃变论之间的区别，你可能会使间断平衡论看似更为激进。但与此同时，你也为相应的误解大开方便之门，一扇神创论者会毫不犹豫蜂拥而入的大门。

为什么在物种层次上普遍缺乏过渡形态？有一个堪称平平无奇的原因。我可以用一个比喻来对此加以阐释。孩子是以一种渐进而连续的成长方式变为成年人的，但出于法律目的，成年年龄被视为一个具体日期后达到的年龄，通常是 18 岁。因此可以这样说："英国有 5500 万人，但没有一个人是介于无投票权者和有投票权者之间的。"就像从法律上讲，只要 18 岁生日的午夜钟声敲响，少年就会变成具有投票权的成人，动物学家总是坚持把标本划分清楚，不是一个物种就是另一个物种。如果一个标本在实际形态上是处于中间阶段的（许多标本就是这样），那动物学家秉持的惯例仍然迫使他们在命名时选择一个物种或另一个物种。因此，神创论者声称没有中间物种的说法根据物种层次上的"定义"来说是正确的，但它对现实世界没有任何意义——只是对动物学家的命名惯例有意义。

看看我们自己的祖先，从南方古猿到能人，再到直立人，然后是古代智人，直至现代智人，其过渡是如此平稳渐进，以至于化石专家们一直在争论如何对特定的化石进行分类。现在看看下面这段话，摘自一本反演化论的宣传册子："这些发现要么被认为是南方古猿（因此是类人猿），要么被认为属于人属（因此是人类）。尽管经过了一个多世纪的不懈挖掘和激烈辩论，这个为假定的人类祖先保留的玻璃盒子仍然是空的。缺失的环节仍然缺失。"对此我们不禁要问，化石要如何才能称得上中间形态呢？事实上，引文所述与现实世界毫无关系。它只是在念叨一些（相当乏味的）命名惯例。没有一个"缺失的环节"——不管它是多么精确地落在中间的环节上——可以逃脱术语上的不可抗力，这种力量不是把它推到分界线的这一边，就是推到那一边。寻找中间形态的正确方法是忘记化石的命名，转而关注它们的实际形状和大小。当你这样做的时候，你会发现化石记录中充满了妙不可言的渐进转变，尽管也有一些间隔——有些间隔很大，于是大家便认可其之所以如此只是因为这个阶段的动物没有变成化石被保存下来而已。在某种程度上，我们的物种命名程序是为演化论建立前的时代建立的，当时划分就是一切，我们并不期望找到什么中间形态。

至此，我们已经对"不可能之山"初窥了一番，并看到了其一侧令人生畏的悬崖和另一侧尚可落脚的缓坡之间的区别。接下来的两章，我们将细致考察神创论者所爱念叨的两座山峰，因为它们的悬崖看起来特别陡峭：第一座山是翅膀（"半只翅膀有什么用？"），然后便是眼睛（"眼睛在所有的组成部分都组合到位之前根本不会工作，因此它不可能是逐渐演化出来的"）。

第 4 章

腾空而起

长久以来，飞行对人类而言一直是一个无法企及的梦想，而我们最终克服了重重困难，得以翱翔蓝天，因此我们很容易夸大飞行的难度。其实飞行是大多数动物物种的第二天性。套用我的同事罗伯特·梅的一句格言，如果我们取一级近似，那所有的动物都会飞。若要究其原因，正如他的原话所说，如果对所有物种取一级近似，那它们都是昆虫。但是，即使我们只考虑温血脊椎动物的情况，我们仍然可以说，有一半以上的物种会飞；鸟类的物种数量是哺乳动物的两倍，而所有哺乳动物物种中还有四分之一是蝙蝠。飞行对我们来说似乎遥不可及，这主要是因为我们是大型动物。有一些动物确实比我们更大，比如大象和犀牛，它们的存在自然让我们印象深刻，但如果依旧取一级近似，可以说所有动物都比我们小（图 4.1）。

如果你是一只非常小的动物，腾空并不是什么大问题，更困难的挑战可能是如何停留在地面上。这种大型动物和小型动物间的迥然差异，是由一些不可抗的物理原理决定的。

对于给定形状的物体，重量的增加相对于其长度的增加不成比例（具体来说是长度的三次方）。如果一个鸵鸟蛋的长度是一个形状相同的鸡蛋长度的 3 倍，那么它的重量就不是后者的 3 倍，而是 $3 \times 3 \times 3$

倍，也就是 27 倍。在你对此习以为常之前，这可能是一个引人遐思的想法。如果一个鸡蛋是一人份的早餐，那么一个鸵鸟蛋差不多可以给一个排当早餐。一个物体的体积依其线性尺寸的三次方（立方）而提升，重量亦如此。另一方面，表面积则依线性尺寸的二次方（平方）而增加。

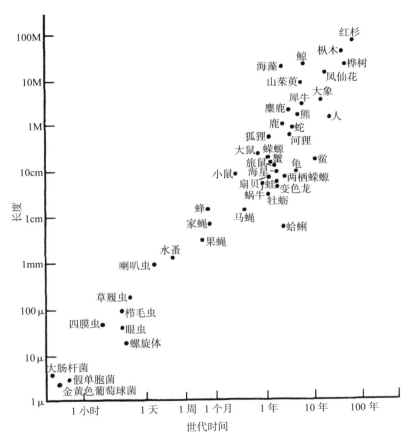

图 4.1　生物的大小大约相差 8 个数量级。为了厘清这些差别，我们将生物世代时间对其体型作图（这两项是强相关的，原因不在这里讨论）。两个轴都是按对数比例绘制的，否则要同时容纳一棵红杉树和一个细菌，就需要 1000 英里宽的纸。

最简单的方法是用立方体来演示，但该规则适用于所有形状。

想象一个大的立方体，其中可以容纳多少个边长恰好为其一半的小立方体？只需画一下这些立方体的草图，你就可以很快得出答案：8个。这个大立方体盒子能装的苹果不是小立方体盒子的2倍，而是8倍；如果将其当作油漆罐，那么前者所能容纳的油漆量也不是后者的2倍，而是8倍。但是如果你想在大盒子的表面涂漆，所需油漆量是在一个小盒子的表面涂漆所需油漆量的多少倍呢？同样，你可以快速地通过绘制草图来验证答案：既不是2倍也不是8倍，而是4倍。

尺寸相差很大的物体，其表面积和体积之间的差异会更加显著。假设一个火柴制造商为了进行广告宣传，造了一个成人大小的火柴盒，平放在地上时有2米高。而一个标准的火柴盒平放在地上时有2厘米高，所以100个小火柴盒摞起来正好达到这个大火柴盒的高度。后者的长度和宽度也分别可以排满100个小火柴盒。那么，如果你想用小火柴盒填满这样一个大火柴盒，需要多少个小火柴盒？答案是100×100×100，也就是100万个。在某一维度上，这个大火柴盒只有普通火柴盒的100倍大，而一个缺乏数学概念的人可能会估计它的体积大约也是普通火柴盒的100倍。但从另一个维度上说，它是普通火柴盒体积的100万倍，至少可以容纳100万倍的火柴（实际上更多，因为作为外壳的硬纸板占用的空间相对较少）。

如果我们假设这个巨大的火柴盒和一个普通的小火柴盒是用同样的纸板做的，那么这个纸板的相对成本是多少？这不取决于其体积，也不取决于线性尺寸，而是取决于表面积。这个巨大的盒子需要的纸板不是小火柴盒所需纸板的100万倍，而是10 000倍。标准小火柴盒的表面积与其重量之比要比大火柴盒的大得多。如果你拆开一个小火柴盒，其叠好的纸板将将能塞进另一个小火柴盒里。但是，如果你把我们的大火柴盒拆开，折叠纸板，并将其铺在另一个大火柴盒底部，那么几乎不会有人注意到。表面积与体积之比是一个非常重要的量。随着线性尺寸的增加，体积的增加以立方计，表面积的增加仅仅以平方计。你可以用数学来表达这一现象：如果物体均匀地按比例增大，表面积与体积的比值就会以长度的2/3次方增长。小物体的"表面积与体积之比"大于大物体的，也就是说，小物体比同样形状的大物体更"平面化"。

在对生命而言较为重要的事项中，一些取决于生物体的表面积，一些取决于体积，一些取决于线性尺寸，还有一些则取决于这三者的不同组合。想象一只完美缩小到跳蚤大小的河马。真实河马的高度（或长度，或宽度）可能是跳蚤河马的1000倍，那么其重量便是跳蚤河马的10亿倍，而其表面积仅仅是跳蚤河马的100万倍。所以跳蚤河马的表面积与体重之比是真实河马的1000倍。按比例缩小的微型河马会比正常尺寸的河马更容易在微风中飘浮，这似乎是不言自明的常识，但有时重要的是窥见常识背后的原理。

当然，大型动物从来都不单纯是小型动物的放大版，而我们现在已知道了其原因所在。自然选择不允许它们简单地按比例增大，因为它们需要对表面积与体积之比的变化等因素进行补偿。真实河马的细胞数量大约是跳蚤河马的10亿倍，但其外表面的皮肤细胞数量只是跳蚤河马的100万倍。每个细胞都需要氧气和食物，还需要排出代谢废物，所以真实河马体内进出的物质量是跳蚤河马的10亿倍。跳蚤河马的外表皮（皮肤）可以让氧气和废物通过，它是重要的体表组成部分。但是真实河马的外表皮相对其体积和细胞总量而言是如此之小，以至于它需要极大地增加表面积，以应对数量是跳蚤河马细胞数量10亿倍的细胞所带来的需求。于是它有了一个回环曲折的肠道，有了海绵状的肺和微管状的肾脏，这些器官整体上由大量一再分裂的血管网络所充盈。其结果是，大型动物的内部面积比其体表面积大得多。动物越小，它就越不需要肺、鳃或血管：其身体的外表面有足够大的面积，可以在没有其他辅助器官的情况下应付相对较少的内部细胞的物质进出。对此可以用一种不太精确的说法概括，在小型动物体内，接触外界的细胞比例更高，而像河马这样的大型动物，其与外界接触的细胞占总体细胞的比例非常小，因此它必须通过肺、肾脏和毛细血管等集约面积的器官来增加这一比例。

物质进出身体的速率取决于交换面积，但这并不是面积的唯一重要作用。随风而起，并在空中飘浮的趋势也取决于表面积。跳蚤河马会被最轻的一阵微风吹起。它可以被热气流裹挟至高处，然后灵巧地降回地面，并且通过软着陆避免受伤。而真正的河马，如果从同样的高度掉下来，会摔得很惨；而如果从按身体比例放大的同等高度落下，它会给自己砸开一个坟墓。对于真正的河马来说，飞行是一个不可能实现的梦想。即使河马想飞，它也很难飞起来。要让一只真正的河马飞起来，你必须在它身上绑上一对如此之大的翅膀……嗯，这个构想从一开始就注定要失败，因为为这对巨大的翅膀提供动力所需的肌肉太重了，翅膀无法被抬起。如果你想造一个会飞的动物，你不会以河马为蓝本。

关键在于，如果一只大型动物要离地飞起，它就必须长出集约面积足够大的翅膀，就像任何大型动物都需要表面积较大的肾和肺一样。但是对于一只想要离开地面的小型动物来说，它几乎不需要再长出任何东西。它整个身体的表面积已经很充足了。所谓的空中浮游生物由数以百万计的小昆虫和其他生物组成，它们飘浮在高空，遍布世界各地。当然，它们中的许多都有翅膀，但也包括许多微小的无翼生物。尽管没有特殊的翼型表面，它们仍能飘在空中。它们之所以能飘浮，只是因为它们个头小，而一只非常小的动物在空气中飘浮就像我们在水中悬浮一样容易。事实上，这种对比揭示了进一步的事实，因为即使一只微小的浮游昆虫有翅膀，它拍打翅膀也不是为了抬升高度，而是为了在空中"游泳"。"游泳"这个词之所以恰当，是因为生物在体型很小的时候还会遭遇其他奇怪的现象。在这个尺度上，表面张力是如此重要的力，以至于对一只小昆虫来说，它会感觉空气很黏稠。对于一只小昆虫来说，拍打翅膀的感觉一定就像我们在糖浆中游泳的感觉。

你可能会想：如果没有控制高度或转向的能力，光是飘浮有什么用呢？对这一点我不会展开细说，但从基因的角度来看，能够随风飘荡本身可能就是一种优势，尤其是对某种基本上固着不动的生物来说。这一点同样适用于植物：任何一块土地都会时不时地变得不适合生长繁衍，比如发生森林火灾或洪水的时候。对于一种需要大量光照的植物来说，整个森林的地面都不适合生长，除非有一棵树倒下，打破了上方树冠对阳光的遮蔽。一般来说，任何动物或植物的祖先的栖息地，都并非这些动植物当前所在的栖息地，因此其祖先体内很可能包含采取相应措施将自己扩散到其他地方的基因。这就是为什么蒲公英的种子像棉花一样蓬松，为什么刺果的钩子可以将其黏附在动物的皮毛上，为什么许多昆虫可以在空中浮游，长途旅行并降落在完全陌生的异国土地之上。

小型动物能轻易地飘浮，这样我们只需假设飞行最初是在小型动物中演化而来的，如此一来，这座代表飞行的"不可能之山"就不那么让人望而生畏了。非常小的昆虫没有翅膀就能飘浮。稍大一些的昆虫借助细小的翅柄来捕捉微风，于是我们便已立足于通往真正翅膀的不可能之山的便于攀登的缓坡之上。不过，根据加州大学伯克利分校的乔尔·金索沃（Joel Kingsolver）和米米·凯尔（Mimi Koehl）的一些巧妙研究，事情可能并没有那么简单。金索沃和凯尔研究的理论认为，最初的昆虫翅膀是为达成一个完全不同的目的而做出的预适应，它们就像用于加热的太阳能电池板。当然，在早期，这些翅膀的雏形是不会拍打的，它们只是从胸腔里长出来的一些小突起。

金索沃和凯尔的研究方法很巧妙。他们根据已知最早的昆虫化石制作了简单的木制模型。有些模型没有翅膀，其他的则有不同长度的翅柄，其中许多翅柄太短，无法实现飞行。昆虫模型本身大小不一，研究人员在风洞中对它们进行了测试，以了解其空气动力学效率。这些模型内部还装有微型温度计，研究者以此观察它们从明亮的泛光灯中吸收人造阳光热量的能力。

与我们方才讨论过的内容相符，他们发现非常小的昆虫没有翅膀也能很好地飘浮。从我所立足的不可能之山的缓坡上的视角来看，稍稍有点令人不安的结果是，对于非常小的生物而言，小尺度的翅膀似乎对提升生物整体的空气动力学效率并无助益。除非这些翅膀足够长，否则不能提供有用的升力。对于体长为 2 厘米的模型昆虫来说，一对翼展相当于其体长的翅膀就能产生很大的升力。但是翼展只有体长20% 的翅膀似乎对这种动物一点用也没有。乍一看，这似乎是不可能之山上不可逾越的峭壁，因为它似乎需要一个单一的巨大突变，才能将翅膀长度跃升到足供飞行之用，所有这些都必须一蹴而就。然而，由于存在以下两个事实，这个峭壁并没有看上去那么不可逾越。

首先，只有非常小的昆虫，才需要相对较大的翅柄来获得空气动力学上的收益。如果昆虫较大，即使是相对其身形显得细小的翅柄也确实能提供一些显著的升力。如果昆虫体长 10 厘米，当你从无到有逐渐增加翅柄长度时，空气动力学上的收益会即刻发生飞跃式提升。

关于第二个事实，让我们回过头再看非常小的昆虫模型。在这种情况下，微小的翅柄确实被证明有直接的热泡效益。当小翅膀逐渐变得不那么小时，它们确实还不能提供额外的升力，但它们成了更好的太阳能电池板。当虫体很小时，翅膀作为太阳能电池板的性能似乎有一个平滑的梯度改进。1 毫米的翅柄总比没有好，而 2 毫米的翅柄总比 1 毫米的好，以此类推。但是 "以此类推" 并不能永远推下去。超过一定长度后，其作为太阳能电池板的进一步改进趋势就会减弱。因此，可以认为，翅膀作为太阳能电池板的改进梯度本身无法将翅柄延伸到空气动力学功能可以接手的长度。但是金索沃和凯尔对此有一个很好的解决方案。一旦小昆虫的翅柄因为其带来的太阳能吸收方面的优势而演化，一些翅柄就会因为一个完全不同的原因而变得更大。这样的原因可能有很多，例如随着时间的推移，动物演化成更大的体型是很常见的。也许较大的昆虫有一个优势，因为它们不太可能被捕食者吃掉。如果它们在演化过程中体型不断增大，不管出于什么原因，我们都可以推测，它们身上的太阳能电池板翅柄也会随着这一趋势自行同步增大。现在，这种总体尺寸增加的一个结果便是，昆虫及其翅柄，连同其余身体部分，会自然进入一个尺度范围，在这个范围内，空气动力学方面的收益可以接手翅膀的演化，并继续稳步地攀爬不可能之山，尽管其已经沿着一条不同的斜坡向一座不同的山峰前行。

很难确定风洞实验中模型的表现是否真的代表了4亿年前泥盆纪时期的具体情形。昆虫的翅膀最初作为太阳能电池板发挥作用，直到其他因素使昆虫的整个身体变得更大，这些翅膀才对飞行有所帮助。这个假设可能是真的，也可能不是真的。有可能真实昆虫呈现的物理原理和模型表现的不一样，从一开始，增大的翅柄就越来越适合飞行。但是金索沃和凯尔的研究给我们上了非常生动有趣的一课。它教给我们一种巧妙的新方法，即通过迂回，找到通往不可能之山的路。

对于脊椎动物来说，飞行能力的演化可能是一个不同的故事，因为它们大多体型更大。真正的动力飞行是在鸟类、蝙蝠（可能至少在两种不同的蝙蝠中分别演化）和翼龙身上独立演化出来的。一种可能是，这种真正的飞行是从在树木之间滑翔的习性发展而来的，许多动物都有此类习性，即使它们并不会飞。树梢上也是一个包含完整生命构成的世界。我们认为森林是由拔地而起的方式生长的树木所组成的。当我们在众多树干排列成的森林中寻觅道路时，看到的往往是处于有利位置的那些高大笨重的陆栖动物。对我们来说，森林深处是一座高耸而幽暗的大教堂，其拱门和梁柱从地面一直延伸到高处的绿色穹顶。但森林里的大多数居民生活在树冠上，从相反的角度看待森林。它们眼中的森林是一片广阔的、微微起伏的、阳光普照的绿色草地，只不过这片草地是用高跷撑起来的，但这些动物几乎不会注意到这后一个事实。数不清的动物一生都生活在这片高耸的草地上。这片草地便是叶片铺展之处，叶片在那里生长，是因为那里有阳光，而阳光是所有生命的终极能量来源。

上层的景观并不是毫无破绽的。这片空中草地布满了坑坑洼洼的洞，这些洞可能会让动物落到地面上，跨越不同大小的洞需要相应的能力。许多动物在这方面可谓各显神通，以不同的方式和装备来跳过相当大的间隙。一次纵身飞跃，成败攸关生死。任何身体形状上的改变，只要能使动物的跳跃幅度再扩大一点——不管这一点有多小——都可能是一种优势。松鼠和大鼠的区别主要便体现在尾巴上。尾巴不是翅膀，不能用于飞行，但它有羽状的毛发，这使它有很大的表面积来利用空气动力。毫无疑问，长着松鼠尾巴的大鼠能比长着大鼠尾巴的大鼠跳过更大的间隙。而且，如果松鼠的祖先有和大鼠一样的尾巴，那这个尾巴就会经历持续的改进，变得越来越蓬松，直到演化出现存松鼠的尾巴。

我将松鼠的尾巴描述成羽状蓬松的，但这个说法更适于描述一种与松鼠几乎完全无亲缘关系的小型哺乳动物——羽尾袋鼯（图4.2）。这是一种有袋类动物，论亲缘更接近负鼠和袋鼠，而不是大鼠和松鼠。它生活在澳大利亚桉树林高高的树冠上。当然，它的尾巴并不包含真正的羽毛，包含精妙的羽小钩和羽小支系统的羽毛绝对是鸟类的独创。但是羽尾袋鼯的尾巴看起来颇像羽毛，其作用也和羽毛相似。

羽尾袋鼯也有一张从前肢肘部延伸到后肢膝盖的皮膜，能够将其跳跃一举扩展为横跨60英尺的滑降。澳大利亚负鼠类的另一个科的动物，大洋洲袋鼯，则进一步发展了这张皮膜。在这种更大的滑翔动物身上，皮膜仍然只达肘部，但它可以滑翔远达300英尺的距离，并可在90度的范围内改变方向。黄腹袋鼯在空中滑翔技巧方面更有造诣，它的滑翔膜从前肢腕部一直延伸到后肢踝部，与蜜袋鼯和体型更大的鼠袋鼩一样。

图 4.2　羽尾袋鼩（*Acrobates pygmaeus*），一种澳大利亚有袋类动物。

　　远东森林中的棕鼯鼠、北美的北方鼯鼠在外表上和袋鼩类几乎没有差别，但完全没有亲缘关系。它们是真正的松鼠——啮齿动物——但是，就像有袋类滑翔动物中更极端的形态一样，这两种鼯鼠也有从前肢腕部延伸到后肢踝部的皮膜。它们的滑翔能力和与其对等的有袋类一样出色。非洲的其他一些啮齿动物也有同样的滑翔技巧。西非鳞尾松鼠和喀麦隆鳞尾松鼠虽然名为"松鼠"，但它们并不是真正的松鼠，它们确实独立于美洲的鼯鼠而"发明"了滑翔。菲律宾森林中神秘的猫猴（学名"鼯猴"）拥有覆盖范围更全面的皮膜，其有膜部位包括脖子和尾巴，四肢乃至各指。没有人知道这种所谓的"飞狐猴"是什么动物，只知道它不是狐猴（真正的狐猴只生活在马达加斯加，它们都不会飞，也不会滑翔，尽管有几个物种的跳跃能力很强）。不管它是什么，猫猴肯定既不是啮齿动物，也不是有袋类动物。所以我们得再次说，它完全独立于其他所有的动物"发明"了滑翔膜和相关的习性。

　　猫猴、各种鼯鼠和有袋类滑翔动物的滑翔效率都不相上下。但是，由于猫猴的飞行皮膜一直延伸到指，而其他动物的只延伸到腕，因此如果演化继续下去，它们可能会产生不同种类的翅膀。而在有着漂亮名字的飞蜥（*Draco volans*，或称"飞龙"）身上，这一点体现得更为明显（图4.3）。飞蜥是一种树栖蜥蜴，生活在菲律宾和印度尼西亚的森林。与哺乳类滑翔动物不同，它的飞行皮膜并不涉及四肢，而是在细长的肋骨之间展开，可以随意立起。我最喜欢的滑翔动物是华莱士飞蛙（黑掌树蛙），一种来自东南亚雨林的树蛙。它将用于飞行的皮膜藏在细长的指之间，就像我们所谈论的其他滑翔动物一样，飞蛙用这套皮膜可以从一棵树滑翔到另一棵树。

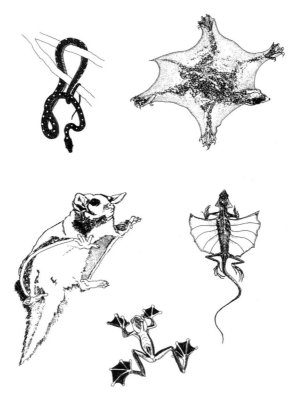

图4.3　可以在树间滑翔但并不能真正飞行的脊椎动物：从右上顺时针方向分别为猫猴，或称菲律宾鼯猴（*Cynocephalus volans*）；飞蜥（*Draco volans*）；华莱士飞蛙，或称黑掌树蛙（*Rhacophorus nigropalmatus*）；有袋类中的蜜袋鼯（*Petaurus breviceps*）；飞蛇，或称天堂树蛇（*Chrysopelea paradisi*）。

在以上众多例子中，要找到一条平缓的小路登上"不可能之山"是没有任何困难的。事实上，滑翔的习性已经演化了如此多次，这便证明找到这些上山的道路相当容易。也许更有力的证据来自天堂树蛇，或称"飞蛇"，其同样来自东南亚森林。尽管这种蛇的身上没有明显的帆、皮膜或飞行翼面，但它还是能跨越60英尺左右的距离，从一棵树"飞"到另一棵树上。修长的蛇身已经为其提供了相对于体重较大的表面积，它通过收缩腹部在身体下方形成一个凹面来增强滑翔效果。这种蛇为随后的演化——成为具有真正滑翔膜的动物（类似拥有飞行皮膜的飞蜥）——迈出了完美的第一步。但它从来没有迈出第二步，也许是因为伸长的肋骨会对其生活的其他方面造成阻碍。

我们可以用以下方式来思考诸如鼯鼠的动物是如何逐渐演化的。首先，它们那形似普通松鼠的祖先生活在树上，但没有任何特殊的滑翔膜，只能跳过树木间较短的间隙。在没有任何大型特化皮膜帮助的前提下，如果它长出了非常小的皮膜，或者尾巴的蓬松程度略有增加，那么不管它可以借此多跳出多远，即使只能多跳几英寸，在关键时刻仍可借此挽救自己的生命。因此，自然选择会青睐那些手臂（前肢）或腿（后肢）关节周围皮肤略显松弛的个体，这将成为常态。种群中一般成员的正常跳跃距离因此增加了几英寸。现在，任何拥有更大的这类皮膜的个体都可以再多跳几英寸。所以在其后代中，这种皮肤的延伸成为常态，并以此类推。对于任何给定大小的膜，都存在一个临界间隙，使得膜的任何微小增加都可以造成关乎生死的差别。如此一来，群体中一般成员的膜的平均面积逐渐变大，于是群体中的一般成员可以跳过的间隙也越来越大。经过许多世代，便演化出像有袋类滑翔动物和鼯鼠这样的物种，它们中的一些不仅能够滑翔数百英尺，还能够在空中控制身体以使着陆受控。

但所有这些滑翔仍然不是真正的飞行。这些滑翔动物都不会扇动翅膀，也没有一种能无限期地停留在空中。尽管它们可能会在降落于较低树干上之前改变方向，进行短暂的爬升，但就整体而言它们在空中都是逐步下降的。真正会飞的物种，如蝙蝠、鸟类和翼龙，有可能是从类似于此的滑翔祖先演化而来的。这些动物大多能控制滑翔的方向和速度，以便在预定的地点着陆。不难想见，真正的扑翼飞行是从用来控制滑翔方向的肌肉的重复动作演化而来的，所以平均滞空时间会随着演化时间的推移而逐渐延长。

然而，一些生物学家更倾向于把长距离滑翔下降看作树间跳跃演化路线走入死路。他们认为，真正的飞行始于地面，而非始于树上。人造滑翔机既可以从悬崖上起飞，也可以通过在平地上被快速拉动而升空。飞鱼（图 4.4）以第二种方式起飞，尽管它是从海洋中而不是从陆地起飞，它们能够滑翔的距离与有袋类动物从树上"起飞"时的

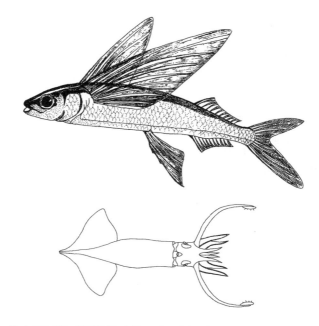

图 4.4　从水面跃起后滑翔的动物。大西洋飞鱼（*Cypselurus heterurus*，上）和飞乌贼（*Onychoteuthis*，下）。

最佳滑翔距离大致相当。飞鱼在水中以极快的速度游动，然后飞向空中，此举可能是为了让追赶它们的水中捕食者措手不及，从后者的角度来看，飞鱼确实会消失——因为飞鱼从水中跃入了空中，且要行进约300英尺的距离后才会再度入水。有时，当它们快要入水时，会用尾巴在水中拍打几下以恢复速度，然后掠过水面再次腾空。它们的翅膀是极度扩大的胸鳍，而就大西洋飞鱼而言，其腹鳍也很大。

我们不应将这些真正的飞鱼（飞鱼科）和与其完全无亲缘关系的所谓的飞鲂鮄（豹鲂鮄科）混淆（虽然在我的咖啡桌上，至少有两本书把它们弄混了）。后一类鱼根本不是在飞行，而是在海底缓慢前行。有各种各样的报道称，它们将一对"翅膀"作为稳定器，进行闪现以威吓捕食者，还用"翅膀"搅动沙土，寻找猎物；此外，当这种鱼受到干扰时，它们会攀升到距离海底几英尺的水中，然后展开它们的"翅膀"，向下滑行到海底。它们的"翅膀"功能繁多，唯独不能用来在空中飞行。目前还不清楚关于它们会飞的传说是因何而起，可能只是它们的胸鳍很大，看起来像真正的飞鱼而已。让我们将视线转回真正的飞鱼，它们肯定不是从生活在海底的祖先演化而来，而是从快速游动的生活于水面附近的鱼类演化而来。许多鱼没有增大的鳍也能跃出水面。对于这样的快速跳跃者来说，在跳跃时伸出鳍以获得一点距离上的优势，并在后代中逐渐增加鳍的面积，直到它们成为"翅膀"，这条演化路径无疑很容易达成。令人遗憾的是，虽然海豚的跳跃动作非常壮观，但它们从未发展到飞鱼的阶段。也许是因为要有效实现这种飞行，它们的体型必须比现有的海豚小才行，但鲸脂的隔热功能和特性导致温血海豚很难小型化。有一种所谓的飞乌贼，它们的行为像飞鱼一样，是一种逃避金枪鱼等天敌的手段。爪乌贼属的乌贼可以在水中加速到每小时45英里，然后将自己射向空中，滑翔超过50码，达到6英尺甚至更高的高度。它们靠喷射推进实现了惊人的速度，它们以尾部向前的姿态飞行，因为和所有乌贼一样，它们的喷水口位于头部，向后喷射。一旦它们体内的水被喷射出来，它们就没有更多的推进力可供支配了，直到它们再度回到水中。在这方面，飞鱼有优势，因为如前所述，它们具有通过将尾巴没入水中拍打来提高速度，而大部分身体仍保持在空中掠过水面的习性。

有趣的是，据报道有一种鱼，即生活在南美洲河流中的淡水斧鱼，能进行真正的动力飞行，它们会在飞入空中时迅速抖动胸鳍，发出噪声，尽管其飞行距离很短。这些鱼与真正的飞鱼没有太近的亲缘关系（更不用说和飞鲂鮄了）。我得说，我真的很想亲眼看到一条斧鱼从我眼前飞过。我并不是说我不相信它能飞：所有的相关著作都认同这一点；但是，正如垂钓者所知道的，也正如我们从飞鲂鮄的故事中学到的那样，有时关于这些鱼的传闻，还是需要眼见为实。

我之所以介绍（滑翔的）飞鱼，是为了引出一种理论，这种理论认为真正的扑翼飞行并非由从树上一跃而下的滑翔动物演化而来，而是从快速奔跑的陆栖动物演化而来的，这些动物的前肢从原先的奔跑功能中解放了出来。飞鱼和飞乌贼虽然生活在水中，但它们阐明了这样一个原理：如果一种滑翔动物能在地面或水面上足够快地移动，就能在没有树木或悬崖作为起点的情况下起飞。这个原理可能适用于鸟类，因为它们是从两足行走的恐龙演化而来的（事实上你可以说，从理论上来看，鸟类就是恐龙），其中一些恐龙可能在地面上跑得很快，就像今天的鸵鸟一样。拿飞鱼做个类比的话，那类恐龙的两条后腿起到鱼尾的作用，驱动恐龙快速前进，而前肢则扮演鱼鳍的角色，可能最初用于稳定或转向，后来则生出翼面。有一些哺乳动物，比如袋鼠，用两条腿奔跑的速度非常快，这样就解放了它们的前肢，可以自由地向实现其他用途的方向演化。人类似乎是唯一一种用两条腿以类鸟步态左右交替迈步行走的哺乳动物，但我们的奔跑速度不是很快，我们的手臂也不是用来飞行的，而是用来搬运和制造物品的。所有快速奔跑的两足哺乳动物都采用袋鼠式的步态，即两条腿一起蹬而不是交替迈步。这种步态是由典型的四足行走的动物（如狗）在水平方向上弯曲脊椎的习性自然发展而来的。（可以对比一下，鲸和海豚通过上下弯曲脊椎来游泳，这是哺乳动物的运动方式，而鱼类和鳄鱼则通过交替左右弯曲脊椎来游泳，这遵循了古代鱼类的习性。顺便说一句，对于那些似哺乳爬行动物中的无名英雄，我们应该更多一分敬意，因为正是它们开创了上下弯曲脊椎的步态，这也正是如今让我们叹为观止的猎豹和灵缇的奔跑姿态。在一只摇尾巴的狗身上，我们也许还能看到古代鱼类左右摆动尾部的姿态所留下的痕迹，尤其是当一只顺从的狗扭动身体时，这种动作还会蔓延到其整个身体。）

在陆栖哺乳动物中，袋鼠和它们的有袋类同伴并不是唯一采用"袋鼠步态"的类群。我的同事斯蒂芬·科布博士曾经在内罗毕大学给动物学学生讲课，他告诉他们，小袋鼠只生活在澳大利亚和新几内亚。"不，先生，"一名学生反对道，"我在肯尼亚就见过一只。"这个学生所看到的无疑是图中的动物（图4.5）。

图 4.5　跳兔（*Pedetes capensis*）。

这种被称为跳兔的动物既不是野兔也不是袋鼠，而是一种啮齿动物。像袋鼠一样，它在逃离捕食者时通过跳跃提高速度。其他啮齿动物如跳鼠也会这样做。但两足哺乳动物似乎并没有进一步演化出飞行的能力。唯一真正会飞的哺乳动物是蝙蝠，它们的翼膜将后肢和前肢均纳入其中。很难看出这样一个拖累后肢的翅膀是如何通过快速奔跑的路线演化而来的。对翼龙而言也是如此。我猜蝙蝠和翼龙都是通过从树上或悬崖上向下滑翔而演化出飞行能力的。它们的祖先在某个阶段可能看起来有点像猫猴。

至于鸟类的飞行，可能是另一回事了。它们的故事是截然不同的，是围绕着那个神奇的构造——羽毛——而展开的。羽毛是经过改造的爬行动物鳞片。很可能它们最初的演化是出于一个不同于飞行，但同样极度重要的目的，那就是隔热。不管最初作用为何，羽毛是由角质材料构成的，这种材料能够形成轻便、平坦、灵活而又坚硬的翼面。鸟类的翅膀与蝙蝠和翼龙那种松弛的皮膜迥异。因此，鸟类的祖先不必把四肢的骨头都连起来就能够形成适用的翅膀，只要上半身的骨质前肢就够了。羽毛本身的硬度解决了其余的问题，因此后腿可以自由奔跑。鸟类不像蝙蝠和翼龙那样在地面上蹒跚而行，它们可以用腿部奔跑、跳跃、停歇、攀爬、捕猎和战斗。鹦鹉甚至能像人运用手一样使用它的爪，同时前肢继续负责飞行。

关于鸟类是如何开始飞行的，有一种猜测。其假想的祖先——我们可以想象一种小巧而敏捷的恐龙——会追着昆虫快速奔跑，利用有力的后腿跃向空中并咬住猎物。昆虫在很久以前就已经演化出飞行能力了。面对跃起的捕食者，飞行的昆虫完全有能力采取规避动作，而前者如能在中途纠正自己的扑击方向，则必将受益于这类技巧。你可以看到今天的猫在某种程度上也会这样做。这似乎很难做到，因为当你身处空中时，缺少坚实的发力点。其中的诀窍在于转移你的重心。你可以通过相对于自己身体的其他部分移动自己的某部分来做到这一点。你可以移动你的头或尾巴（假如有），但明显更容易移动的是手臂。现在，一旦手臂为了达成这个目的而活动，我们就会发现，如果能发展出可扇动空气的大表面，移动手臂就会变得更有效。还有人认为，此类恐龙腕上的羽毛最初是作为一种捕捉昆虫的网而发展起来的。事实并不像听起来那么牵强，因为有些蝙蝠就是这样使用翼膜的。但是，根据这一理论，手臂最重要的用途是操控，而一些计算表明，在跳跃中控制俯仰和翻滚的最恰当的手臂动作实际上类似于基本的拍打动作。

与滑翔理论相比，"奔跑、跳跃和半空姿势修正"理论将事件发生的顺序倒了过来。在树栖滑翔理论中，原始翅膀的最初作用是提供升力。直到后来，它们才被用来控制飞行，最终实现拍动。而在跳跃追逐昆虫理论中，控制是第一位的，直到后来，前肢的表面才被用来提供升力。这个理论的美妙之处在于，用来控制跳跃捕猎的祖先的重心的神经回路，在后来的演化进程中，可以毫不费力地控制翅膀的翼面。也许鸟类是从跳离地面开始飞行的，而蝙蝠是从自树上滑翔开始飞行的。又或许鸟类也是以从树上滑翔为起点的。这场争论仍在继续。

无论如何，现代鸟类与其早期相比已经有了长足的进步。或者我应该说，在各方面都有了长足的进步，因为它们已经征服了不止一座"不可能之山"。游隼在接近猎物时能以每小时 100 多英里的速度俯冲。鹰和蜂鸟能够在一个位置精确地悬停，令直升机望尘莫及。北极燕鸥每年花一半以上的时间从北极飞到南极再返回，迁徙距离为 1.2 万英里。漂泊信天翁有着 10 英尺宽的翼展，它永远以顺时针的方向绕着极点转，它飞行不是靠拍打翅膀，而是机敏地利用自然的推动力量，也就是被寒潮不断切变的咆哮西风带中变化无常的风。有些鸟类，如野鸡和孔雀，只有在受到惊吓时，才会偶尔爆发出飞行能力。还有一些鸟类，如鸵鸟、美洲鸵和新西兰已灭绝的巨型鸟类恐鸟，体型已变得太大而不能飞，它们的翅膀与它们可用于奔行和踢击的巨大腿部相比，已经退化了。在另一个极端例子中，雨燕的足弱小笨拙，但它却拥有最先进的后掠翼，它们几乎从不离开天空，着陆只是为了筑巢，甚至交配和睡觉都在空中完成。雨燕必须选择高地着陆，因为它们不能从低处的平地起飞。它们用那些飘在空中的材料筑巢，或者在它们尖叫着掠过树梢的时候从树上抓一些筑巢材料下来。对于雨燕来说，来到地面似乎是一种困难的、不自然的状态，就像人类跳伞或在水下游泳一样。对我们来说，这个世界相对于我们所全神贯注的事物，是一个稳定静止的背景，而在雨燕那双黑色眼睛看来，世界的正常背景状态是不断飞驰的地平线，还令人头晕目眩地倾斜着。我们眼中坚实的陆地在雨燕看来可能反而犹如令人眩晕的过山车。

并不是所有的鸟类都拍打翅膀飞行，但那些翱翔[①]或滑翔的鸟类可能也源自扑翼飞行的祖先。扑翼飞行是复杂的，并不是每一个细节都已被我们了解。人们很容易认为，翅膀有力地向下拍打直接提供了升力。这可能是部分事实，在起飞时尤其如此，但大部分升力是由翅膀的形状提供的（假设存在足够的空气流速），就像飞机的机翼一样。一个以特殊方式弯曲或倾斜的翅膀可以在风吹过它的时候，或者整个鸟的身体出于某种原因相对于空气向前移动的时候——这两种情况并无分别——提供升力。拍打翅膀主要是为了提供必要的向前的推力。这种翅膀之所以能起到推进螺旋桨的作用，依赖于这样一个事实，即不是简单地上下拍打。相反，鸟类在拍打翅膀时，会从肩部开始进行巧妙的扭动，并在所有关节处进行微妙的调整，而且羽毛的弯曲会自动带来动力学上的一些其他收益。借助这些扭转、调整和弯曲，翅膀上下拍打的动作被转化为向前的推力，有点像鲸上下摆尾的作用。考虑到鸟类在空中有向前的运动，其翅膀提供升力的方式与飞机的大致相同，尽管飞机的机翼因为固定而更简单一些。速度越快，升力越大，

---

① 原文为 soar，指鸟类乘着气流、不拍打翅膀飞行。——编者注

这就是为什么一架波音747尽管质量巨大却能飞行在空中。

物理定律使大型鸟类的扑翼飞行变得困难。如果我们想象形体相同的鸟变得越来越大，其体重会以身长的立方这一比例增加，但翅膀面积只会以身长的平方这一比例增加。为了停留在空中，大型鸟类需要长出不成比例的大翅膀，或者飞得远比其他鸟类快。随着我们想象中的这只鸟变得越来越大，由于缺乏喷气发动机或活塞发动机，这种体型的鸟的肌肉力量将不再足以使它滞留空中。这个体型范围的临界点稍稍小于体型较大的秃鹫和信天翁。正如我们所看到的，一些大型鸟类干脆放弃了飞行，永远落脚于地面过安逸日子，它们的体型变得更大，鸵鸟和鸸鹋就是这样。但鹫[①]、鹰和信天翁仍没有停止飞行。为什么它们体型如此之大却能继续留在空中呢？

它们的诀窍是利用外部能量。如果没有太阳的热量和月球不断变化的引力，空气和海洋将是静止不动的。来自外部的能量推动洋流，扬起大风，搅动沙尘，以足以夷平房屋或推动贸易航路运转的强大力量震撼大气；它还会产生热气流，如果你能够对此加以明智使用，它可以让你升到云层之上。秃鹫、鹰和信天翁将这些力量运用到极致。它们可能是少数在挖掘气候能量方面能与人类媲美的动物。我关于滑翔鸟类的主要信息来源是布里斯托尔大学的科林·彭尼奎克（Colin Pennycuick）博士的著作。彭尼奎克还是一名滑翔机飞行员，利用自己这方面的专业知识，他不仅了解鸟类是如何飞行的，而且能与鸟类一同翱翔蓝天，以仔细观察、研究它们在该领域展现的技术。

秃鹫和鹰就像人类滑翔机飞行员一样利用热气流。热气流是一股上升的暖气柱，其形成原因可能是位于底部的一小块地面吸收了更多的阳光。滑翔机飞行员在很大程度上依赖于热气流，凭借经验，他们成为在远处就可发现热气流的专家。揭示热气流存在的微妙线索包括

---

① 原文为"vultures"和"condors"，一般情况下分别指美洲鹫的两个分支，这里为便于理解，合称"鹫"。文中提到的秃鹫，对应原文中的"vultures"。——编者注

其顶部的具有特殊形状的积云，以及其底部的某些地面构造。越野滑翔中一项广受认可的技术就是盘旋上升至一个热气流的顶部，比如 1 英里高度，然后在你想要前往的方向上垂直向下滑翔。这种斜降的倾斜度很小：秃鹫通常每向前飞行 10 码才会下降 1 码的高度。在它需要找到另一个热气流并再次升顶之前，它可以进行近 10 英里的越野飞行。

碰巧的是，热气流通常呈"街道"状排列分布，滑翔机飞行员可以通过分析云层识别出前方的热气流。秃鹫也像人类滑翔机飞行员一样，擅长沿着这些"街道"飞行。有时，当秃鹫发现一条适合它飞行方向的"街道"，它便会沿着这条"街道"滑翔，从每一个热气流中获得升力，而不必在某个气流上方盘旋。通过这种方式，秃鹫可以飞很远的距离而无须停下来盘旋抬升。它们通常只在从觅食地到筑巢地的往返过程中这样做。大多数时候秃鹫不是直线长途飞行，而是乘风巡航以寻找腐肉。它们也会留意其他秃鹫。如果有秃鹫发现了一具尸体并降落，其他秃鹫就会注意到，并迅速加入。这样，一波关注浪潮就会在滞留空中的秃鹫中蔓延开来，就像英国人当年为警告西班牙无敌舰队的到来而在山顶点燃的烽火在整个英国传播蔓延一样。

白鹳在每年从北欧到非洲南部的长途迁徙中，也会用类似的观察同伴的技巧来达到不同的目的。它们成群结队飞行，最多时可达数百只。像秃鹫一样，它们会爬升到热气流的顶端，然后飞过大片地区，直到找到另一个热气流。但是，尽管它们在热气流中一同盘旋上升，但当离开热气流时，它们不是以密集的队形行进，而是横向展开队列。以如此宽的锋面向前推进自然是有好处的，它们只需保持直线滑翔，横向队列中的一些鹳便很可能会找到另一个热气流。当它们确实找到的时候，队列中的相邻鹳就会注意到前者的抬升，随即加入。如此，这一横向展开队列中的所有成员都能从任何成员发现的热气流中受益。

无论我们对鸟类飞行的起源持何种观点，无论是树栖滑翔理论还是奔跑跳跃理论，秃鹫和鹰、鹳和信天翁几乎肯定都是次生的滑翔鸟类。它们的滑翔技术是从体型更小的扑翼祖先那里演化出来的。对于认为鸟类飞行起源于树栖滑翔的学派来说，现代秃鹫——尽管它们是通过在气流中盘旋上升而不是通过爬树来获得高度——代表一种从扑翼的中间阶段向滑翔的回归。根据这个理论，在这个中间的扑翼阶段，鸟类的神经系统构造了新的回路，获得了新的控制和操纵技能。这些新技能将使它们在回归非扑翼飞行时效率有所提高。动物在另一种环境中接受演化磨炼后，又回到更古老的生活方式中，这种现象是很常见的。我们可能有理由相信，它们在结束这段试炼后，能更好地适应原先的生活方式。翱翔的鸟类可能不是这方面一个很好的例子，因为我们不确定鸟类最初是如何开始飞行的。动物回归早期生活方式的一个更明确无误的例子是那些曾在陆地上生活了数百万年，后又回到水中的动物。这就是本章的结尾部分所要论述的（图4.6）。

5000万年前，鲸和海牛类（儒艮和海牛）的祖先是陆生哺乳动物，其中鲸的祖先可能是食肉动物，而海牛类的祖先可能是食植动物。而如果追溯到更久远的时代，这些动物和其他所有陆生哺乳动物的祖先都是海中的鱼类。鲸和儒艮回归大海可以说是回归故乡。一如既往，我们可以肯定，这个过程是逐渐发生的。它们下水，也许一开始只是为了觅食，就像现存的水獭一样。它们在陆地上生活的时间一定越来越少，也许经历了一个与现代海豹相似的阶段。如今，它们已几乎须臾不能离水，如果搁浅，它们完全无力自救。然而，它们身上仍有许多陆地祖先的痕迹，它们也像所有哺乳动物一样，保有更古老的水中祖先留下的痕迹。鲸在水面呼吸空气，因为它们的陆地祖先上岸时失去了使用鳃的能力。但是所有的哺乳动物，包括鲸和海牛类在内，在胚胎时期都会出现鳃，这是它们的祖先在遥远的过去曾在水中生活的确凿证据。淡水螺也从陆地回到了水中，它们呼吸空气。它们早期的

图 4.6　鲸和海牛类。它们是在陆地上生活了数百万年后回归海洋的动物。从上至下依次为儒艮（*Dugong dugon*）、塞内加尔海牛（*Trichechus senega-lensis*）、座头鲸（*Megaptera novaeanghae*）、虎鲸（*Orcinus orca*）。

祖先生活在海里，就像今天大多数螺类一样。在螺从海洋转移到淡水的过程中，陆地的作用似乎是一座"桥梁"：也许其在陆地上的生活令这种转变更为容易。其他回到水里的陆生动物包括龟、水甲虫、潜水钟蜘蛛，以及现已灭绝的鱼龙和蛇颈龙。龟类确实能从水中获取一些氧气，但它们不是用鳃，而是用嘴的内壁，在某些情况下，用直肠的内壁，而软壳龟则是用覆盖在壳上的皮肤。水甲虫和潜水钟蜘蛛会带着气泡潜水。所有这些动物都回到了它们远古时期的祖先生活的环境中，但当它们回归水中时，由于它们在陆上的过渡物种经历，它们的行为会有所不同。

当陆地动物回到水中时，为什么它们不重新发展出原先水生时期使用的那套完整器官呢？为什么鲸和海牛类不能再生出鳃而失去肺？这就引出了"不可能之山"给我们带来的另一个重要教训。在演化中，理想的结果不是唯一的考量。演化路径始于不同处，其终点也会不同，就像在某个笑话中，当一个人被问到去都柏林的路怎么走时，他回答"好吧，我不会从这里开始"一样——不可能之山有众多山峰。在水中生活的方式也有许多。你可以用鳃从水中获取氧气，你也可以浮出水面呼吸空气。不断浮出水面似乎是一种怪异而不便的习惯。也许是吧，但别忘了，鲸和海牛类的祖先是从靠近一座"能呼吸空气"的山峰之处开始它们的另一段登山之旅的。它们所有的内部身体细节都与可以呼吸空气的假设相关联。也许它们可以重新塑造自身内部结构以与鱼类祖先相一致，将仅存于胚胎阶段的古老鳃部残迹再翻出来起用。但这意味着它们的身体基础构造将发生巨大的变化。这就相当于为了达成攀登一座比原先所在山峰稍高一点的山峰这个目标，而先向下探入两座山峰之间的深谷之中一般。对此我们还是得老调重弹，达尔文的理论可不允许为了追求长期目标而暂时"变糟"。

即使它们先下探到山谷然后再攀登，当它们最终爬上代表鳃呼吸的山峰时，也会发现这座山未必就更高。对于水生动物来说，鳃并不一定比肺好。毫无疑问，无论你身在何处，比起不得不放下手头的事而浮到水面换气，能够持续呼吸无疑更方便。但我们的判断受到这样一个事实的影响：我们人类每隔几秒钟就会呼吸一次，即使是短暂的空气供应中断，也会让我们感到恐慌。而抹香鲸已在海洋中繁衍千百万代，经过自然选择，可以在水下停留 50 分钟才换一口气。对于鲸来说，浮到水面呼吸的感觉可能更像是我们去小解一下，或者是吃一顿饭。如果你开始把呼吸看作一日三餐，而不是一种不间断供应的生命必需品，那么"所有水下生物都最好有鳃"的看法就显得狭隘了。有些动物，比如蜂鸟，几乎会不间断地进食。醒着的蜂鸟每隔几秒钟就需要吮吸花蜜，采蜜对它而言可能就像呼吸一样。海鞘是一种袋状的海洋无脊椎动物，与脊椎动物有远缘关系，它们不断地让水流经身体并泵出，过滤得到水中微小的食物颗粒。这种滤食动物从不考虑找"一顿"饭吃的问题。海鞘一想到要去寻找下一顿饭，可能就会因为恐慌而窒息。海鞘可能很奇怪，为什么这么多动物养成了四处寻找食物这种荒谬低效且危险的习惯，只需端坐不动，不停地将食物吸入岂不更好？

尽管如此，毫无疑问鲸和儒艮是带着它们在陆地上的发展史而去往海洋的。如果它们是特意为海洋而生的，情形就会大不相同，它们就会比现在更像鱼。动物身上写满了它们的历史，这是我们所拥有的最生动的证据之一，证明生物不是为了拥有现在的生活方式而被创造的，而是从截然不同的祖先演化而来的。

鲽鱼、鳎鱼和鲆鱼身上也写满了它们的历史，这种历史甚至极端到了怪异的地步。没有一个理智的创造者，会在从头开始设计一条扁平鱼时在他的绘图板上构思出把两只眼睛都转到一边所需的对头部的荒谬扭曲。他肯定会选择鳐鱼或魟鱼的设计，鱼的腹部朝下，眼睛则对称地置于上侧面（图 4.7）。鲽鱼和鳎鱼都因为它们的历史而被扭曲，因为它们的祖先是一面侧躺在海底的。鳐鱼和魟鱼有着优雅的对称性，因为它们的演变历史碰巧与鲽鱼和鳎鱼不同：当它们的祖先在海底生活时，它们是趴着而不是侧躺着的。当我说"碰巧"不同的时候，我并不是说没有一个很好的理由来解释这种不同。鳐鱼和魟鱼都是从鲨鱼演化而来的，与典型的身体如刀刃的硬骨鱼相比，鲨鱼的形体已经有点扁平了。侧扁形的鱼不能用腹部趴着，肯定会朝一侧翻倒。当鲽鱼的祖先在海底定居后，就向离它们最近的不可能之山的山峰狂奔，而全然不顾这样一个事实：只要它们先从一个小山谷走一段下坡路，就有可能到达一座更高的山峰——"鳐鱼式对称型"山峰的山脚下。再次强调，自然选择是不允许登山者沿着不可能之山的斜坡走下坡路的，所以这些鱼别无选择，只能把一只眼睛强行扭到身体的另一边，以一种权宜之计恢复视力。鳐鱼的祖先也同样登上了离它们最近的"扁平鱼型"山峰，这使它们拥有了优雅的对称性。当然，当我说到别无"选择"和"登上"山峰时，你明白，像往常一样，我指的不是个别鱼的行为。这是演化谱系的行为，而"选择"指的则是演化变化的可选路线。

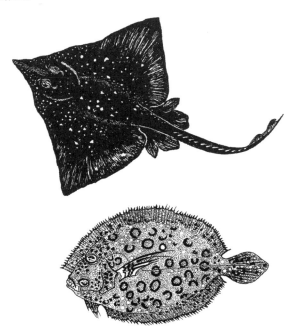

图 4.7　扁平鱼的两种体态：灰鳐（*Raja batis*，上）俯卧，而孔雀鲆（*Bothus lunatus*，下）侧卧。

我已强调过走下坡路是不被允许的，但是不被"谁"允许呢？难道这永远不会发生吗？这两个问题的答案与河流"不被允许"沿其既定水道以外的任何方向流动的情形大致相同。实际上，没有人会命令水留在河床内，但出于众所周知的原因，它通常会这样。然而，河水偶尔也会溢出河床，甚至冲塌河岸，结果可能是河流改变了它的永久路线。

是什么让一个演化谱系在短时间内掉头，从而使自己有机会登上另一座以前无法到达的不可能之山？这类问题引起了伟大的遗传学家休厄尔·赖特（Sewall Wright）的兴趣，顺便说一下，他是第一个用"地形"来类比演化的人，而他提出的地形景观正是本书中的"不可能之山"的前身[①]。赖特是脾气糟糕且互生龃龉的三巨头中的一员，他们在 20 世纪 20 年代和 30 年代创立了我们现在所说的新达尔文主义。（赖特是美国人，另外两位则是英国人，分别是 R. A. 费希尔和 J. B. S. 霍尔丹，他们是无与伦比但又争强好胜的天才。公平地说，这种暴脾气似乎是后两者的特点，而不是赖特的。）赖特意识到，自然选择可能是一种反对极端完美的力量，这是自相矛盾的。而这正是我们刚才讨论的原因。顺山谷而下是自然选择所禁止的行为。对于一个当下驻足于一座小山丘上的物种来说，只要自然选择将其困在这座小山丘的顶上，它就无法从这个山丘下去以攀登更高的山峰。唯有自然选择暂时放松对它的控制，这个物种才可能沿着山麓一路向下走，越过山谷，到达通往另一座高峰的较低缓的斜坡。一旦到达那里，当自然选择再次开始施加影响，这个物种所处的位置便允许它迅速攀上更高的山。因此，从全局的视角来看，演化过程中获得改进的一个秘诀是，强选择时期之间会穿插放宽时期。也许这种放宽在现实生命的演

[①] 赖特提出的方法便是"适应性地形"（adaptive landscape），也被称为"适应性景观"，其用地形模型来形象地描述生物的适应性。该模型用峰表示高适应性，用谷表示低适应性。地形中的每一个位置由具有特定频率的基因型占据。道金斯便是在这一方法的基础上提出了"不可能之山"的比喻。

化中确实很重要。什么时候会出现"放宽"？一种可能性是当有真空需要填补时。在某种较小程度上，每当种群增长时，这种情况就会发生，因为种群规模比其所在地区能承受的要小。一片未开发的大陆在被灾难摧毁后，在其首次迎来大量生物定居繁殖时，可能就会呈现丰富的机会和宽松的选择。也许是在恐龙灭绝之后，残存的哺乳动物有了这样的机会，以至于它们中的一些谱系所遭受的禁令"有所放宽"，于是得以暂时下坡，从而找到了通常无法踏足的通往其他不可能之山最高峰的路径。

另一种诀窍是从其他地方输入新鲜基因。这就是我在第2章说过的我会从关于蜘蛛网的内容展开的新内容。在"织网者"程序的蜘蛛网模型中，模拟织网者不仅有一个有性生殖种群，而且有三个平行演化的"同类群"。这些同类群被认为是在三个不同的地理区域内独立演化的。但是——这是问题关键所在——并不是完全独立的。同类群之间存在的基因的涓涓细流意味着个体偶尔会从一个局域种群迁徙到另一个局域种群。按照我的说法，这些迁徙的基因是另一个种群注入的新鲜"理念"："这就像一个成功的亚种群向一个不太成功的亚种群发出基因，以'建议'使用更好的方法来解决织网问题。"这就相当于用一张被偷偷带来的地图引导这个种群登上我们比喻中那更高的峰顶。

现在，我们已经做好准备，前去征服神创论者最喜欢攻击的靶子，令演化论的潜在信徒踟蹰不前的绊脚石，它摇摇欲坠地坐落在不可能之山中最令人望而却步的悬崖之巅，那就是眼睛。

作者注记：在这本书排版之后，J. H. 马登（J. H. Marden）和 M. G. 克莱默（M. G. Kramer）发表了一篇关于石蝇的引人入胜的研究文章，提出了另一条通往真正扑翼飞行的不可能之山的道路［Marden, J. H., & Kramer, M. G.（1995）

'Locomotor performance of insects with rudimentary wings'. *Nature*, 377, 332-4〕。石蝇是相当原始的飞虫，此处"原始"的意思是，尽管它们是现存的昆虫，但人们认为它比起其他现存昆虫与昆虫的祖先更为相似。马登和克莱默研究的特定种，即短翅雪蝇（*Allocapnia vivipara*），通过扬起翅膀并将其用作风帆来掠过溪流的表面。这艘"小帆船"的航行速度与其翼长近似成正比。拥有最小翅膀的个体相比完全不扬起翅膀的个体可以航行得更快。这些最小的翅膀与早期化石昆虫的活动鳃板的大小大致相同。也许其没有翅膀的祖先曾栖息于水面，并扬起鳃板作为帆。然后，随着鳃板逐渐成长为更有效的帆，不可能之山的平稳斜坡便呈现在这一物种面前。根据这一假设，登上这座山的下一步是做到扑翼飞行，马登和克莱默做了另一项相关的观察。另一种石蝇，东方柳蝇（*Taeniopteryx burksi*），也会在水面上掠过，但它会拍打翅膀。也许昆虫在攀登不可能之山的飞行巅峰的途中，曾经历了像短翅雪蝇一样的扬帆阶段，然后又经历了像东方柳蝇那样在水面拍打翅膀的阶段。很容易想象，那些在水面上嗡嗡作响，不断拍着翅膀的昆虫，可能偶尔会被一阵风吹起。然后，随着扇动翅膀让它们在空中停留的时间越来越长，它们的登顶之路也在继续。

第5章

通往光明的四十重道路

　　所有的动物都必须与它们身处的世界和其中的各种客体打交道。在客体上行走，在客体下面爬行，小心翼翼不撞到它们，或是捡起它们，吃掉它们，与它们交配，又或是逃离它们。回溯到演化刚刚起步的地质学黎明时期，动物必须与环境客体进行身体接触，才能分辨出这些客体的存在。第一只开发出某种"遥感"技术的动物将是多么幸运啊，它在撞到障碍物之前就能意识到后者的存在，在被捕食者抓住之前就能察觉并逃离，还能感知那些并非触手可及但可能就在附近的食物。这种高科技会是什么呢?

　　太阳不仅提供能量来驱动生命的化学齿轮，它还为某种远程引导技术带来了实现的可能。太阳用一连串的光子轰击地球表面的每一平方毫米土地：这些微小的粒子以宇宙允许的最高速度直线行进，在孔洞和裂缝中交错、弹跳，没有一个角落可以逃脱光子的轰击，每一个缝隙都在其照耀之下。光子的存在为兼具高精度和高功率的遥感技术的出现提供了机遇，因为光子沿直线传播，速度极快，且它们被某些材料吸收得更多，被某些材料反射得更多，还因为光子的数量一直如此充盈，无处不在。只需要探测光子并分辨出它们的来源方向——后一个要求更难一点——就能实现这种遥感了。我们的远古祖先把握住了这个机会吗？30亿年后，答案当然不言自明，否则你如何看到此处的这些文字呢？

众所周知，达尔文曾用眼睛引出他关于"极端完善和复杂的器官"的讨论：

> 眼睛具有各种无与伦比的精妙装置，可以针对不同距离调节其焦点，容纳不同量的光，并校正球差和色差，如果假定眼睛能由自然选择形成，那我坦白承认，这种说法好像是极其荒谬的。

很有可能达尔文在这一点上受到了他妻子艾玛的诘难。在《物种起源》出版的15年前，他写过一篇长文，概述了他的自然选择演化理论。他想让艾玛在他遭遇不测时，帮他出版这篇文章，所以他让艾玛看了。她的旁注得以保留了下来，特别有趣的是，她挑出了他的一段表述，即人类的眼睛"可能是通过对微小的，但在每种情况下有用的偏差的逐渐选择而获得的"。艾玛对此的注释是"真是个伟大的假设/E.D."。在《物种起源》出版后不久，达尔文在给一位美国同行的信中承认："直到今天，眼睛还让我不寒而栗，但当我想到那些已众所周知的渐进改变时，我的理性告诉我，我应该克服这种不寒而栗的感觉。"达尔文对演化偶尔生出的怀疑大概与我在第3章开头引用的那位物理学家的怀疑相似。然而，达尔文把他的怀疑看作继续思考的挑战，而不是放弃的绝佳借口。

顺便说一下，当我们谈论"眼睛"时，我们并没有公允地看待这个问题，因为我们的目光仅落在我们自己的眼睛这一类型上。据权威估计，在动物界的不同领域中，眼睛独立地演化出了不下40次，甚至可能超过60次。在某些例子中，这些眼睛与我们的眼睛有着完全不同的使用原理。在40到60种独立演化的眼睛中，我们已经识别出了 9 种不同的本源。接下来，我将提到 9 种基本眼睛类型中的一些，我们可以把它们想象成不可能之山不同山脉的 9 座各不相同的山峰。

还有一点，我们怎么知道某些器官是在两个不同的动物群体中独立演化出来的呢？例如，我们怎么知道蝙蝠和鸟类是独立发展出翅膀的呢？蝙蝠在哺乳动物中是独一无二的，因为它们有真正的翅膀。从理论上讲，可能是哺乳动物的祖先本来有翅膀，但除了蝙蝠之外，所有的哺乳动物后来都失去了翅膀。但要实现这种情况，就需要大量独立发生的翅膀丧失，这是不现实的，而相关证据也支持我们基于常识的判断，表明这种情况并没有发生过。哺乳动物祖先的前肢不是用来飞行的，而是用来行走的，它们的大多数后代也仍然用前肢行走。正是通过类似的推理，人们发现眼睛在动物界中曾多次独立出现。我们还可以利用其他信息，如眼睛在胚胎中的发育细节来佐证。例如，青蛙和枪乌贼都有很出色的相机眼[1]，但这些眼睛在两者胚胎中的发育方式是如此不同，以至于我们可以确定它们是独立演化的。这并不意味着青蛙和枪乌贼的共同祖先就完全没有任何类型的眼睛。如果所有现存动物的共同祖先——生活在大约 10 亿年前——拥有眼睛，我不会为此感到惊讶。也许它拥有某种基本的光敏色素，可以分辨白天和黑夜。但是眼睛，从复杂的图像形成设备的意义上说，已经独立地演化了很多次，它们有时会趋同，有时则会产生完全不同的设计。最近还出现了一些令人兴奋的新证据，这些证据与动物界不同类群的眼睛演化的独立性有关。我将在本章的最后提及它。

在我考察动物眼睛的多样性时，我会经常提到每种类型的眼睛在通往不可能之山的斜坡上的具体坐落之处。记住，这些都是现代动物的眼睛，而不是真正祖先的眼睛。我们很容易想见的是，它们可能给我们提供了一些关于祖先眼睛种类的线索。它们至少表明，那些我们

---

[1] 成像原理与相机类似的眼睛构造，是动物视觉器官两大类之一，另一类为复眼。

认为停在这座不可能之山的半山腰上，未能登顶的眼睛实际上也是可以工作的。这确实很重要，因为正如我已经说过的，没有一种动物是靠成为某种演化路径的中间阶段的物种来谋生的。我们所认为的通往更高级的眼睛的斜坡上的一个中途驿站，对这种动物本身来说，却可能是它最重要的器官，很可能是适应它自己的特殊生活方式的理想眼睛。例如，形成高分辨率图像的眼睛不适合非常小的动物。高成像质量的眼睛必然超过一定的尺寸，且是绝对尺寸，而不是相较于动物身体的相对尺寸——绝对尺寸越大越好。对于一个体型非常小的动物来说，一个绝对尺寸较大的眼睛可能成本太过高昂，而且太过笨重，不方便"随身携带"。如果蜗牛想具有人类的视觉能力，它看起来会很傻（图 5.1）。一些蜗牛的眼睛只要比其现有平均水平稍微大一点，就可能比竞争对手看得更清楚。但它们要付出的代价是不得不背负更沉重的负担，因此无法很好地生存下去。顺便说一下，有记录以来最大的眼睛，其直径约为 37 厘米。能够用得起这种眼睛的海中巨兽是一种有着长达 10 米的触手的巨型乌贼。

图 5.1　若想获得与人类等同的视力，蜗牛就得有足够大的眼球，此图展示了这种设想。

接受"不可能之山"这个比喻所带来的局限后，让我们直接来到代表视觉演化的斜坡的最下方。在这里，我们发现的原始眼睛是如此简单，根本不值得被看作眼睛。更确切地说，那不过是对光略敏感些的一般体表组织而已。一些单细胞生物、水母、海星、水蛭和其他各种蠕虫都是如此。这些动物不能形成图像，甚至不能辨别光的方向。它们所能模糊感觉的只是附近某处有（明亮的）光存在。奇怪的是，有充分的证据表明，雄性和雌性蝴蝶的生殖器中都有对光做出反应的细胞。这些细胞或组织不能形成图像，但它们可以分辨明暗，可能代表了眼睛那遥远的演化起源。似乎没有人知道蝴蝶是如何使用它们的，甚至威廉·埃伯哈德也不知道，他那本妙趣横生的著作《性选择和动物生殖器》（*Sexual Selection and Animal Genitalia*）是上述信息的来源。

如果我们认为不可能之山下方的平原充斥的是完全不受光影响的祖先动物，那么海星和水蛭（以及蝴蝶的生殖器）的无定向光敏皮肤就已经立足于这个斜坡的低处，也就是山路开始的地方。找到这条路并不难。事实上，代表"对光完全不敏感"的平原可能一直不那么大。这可能是由于活细胞或多或少会受到光的影响——这种可能性使得蝴蝶那对光敏感的生殖器看起来也不那么奇怪。光线由一束直线光子组成。当一个光子碰到某种有色物质的分子时，它可能会停止运动，而这个分子就会变成同一分子的另一种形态。当这个过程发生时，一些能量被释放出来。在绿色植物和绿色细菌中，这种能量被用来构建食物分子，这一过程便被称为光合作用。在动物身上，这种能量可能会引发神经的反应，这构成了视觉形成过程的第一步，即使动物身上没有我们所认为的眼睛也是如此。色素中的任何一种都可以通过一种基本方式捕捉光线。这种色素大量存在，除了用于捕捉光线之外，还有各种各样的用途。在不可能之山斜坡上迈出的第一步，便是色素分子的逐渐完善。这是一个平缓的持续改进的斜坡，生物很容易小步攀登。

这一低缓斜坡推动了感光器的生物版本的演化，即一种专门用色素捕获光子并将其影响转化为神经冲动的细胞。我将用"感光细胞"[1]这个词来形容视网膜上的那些细胞（在学术界，它们被称为"视杆细胞"和"视锥细胞"），它们专门用于捕捉光子。为更高效地工作，这些细胞均用到了一种诀窍，那就是增加可用于捕获光子的色素层数。这一点很重要，因为光子很可能直接穿过任何一层色素，然后毫发无损地从另一边钻出来。你拥有的色素层越多，捕获任何一个光子的机会就越大。有多少光子被捕获，又有多少光子通过，这有什么关系呢？不是总有大量的光子可用吗？不，这一点是我们理解眼睛设计的基础。存在一种"光子经济学"，一种像人类货币经济学一样悭吝的经济学，其机制涉及不可避免的权衡。

在我们深入探讨有趣的经济权衡之前，应了解有一点是毫无疑问的，那就是光子在某些时候是绝对供应不足的。1986 年一个晴朗的夜晚，星光灿烂，我叫醒了两岁的女儿朱丽叶，把睡眼蒙眬的她裹在毯子里抱到了花园，我将她的脸蛋朝向了哈雷彗星将要出现的位置。她对我的话语完全置之不理，但我仍固执地在她耳边低声说着彗星的故事，还告诉她虽然我再也见不到这颗彗星了，但等她七十八岁的时候兴许还有机会。我解释道，我之所以叫醒她，是因为这样她就能在 2062 年告诉她的孙子们，她以前曾见过这颗彗星，也许还会记得她父亲为了一个不切实际的念头，一时心血来潮半夜把她抱出去看彗星的事情。（我甚至可能会在她耳边低声说出"不切实际"和"心血来潮"这两个词，因为小孩子喜欢听不认识但又吐字清晰的词。）

也许在 1986 年的那个晚上，哈雷彗星发出的一些光子确实抵达了朱丽叶的视网膜，但说实话，我也很难说服自己看到了彗星。有时，我似乎在大致正确的位置辨别出了一片模糊的、灰色的污迹，可有时

---

[1] "感光细胞"在英文中的正式称谓是"photoreceptor cell"，而道金斯在此处用的是一个通俗和大众化的词"photocell"，多用来指"光电池""光电管"等。鉴于中文语境中"感光细胞"一词通俗易懂，译者在此沿用了这一称谓。

它又消失无踪了，因为落在我们视网膜上的彗星光子数量接近于零。

　　光子像雨滴一样随机而至。当真正下着大雨的时候，我们丝毫不怀疑下雨这一事实，只希望我们的伞没有被偷。但是，当雨逐渐开始下时，我们如何确定下雨的确切时间呢？我们感觉到一滴雨，就惴惴不安地抬起头来，还不相信一场雨已经开始，直到第二滴或第三滴雨接踵而来。当天空落下这样稀稀落落的雨滴时，一个人可能会说下雨了，而他的同伴却不承认。可能是因为雨滴的掉落频率很低，以至于在第一个人被雨滴击中足足一分钟以后，他的同伴才会有同样的感受。要真正确信光的存在，我们需要光子以相当快的速度冲击到视网膜上。当朱丽叶和我凝视着哈雷彗星的大致方向时，来自彗星的光子可能正以低得惊人的频率撞击着我们视网膜上的单个感光细胞，大约每40分钟一个！这意味着虽然任何单个感光细胞可能会说，是的，那里有光，但它周围的绝大多数感光细胞都不承认。而我之所以似乎分辨出一个彗星形状的物体，唯一的原因是我的大脑正在总结数百个感光细胞的结论。两个感光细胞比一个感光细胞捕获更多的光子，三个又胜过两个，以此类推，我们便爬上了不可能之山的这道斜坡。像人类这样的先进眼睛有上亿个感光细胞，它们密集地排布在一起，像地毯一样，每个感光细胞都被设置成尽可能多地捕捉光子。

　　图5.2展示了一个典型的高级感光细胞，它来自人体，但其他物种的感光细胞也与此相差不多。图片中间那些像是蠕动的蛆的东西是线粒体，一种生活在细胞内的小体。它们最初是寄生细菌的后代，但如今是我们所有细胞产生能量的过程中不可或缺的存在。感光细胞的神经"连接线"在图片的左侧断开。以军事精度排列在右侧的精致薄膜阵列（膜盘），便是光子被捕获之处。其中的每一层都含有关键的、能捕获光子的色素分子。我数了数，这张照片里共有91层膜。确切的数字并不重要：就捕获光子而言，这种膜越多越好，不过也要避免太多层膜导致成本过高。关键是，91层膜能比90层膜更有效地阻拦

光子，90 层膜则比 89 层膜更有效，以此类推。这就是我所说的上山路上的缓坡。如果 45 层以上的膜是非常有效的，而 45 层以下的膜则是完全无效的，那我们就会遇到一个兀立而起的峭壁。不管是常识还是相关证据都不曾使我们怀疑这种突然的中断存在过。

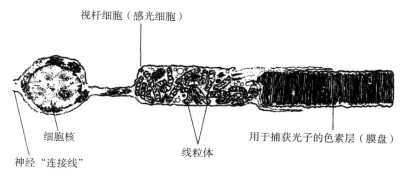

图 5.2　光子捕获装置或生物感光细胞：人类的单个视网膜细胞（视杆细胞）。

正如我们所见，枪乌贼的眼睛是独立于脊椎动物的眼睛演化而来的，即使它们的感光细胞非常相似。两者的主要区别在于，在枪乌贼的例子中，这些色素层不是像一堆圆盘一样堆积在一起，而是像围绕一个空心管堆积的环。（这种表面上的差异在演化过程中很常见，其原因与英国的电灯开关按下表示开，美国的电灯开关按下表示关一样，都是无关紧要的。）所有高等动物的感光细胞都在以不同的形式玩着相同的把戏，即增加色素层的数量，光子要想逃脱束缚就必须穿过色素层。从攀登不可能之山的视角来看，重要的一点是，无论已有多少层，多一层都能略微提高捕获光子的机会。最终，当大多数光子被捕获时，将会出现随着层数继续增加而收益递减的规律。

当然，在野外，没有多少生物会去观测每隔 76 年才回归一次，反射的光子也微不足道的哈雷彗星。但是，如果你是一只猫头鹰，就会有一双足够敏感的眼睛，能在月光下甚至星光下看到东西，这是非常有用的。在一个普通的夜晚，我们的任何一个感光细胞都可能以大约每秒一个的速度接收光子，诚然，这个接收频率比彗星的光子发射频率要高，但如果想要捕获每一个可捕获的光子，这个接收频率还是不够的。但是，如果当我们讨论苛刻的光子经济时，认为这种苛刻只局限于夜晚，那就大错特错了。在明亮的阳光下，光子可能会像热带暴雨一样冲击视网膜，但仍然存在一个问题。动物看到图像的本质是视网膜不同部分的感光细胞必须报告不同的光强度，这意味着在光子暴雨的不同部分区分不同的拍击率。对来自场景中不同细粒度的光子进行分类，可能会导致局部光子匮乏，就像夜晚整体光子匮乏一样严重。我们现在要讨论的就是这种分类。

感光细胞本身只是告诉动物是否有光。这种动物能分辨白天和黑夜，也能觉察自己是否被阴影笼罩，比如，被阴影笼罩可能预示着捕食者的到来。下一步的改进必定是获得一些基本的对光的方向和运动方向的敏感性，比如说，分辨一个有威胁的阴影。实现这一目标的最简单的方法是在感光细胞背面放置一个暗屏。没有暗屏的透明感光细胞可接收来自四面八方的光，却无法分辨光从哪里来。头部只有一个感光细胞的动物，只要该感光细胞后面有这样一个屏，便可以朝向或远离光源运动。要做到这一点，一个简单的办法就是像钟摆一样左右摆动头部；如果两边的光强不平衡，就改变方向直到平衡为止。有些蛆就遵循这个方法以直接避开光照。

但是左右摆动头部只是一种探测光的方向的最基本方式，其位置在不可能之山的斜坡最低处。一个更好的方法是让多个感光细胞指向不同的方向，每个背面都有一个暗屏。然后通过比较在两个感光细胞上落下的光子雨的速率，你就可以推断出光的方向。如果你有一整块由感光细胞组成的毯子，那更进一步的方法是将这块毯子和它的背屏一起弯成一个曲面，这样曲面上不同位置的感光细胞就会系统地指向不同的方向。如果这个曲面向外凸出，其最终会形成昆虫的那种"复眼"，我稍后将会回到这个问题上来。而内凹的曲面就像一个杯子，它产生了另一种主要的眼睛类型，即类似我们人类的眼睛的相机眼。当光线来自不同方向时，就会激发"杯子"不同位置的感光细胞，并且细胞越多，辨别的细粒度就越细。

图 5.3 中的光线（带箭头的平行白线）被这个"杯子"背面的黑色厚屏阻挡。通过跟踪哪些感光细胞被激发，哪些没有，大脑就能探测到光的方向。从攀登不可能之山的角度来看，重要的是有一个连续的演化阶梯——一个平缓向上的斜坡——将那些感光细胞仅呈平毯状的动物和感光细胞已经形成杯状面的动物联系起来。至于"杯子"本身，则能连续、缓慢地变深或变浅。"杯子"越深，眼睛分辨来自不同方向的光的能力就越强。这条上山路，不需要生物跃过陡峭的悬崖。

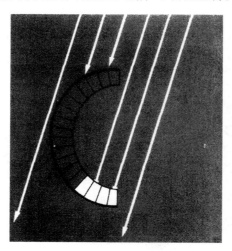

图 5.3　一个简单的杯状眼可以探测到光的方向。

这样的杯状眼在动物界很常见。图 5.4 展示了帽贝、分节蠕虫（一类多毛蠕虫）、蛤（双壳类动物）和扁形动物的眼睛。这些眼睛可能是独立演化出杯子形状的。这一点在图 5.4a 中表现得尤为明显，它的感光细胞仍位于"杯子"内部，从而暴露了它的独立起源。从表面上看，这是一种奇怪的布局——光线在到达感光细胞之前必须穿过错综复杂的连接神经，但我们不要因此而对其低看一眼，因为同样明显糟糕的设计也让我们自己那更复杂的眼睛留有瑕疵。我将在后文中叙述这一点，并说明这并没有看上去那么糟糕。

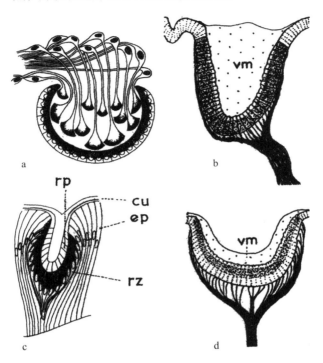

图5.4 动物界的各类杯状眼：（a）扁形动物的杯状眼；（b）双壳类动物的杯状眼；（c）多毛蠕虫的杯状眼；（d）帽贝（虫戚）的杯状眼。

无论如何，一个杯状眼本身远不能形成我们人类用我们那出色的眼睛看到的所谓正确的图像。对于人眼的这种依赖于透镜原理的成像方式，我需要在此稍加解释。我们可以问一个问题：为什么一块孤零零的感光细胞毯，或者一个浅"杯子"，看不到诸如一只海豚这样的图像，即使这只海豚在这只眼睛前如此显眼地展示自己。通过回答这个问题，我们可以深入探究人眼的成像机制。

如果光的传播路径如图 5.5 所示，那事情就很好办，并且海豚将以正像出现在视网膜上，不幸的是，实际上光并不这样传播。更准确地说，有些光的传播路径确实和我在该图中画的完全一样。问题是它们被同时从其他方向射出的任意数量的光线淹没。海豚的每一个细节都向视网膜上的每一点发送光线。而且不仅仅是海豚的每一个细节，还有场景中的每一个细节。你可以把结果想象成在这个"杯子"表面每一个可能的位置，都会形成无数的正像或反像。而这当然意味着根本没有所谓图像，有的只是光在整个"杯子"表面上的均匀传播而已（图 5.6）。

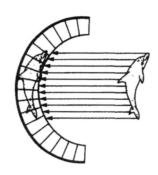

图 5.5 眼睛怎么会不工作呢——光线会如此体贴吗！

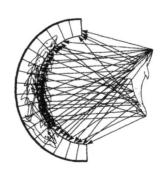

图 5.6 光从海豚的各个位置照射到杯状眼的各个位置，导致生物看不清任何图像。无数海豚的图像相互冲突、叠压，导致生物无法清晰视物。

现在我们已经诊断出问题所在了。眼睛看到的太多了：看到了无数只海豚，而不是只有一只。显而易见，眼睛要做减法：把绝大多数海豚图像剪掉，只留下一个。留下的是哪一个并不重要，但如何剪掉剩下的呢？一种方法是在不可能之山那条让我们塑造出杯状眼的斜坡上继续跋涉，不断加深和包裹这个"杯子"，直到杯口缩小到一个针孔大小。现在绝大多数光线都被挡住，无法进入"杯子"。剩下可进入的少数光线则形成了少量相似的图像——上下颠倒的海豚像（图 5.7）。如果这个针孔变得非常小，多张图像重叠导致的模糊就会消失，只剩下一个清晰的海豚图像（实际上，非常小的针孔会造成另一种模糊，但我们暂时不去计较这一点）。你可以把这个针孔想象成一个图像过滤器，除去了海豚那些令人眼花缭乱的视觉杂像。

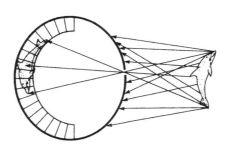

图 5.7　针孔眼的原理。大多数彼此冲突的海豚图像不见了。理想情况下，通过针孔的限制，只出现一个像（倒像）。

　　针孔效应只是杯效应的一个极端版本，我们已经讲过杯效应，它可以帮助我们判断光的方向。跟杯状眼相比，针孔眼只在不可能之山的同一斜坡上稍远一点的位置，两者之间没有陡峭悬崖相隔。针孔眼从杯状眼演化而来没有困难，杯状眼从平面感光细胞演化而来也没有困难。从感光细胞组成的平面到针孔眼这一段山坡是平缓的，一路都很容易攀登。这段路代表一种逐步消除成像冲突的过程，当我们到达顶峰时，只剩下一个有效成像。

　　事实上，不同程度的针孔眼遍布动物界。最彻底的针孔眼是神秘的软体动物鹦鹉螺的眼睛（图 5.8a），这种动物与已灭绝的菊石有亲缘关系（还是章鱼的远亲，但鹦鹉螺有一个卷曲的壳）。其他的，例如图 5.8b 中的海蜗牛的眼睛，也许用"深杯"来形容比称其为真正的针孔更合适。它们的存在展示了不可能之山这一段特定山坡的平缓程度。

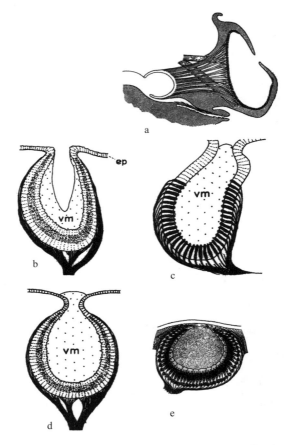

图 5.8　一系列无脊椎动物的眼睛，说明粗糙但有效的图像形成方法：（a）鹦鹉螺的针孔眼；（b）海蜗牛的"深杯"眼；（c）双壳类动物的眼睛；（d）鲍鱼的眼睛；（e）沙蚕的眼睛。

我们最初的想法是，只要针孔足够小，针孔眼就应该能很好地工作。如果你把针孔弄得几乎无限小，你可能会认为，通过排除绝大多数相互冲突干扰的图像，你会得到一个几乎无限完美的图像。但现在出现了两个新的障碍。一个是衍射。我刚才没提到这件事。这是一个有关成像模糊的问题，之所以产生衍射，是因为光的行为像波一样，会相互干扰。当针孔非常小时，这种模糊会愈加严重。而另一个针孔所带来的新障碍则又让我们回到了对"光子经济"的艰难权衡。当针孔小到足以形成清晰的图像时，必然会出现这样的情况：通过针孔的光非常少，以至于只有在几乎无法实现的强光照射下，你才能看清物体。而在正常的光照水平下，没有足够的光子通过针孔，眼睛难以看清楚。有了这样一个小小的针孔，我们面临的是另一个版本的哈雷彗星问题。你可以通过再次开大针孔来解决这个问题。但是这样做的话，你又回到了原点：一堆互相冲突干扰的海豚像。光子经济的问题使我们在不可能之山的这个小山丘上陷入了僵局。通过针孔设计，你要么得到一个清晰但过暗的图像，要么得到一个明亮但模糊的图像。你不能两者兼得。对经济学家来说，这样的取舍就像鱼与熊掌的问题一样，这就是为什么我提出了"光子经济"的概念。难道就没办法获得既清晰又明亮的图像吗？幸运的是，有。

首先，让我们从计算机的角度考虑这个问题。想象一下，我们把针孔扩大，让足够多的光进入。但我们没有把它弄成一个无遮掩的大洞，而是插入了一个"魔法窗口"，一个嵌入玻璃之中并与计算机相连的电子魔法杰作（图 5.9）。这个计算机控制的窗口有着神奇的性质：光线不是直接穿过玻璃，而是弯曲成一个巧妙的角度。这个角度由计算机精密计算得出，所以所有从一个点（比如海豚的鼻子）发出的光线都会弯曲，汇聚到视网膜上相应的点上。在图 5.9 中我只画了来自海豚鼻子的光线，但这个神奇的装置当然没有偏袒任何一个点，它为其他每一个点也都进行了一视同仁的计算。所有来自海豚尾巴的光线都将弯曲汇聚在视网膜上相应的点上，形成尾巴的图像，以此类推。这一神奇窗口最终使一个完美的海豚图像呈现在视网膜上，而且通过这个窗口形成的图像不像针孔眼形成的图像那样暗，因为有很多光线（也就是光子流）自海豚的鼻子发出并汇聚，也有很多光线自海豚的尾巴发出并汇聚，总之有很多光线从海豚身上的每一点发出，并汇聚到它们在视网膜上的特定对应点上。这个魔法窗口有针孔的优点，却没有针孔的巨大缺陷。

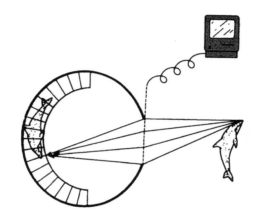

图 5.9 "计算机透镜"是一种复杂且极其昂贵的假想方法，用以解决如何形成既清晰又明亮的图像的问题。

凭空想象出一个所谓的"魔法窗口"当然能令事情皆大欢喜。但说起来容易做起来难，不是吗？想想看，附在魔法窗口上的计算机正在进行多么复杂的计算。它接收来自世界上数百万个点的数百万条光线。海豚身上的每个点都以数百万个角度向神奇之窗表面的不同点发出数百万条光线。这些光线相互交错，形成了令人眼花缭乱的光线"意大利面"。这个神奇的窗口和与它连接的计算机必须依次处理这数百万条光线中的每一条，计算出它的特定角度，并且必须让这条光线根据这个角度精确地弯曲折射。如果不是神迹，这台神奇的计算机又从何而来呢？难道这就是我们遭遇的滑铁卢：在攀登代表眼睛的不可能之山的路上横亘着一个难以逾越的悬崖？

显而易见，答案是否定的。图中的计算机只是一个虚构出来的东西，旨在强调这一任务的明显复杂性。但如果你用另一种方法来解决这个问题，那简直就是易如反掌。有一种简单得出奇的装置，恰好具有神奇窗口的特性，但无需计算机，无需电子魔法，也根本没有复杂性可言。这个装置就是透镜。你不需要一台计算机，因为根本不需要明确地完成计算。数百万条光线的弯曲角度的复杂计算被一块曲面的透明材料自发地、毫不费力地完成了。我将花一点时间来解释透镜是如何工作的，并以此带出为何透镜的演化并不会很困难的问题。

当光线从一种透明物质进入另一种透明物质时，光线会发生弯曲偏折，这是一个物理事实（图 5.10）。偏折角度（偏向角）取决于它们恰好是哪两种物质，因为一些物质的折射率（物质折射光的能力的衡量指标）比其他物质大。如果我们所说的两种物质是玻璃和水，那么这个偏折的角度是极小的，因为水的折射率几乎与玻璃的折射率相同。如果是玻璃和空气，光线偏折的角度更大，因为空气的折射率相对较低。而在水和空气的交界处，偏折的角度大到足以使插入水中的桨看起来是弯曲的。

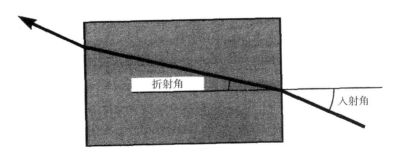

图 5.10　光线是如何弯曲的？试用一块玻璃说明折射原理。

图 5.10 所示为置于空气中的一块玻璃。粗线是一束射入玻璃块的光线,它在玻璃内偏折,然后从另一边射出时又折回原来的角度。当然,一团透明的物质没有理由必定有整齐平行的边。根据这块物质表面的角度,光线可以向任何你选择的方向射出。如果这块物质的表面由许多不同角度的小平面组成,那么一束光线在经过这一物质后就会从许多不同的方向射出(图 5.11)。如果这块物质的一侧或两侧是凸的,它就是一个透镜:功能相当于我们构想的魔法窗口。透明材料在自然界中并不罕见。空气和水是地球上最常见的两种物质,它们都是透明的。许多其他液体也是透明的。一些晶体也是如此,只要它们的表面被抛光,例如通过海浪的反复冲刷磨去粗糙的表面。可以想象一下,有一块被海浪打磨成任意形状的水晶材质的鹅卵石。来自单一光源的光线会被这块鹅卵石偏折成各种方向,这取决于鹅卵石表面的弯曲角度。鹅卵石形状各异。通常它们的两侧都是凸的。这会对来自特定光源(如灯泡)的光线产生什么影响?

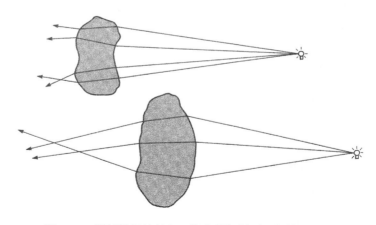

图 5.11　形状随机的鹅卵石将光线折射到无益的方向。

当光线从有着模糊凸边的鹅卵石射出时,它们将趋向于汇聚。但它们并非汇向一个简洁单一的点,比如像我们设想的魔法窗口一样复原光源的完美图像。一开始就奢求有这样的效果不太现实。但这是一种明确的趋势，即光线的汇聚是朝着正确的方向发展变化的。任何一块石英石，只要风化作用恰好使其两侧呈光滑的曲线，就可以作为一个很好的"魔法窗口"、一个真正的透镜发挥作用，它能够形成图像，尽管远不够清晰，但比针孔所能产生的图像要明亮得多。事实上，被水流打磨的鹅卵石通常是两面凸出的。如果它们恰好是透明的，那么它们中的许多就会构成相当好用的透镜，尽管品质较为粗糙。

鹅卵石只是一个偶然的、未经设计的物体恰好可以作为粗糙透镜的例子。这类例子还有一些。挂在叶子上的水珠有弯曲的边缘，是自然形成的，它不需要我们进一步的改造，就可以作为一个基本的透镜。液体和凝胶滴落时表面会自动呈弯曲状，除非有某种力量，比如重力，积极对抗这种趋势。这通常意味着这些物质会不由自主地行使透镜的功能。生物材料通常也是如此。幼体水母不仅形状类似透镜，且透明美观。它会是一种相当好的透镜，尽管透镜潜能从未在水母的生命中实际发挥过作用，也没有迹象表明自然选择偏爱水母这种类似透镜的特质。透明的身体可能是一种优势，因为它让敌人很难看到它，而弯曲的形状也是一种优势，基于某些与透镜功能无关的结构原因。

这里我列举了一些我用各种粗糙的、未经设计和改造的成像装置投射到屏幕上的图像。图5.12a所示为一个大写字母A，通过针孔（一面有孔的封闭纸箱）投影在其背面的一张纸上。如果不告诉你这是一个A，你可能几乎认不出它，尽管我已经用了非常明亮的光线来进行成像。为了获得足够的光线投影出字母，我必须把针孔做得很大，大约1厘米宽。我可以通过缩小针孔来锐化图像，但那样照相机的底片就无法记录它了——我们已经讨论过得在清晰度和亮度之间有所取舍。

现在来看看透镜的作用，即使是粗糙的、未经设计的"镜头"也能带来明显的成像改进。在图5.12b中，同样的字母A再次通过同样的孔投射到同样的平面上。但这次我在洞前挂了一个装满水的塑料袋。

这个袋子并没有被特意设计成透镜形状。当你把它装满水时，它就会自然地形成曲面。我猜测，如果用一只体表曲线平滑的水母，而不是这只皱巴巴的塑料袋，能拍出更好的照片。图5.12c（图中"CAN YOU READ THIS？"意为"你能读出这个吗？"）来自同样的纸箱和孔洞，但这次放在洞前面的是一个装满水的球形酒杯，而不是一个下垂的塑料袋。诚然，葡萄酒杯是一种人造物品，但它的设计者从未打算把它当作透镜，他们将其设计成球形表面是出于其他原因。又一次，一个并非为此目的而设计的物体充当了足够好的透镜。

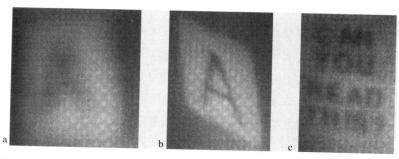

图5.12　通过各种临时孔洞和粗糙的临时"镜头"呈现的图像：（a）普通针孔；（b）一个吊起的装满水的塑料袋；（c）装满水的球形酒杯。

当然，我们的祖先动物手头并没有塑料袋和酒杯可用。我也并不是说眼睛的演化经历了一个塑料袋阶段，或者一个硬纸板盒阶段。塑料袋这个例子的重点是，塑料袋就像雨滴、水母或球状石英晶体一样，不是被设计成透镜的。只是出于某种其他原因，它呈现出透镜般的形状，而这种形状恰好会在自然界中产生影响。

因此，透镜状的基本物体要自然形成并不难。任何一团半透明的胶状物只需呈现出弯曲的表面形状（呈此形状的原因可以是多种多样的），它的成像效果相比一个简单的杯子或针孔都至少会有那么一点改善。而要涉足不可能之山较低的缓坡，我们需要的也只是稍稍改进而已。中间阶段是什么样子的呢？可以回过头再看一下图5.8，当然我必须再次强调，这些动物是现存动物，不应该被认为是现存动物的祖先。请注意，图5.8b（海蜗牛）的杯状眼上有一层透明的胶状物，即"玻璃体块"（vitreous mass，vm），其作用可能是保护敏感的感光细胞不受天然海水的影响，否则后者会通过小孔灌入杯状眼。这种纯粹的保护性玻璃体块具有透镜的必要性质之一——透明，但它缺乏正确的曲率，因此需要增厚。现在再看图5.8c、图5.8d和图5.8e，它们分别为双壳类动物、鲍鱼和沙蚕的眼睛。这些图除了给出更多的杯状眼和介于杯状眼与针孔眼之间的中间阶段的例子外，图中所有眼睛都附有大大增厚的玻璃体块。在动物界，形状各异的玻璃体块随处可见。作为一款透镜，这些胶状小片自然无法让蔡司或尼康动心。然而，任何有一点凸曲率的胶状块带来的成像质量相比毫无遮掩的针孔都会有明显的改善。

一块优秀的透镜和鲍鱼的玻璃体块之间最大的区别在于，为了获得最佳成像效果，透镜应该从视网膜上分离出来，并与视网膜隔开一段距离。两者间的空隙不一定是空的。它可以被更多的玻璃体块填充。必要条件是，透镜的折射率要高于将透镜与视网膜分开的物质。实现这一目标的方法有很多种，而且都不算困难。这里我只讲一种方法，即从玻璃体块前部的局部区域"浓缩"出一个透镜，如图5.8e所示。

首先，请记住折射率是每个透明物质都有的。这是对其偏折光线能力的一种衡量。人类镜片制造商通常假设一块玻璃的折射率在整个玻璃中是均匀的。一旦一束光线射入一个特定的玻璃透镜并适当地改变方向，它就会沿着一条直线前进，直到它到达透镜的另一边。镜片制造商的技艺体现在将玻璃表面打磨成精确的形状，并将不同的镜片叠加在一起形成复合级联透镜组。

你可以用复杂的方法把不同种类的玻璃粘在一起，制造出在不同部位具有不同折射率的复合透镜。例如，图5.13a中的透镜有一个由另一种具有更高折射率的玻璃制成的核心。但是这种透镜从一个折射率转换到另一个折射率时仍然有不连续的变化。然而，从原理上说，内部具有如图 5.13b 所示的连续变化折射率的透镜也是完全可能存在的。这种"渐变折射率透镜"对于人类镜片制造商来说很难实现，因为镜片是用玻璃制造的。[①] 但是这样的活体透镜却很容易制造，因为它们不是一次性完全成形的：它们是随着动物的发育逐渐形成的。事实上，我们在鱼、章鱼和许多其他动物身上都发现了具有连续变化折射率的透镜。如果仔细看图 5.8e，你会看到在这只眼睛的光圈后面可能有一个区域，该区域不同部位有不同的折射率。

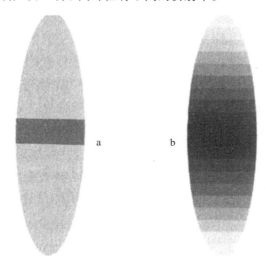

图 5.13　两种类型的复合透镜。

但我下面要讲述的故事是关于透镜（晶状体）最初是如何从充

---

① 写完这篇文章后，曾在大东电报公司（Cable and Wireless Company）工作的记者霍华德·克莱恩（Howard Kleyn）告诉我，事实上，人类确实能制造出类似于渐变折射率透镜的东西。它实际上是一种渐变折射率光纤。根据他的描述，这种光纤以一根大约 1 米长、直径数厘米的中空优质玻璃管为基础。在对其加热后，要把细玻璃粉末吹进管子里。玻璃粉末熔化并与管的衬里融合，从而使衬里加厚，同时使管的孔径缩小。现在是最为巧妙的部分。随着这一过程的进行，我们使吹入管中的粉末的品质逐渐变化：具体来说，这些粉末是从折射率逐渐增加的玻璃中分别磨出来的。当孔径缩小到零的时候，管子就变成了一根棒，它的中心核心是由高折射率的玻璃制成的，当靠近其外层时，折射率逐渐降低。然后我们再次加热这根玻璃棒，并抽成细丝。这根细丝从核心到外围的折射率就像未加热前的玻璃棒一样是渐变的，只是直径缩小了。从技术上讲，它就是一个渐变折射率透镜，尽管这个透镜很薄很长。它的透镜特性不在于聚焦成像，而是提高其作为光导管的质量，使光束在其中不分散。这些细丝通常用于制造多股光缆。——作者注

满整个眼球的玻璃体块演化而来的。瑞典生物学家丹·尼尔森（Dan Nilsson）和苏珊·佩尔格（Susanne Pelger）用一个计算机模型完美地展示了这个过程是如何发生的，以及可能的实现速度。我将以一种略显拐弯抹角的方式讲解这个优雅的计算机模型。我将先回顾我们从"生物形"到"织网者"所取得的进展，并探讨如何着手编写一个与他们的模型相类似的，合乎我们理念的眼睛演化模型，而不是直截了当地介绍他们做了什么。然后我会解释，为何我所叙述的建模方法在本质上等同于尼尔森和佩尔格所做的，尽管我与他们采用的方法并不完全相同。

回想一下，"生物形"是经由人工选择演化而来的，这种选择的动因是人类的品味。我们想不出一个将自然选择纳入模型的现实方法，所以我们转而模拟蜘蛛网。蜘蛛网的优点是，由于它们在二维平面上发挥作用，计算机可以自动计算出它们捕捉苍蝇的效率。它们在蛛丝方面花费的成本同样如此，因此，模型蛛网可以通过计算机以一种自然选择的形式进行自动选择。我们一致认为蜘蛛网在这方面是个特例：我们不能指望对猎豹的椎骨或鲸的尾部依样画瓢，因为评估三维器官的效率所涉及的物理细节太复杂了。但在这方面，眼睛就像蜘蛛网。计算机可以自动评估二维模型眼的效率。我并不是在暗示眼睛是一个二维结构，它当然不是。我只是指出，如果假设眼睛从正面看时是圆形的，那么它在三维空间中的效率可以在计算机图像中通过其中部的单个垂直切片来加以评估。计算机可以进行简单的光线追踪分析，并计算出人眼能够形成的图像的清晰度。这种质量评分就相当于"织网者"计算模型中的蜘蛛网捕捉苍蝇的效率。

就像"织网者"中的蛛网产生突变的子网一样，我们也可以让模型眼产生突变的子代眼。每个子代眼的形状与亲代眼的形状基本相同，但在一些微小细节上会有随机的小变化。当然，有些计算机生成的"眼睛"与真正的眼睛相差甚远，我们根本不能称之为眼睛，但没关系。它们仍然可以繁殖，它们的光学成像质量仍然可以被赋分——估计这个分数会很低。因此，我们的新模型可以像"织网者"一样，通过计算机介导的自然选择演化出更好的眼睛。我们可以从一只相当好的眼睛开始，演化出一个极其好的眼睛。我们也可以从一只很差的眼睛，甚至根本没有眼睛的状态开始。

将类似"织网者"这样的程序作为对演化的实际模拟来运行是很有启发性的，我们可以从一个基本的起点开始，然后静观它会在哪里结束。你甚至可以在不同的演化过程中到达不同的顶点，因为不可能之山的连绵山脉中可能也有其他可登顶的山峰。我们也可以在演化模式下运行我们的眼睛模型，它会做一个生动的演示。但实际上，观察模型中的演化，你的收获并不会比你更系统地探索不可能之山的上山路径通向哪里收获更多。从一个给定的起点开始，一条永远向上而不会向下的道路，便是自然选择所遵循的道路。如果你在演化模式下运行这个模型，自然选择也将遵循这条路径。因此，如果我们能从假设的起点系统性地搜索上山的路径和可以到达的峰顶，就可以节省计算机运算时间。重要且不会改变的是，这场游戏的规则是禁止走下坡路。尼尔森和佩尔格所做的就是更系统地寻找上山的路径，但为了方便读者理解，我在介绍他们的工作时就好像我们是在计划和他们一起做一个"织网者"风格的演化展示一样。

无论选择如何运行我们的模型，是"自然选择模式"还是"系统探索山模式"，我们都必须确定胚胎机制的一些规则，也就是一些对基因如何控制身体发育加以支配的规则。突变实际上作用于器官形状的哪些方面？突变本身有多大，或者有多小？就"织网者"而言，突变作用于蜘蛛行为的已知方面。就"生物形"而言，突变作用于模拟树木生长过程中树枝的长度和伸展角度。就眼睛而言，尼尔森和佩尔格首先承认在典型的相机眼中有三种主要类型的组织。相机眼有一个外壳，通常不透光；有一层光敏感光细胞；还有一种透明的材料，可以作为保护窗或者用以填充眼杯内部的空洞——如果其真的形似杯子的话，因为在我们的模拟中，我们没有把任何事情视为理所当然。尼尔森和佩尔格的出发点——山脚下——是一层平坦的感光细胞（图 5.14 中的深灰色部分），其位于一个平坦的背屏（黑色部分）上，最上面是一层平坦的透明组织（浅灰色）。他们假设突变是通过引起某物大小的一个小百分比的变化起作用的，例如透明层厚度的一个小百分比的减少，或者透明层局部区域的折射率的一个小百分比的增加。他们真正要探究的问题是，如果你从一个给定的起点出发，稳步向上，你能到达山的哪里？攀登意味着突变，一次突变代表一小步，而且只接受能提高眼睛光学性能的突变。

那么，我们得到了什么结果？令人欣慰的是，从根本没有正常眼睛的状态开始，走过一段平缓向上的山路，我们便得到了一个熟悉的、具有透镜的完整鱼眼。其透镜不像普通的人造透镜那样均匀，而是一个渐变折射率透镜，如图 5.13b 所示，其连续变化的折射率在图中用不同灰度表示。这一透镜（晶状体）是通过对玻璃体块折射率的逐点变化逐渐"浓缩"出来的。这里没有什么花招可用。尼尔森和佩尔格并未在模拟玻璃体块中预先编程一个伺机而现的原始晶状体。他们只是允许每一小块透明材料的折射率在遗传控制下产生变化。每一小块透明材料都可以随意地在任何方向改变其折射率。在玻璃体块内可能出现无数不同折射率的图案。而使晶状体最终呈现出"晶状体形状"的是在这条山路上不间断攀登的过程，或者说，在每一代中挑选成像最好的眼睛进行繁殖。

尼尔森和佩尔格的目的不仅仅是证明从扁平的无眼构造到良好的鱼眼之间有一个平滑的改进轨迹，他们还能够用他们的模型来估计从无到有所需的时间。如果每一步中某一项的变化幅度为 1%，那么他们的模型所采取的步骤总数为 1829 步。但 1% 的设定绝对不是非此不可。如果每一步的变化幅度是 0.005%，那么 363 992 步后我们

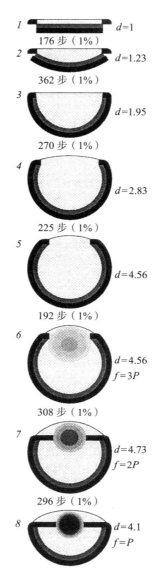

1 $d=1$

176 步（1%）

2 $d=1.23$

362 步（1%）

3 $d=1.95$

270 步（1%）

4 $d=2.83$

225 步（1%）

5 $d=4.56$

192 步（1%）

6 $d=4.56$
$f=3P$

308 步（1%）

7 $d=4.73$
$f=2P$

296 步（1%）

8 $d=4.1$
$f=P$

图 5.14 尼尔森和佩尔格的理论演化序列导向了"鱼眼"。各阶段之间的步骤数并非定值，仅在每一步代表某事物 1% 的变化幅度的假设下成立。关于如何转换成演化世代数，请参阅正文。

也可获得同样的总变化量。尼尔森和佩尔格必须用某种非随意的、现实的单位重新表示这种变化的总量，这就是遗传变化的单位。为了达成这一点，有必要做一些假设。例如，他们必须对选择的强度做出假设。他们假设，每 101 只拥有改良眼睛的动物存活下来，就有 100 只没有改良眼睛的动物也存活下来。正如你所看到的，这是一种低强度的选择，如我们的常识所判断的那样——不管你有没有改进，情况都差不多。他们故意选择了一个较低的、保守或"悲观"的数字，因为他们竭尽全力将对演化速度的估计调至极慢。他们还必须做出另外两个假设："遗传率"和"变异系数"。变异系数是衡量总体有多少变异的指标。自然选择需要变异来发挥作用，而尼尔森和佩尔格又一次故意选择了一个悲观的低数值。遗传率是衡量在给定种群的可用变异中，有多少变异是来自遗传的。如果遗传率较低，就意味着种群中的大部分变异是由环境引起的，而自然选择尽管可能"决定"个体的生死存亡，但对演化的影响很小。如果遗传率高，自然选择便对后代有很大的影响，因为个体的存续真的会转化为基因的存续。遗传率通常会超过 50%，因此尼尔森和佩尔格决定将遗传率定为 50% 是一个悲观的假设。最后，他们还做出了一个悲观的假设，即眼睛的不同部位不可能在一个世代的时间内同时发生变化。

所有这些"悲观"假设意味着我们最终得出的眼睛从无演化为有所需的时间很可能偏长。我们将这种对演化时间的高估称为悲观而不是乐观的原因如下。对演化力量持怀疑态度的人，如艾玛·达尔文，自然会被这样的观点吸引：像眼睛这样一个众所周知的复杂和有多个构成部分的器官，从无演化为有（假如真能演化出来），将需要极其漫长的时间。而尼尔森和佩尔格的最终估计实际上短得惊人。计算结束时，结果表明，只需要大约 364 000 代就可以演化出一只带晶状体的良好鱼眼。如果他们做出更乐观的（这可能意味着更接近现实的）假设，时间还会更短。

364 000代换算成年的话有多长？当然，这取决于物种的世代时间。假如我们正在讨论的动物是小型海洋动物，如蠕虫，或软体动物、小型鱼类，对它们而言，一个世代通常需要一年或更短的时间。因此尼尔森和佩尔格的结论是透镜眼的演化可能在不到50万年的时间内完成。按照地质标准，这是非常非常短的时间。它是如此之短，以至于在我们所谈论的远古时代地层所代表的漫长纪元中，几乎就是弹指一瞬。关于眼睛没有足够时间演化的哀叹不仅是错误的，而且是大错特错，错得可耻。

当然，尼尔森和佩尔格并未处理一只全面发展的眼睛的其他一些细节，这些细节可能需要更长的时间来演化（尽管他们并不这么认为）。首先是感光细胞的初步演化，他们认为这一步在他们的模型演化系统开始运行之前就已经完成了。现代动物的眼睛还有其他先进的功能，比如改变眼睛焦点的装置，改变瞳孔大小的装置，或被称为"光圈范围"（f-stop）的装置，以及移动眼球的装置。大脑中也有处理来自眼睛的信息所需的所有系统。移动眼球很重要，不仅出于显而易见的原因，更重要的是，动物移动身体时得保持对对象的凝视。鸟类通过控制颈部肌肉保持整个头部不动来做到这一点，尽管其身体的其他部分都在剧烈运动。实现这一功能的高级系统涉及相当复杂的大脑机制。但我们很容易看出，进行基本的、并不完美的调整总比什么都不做要好，因此，要沿着不可能之山的平缓上山路拼凑出一个祖先序列并不那么困难。

为了聚焦来自遥远目标的光线，你需要一个比聚焦来自较近目标的光线所需聚焦能力更弱的透镜。对远近光线都能清晰地聚焦是一种奢侈，但在自然界中，每一个提高生存机会的小小进步都很重要。事实上，不同种类的动物会以不同的机制以改变其晶状体的焦点。我们哺乳动物是通过控制肌肉拉动晶状体以改变晶状体的形状做到这一点的。鸟类和大多数爬行动物也是如此。变色龙、蛇、鱼和蛙的做法与照相机类似，通过略微拉动晶状体向前或向后来实现。眼睛较小的动物不用担心这一点。它们的眼睛就像一个布朗尼方箱相机：在所有距离上都能大致聚焦，虽然不是很明亮。随着年龄的增长，我们的眼睛也变得越来越像方箱相机，经常需要双焦点眼镜才能看清远处和近处的物体。

不难想象，眼睛改变焦点的机制会逐渐演化。当我用装满水的塑料袋做实验时，我很快注意到，用手指戳袋子就可以提高（或降低）对焦的清晰度。在这样做时，我没有刻意关注袋子的形状，甚至没有看袋子，而是专注于投影图像的质量，为此随意地戳压袋子，直到成像更好。玻璃体块附近的任何肌肉都可能偶然地改善晶状体的聚焦，但这种改善起初只是用作某种其他目的的肌肉收缩的"副产物"。而这为我们沿着不可能之山的斜坡拾级而上的平缓改进开辟了一条宽阔的道路，最终使眼睛以哺乳动物或变色龙的方法改变焦点的机制成为可能。

改变光圈——光线通过的孔洞的大小——可能会稍微难一些，但也不会难太多。眼睛想要这样做的原因与相机需要调整光圈的原因相同。对于任何给定的胶片/感光细胞的灵敏度，有可能光太多（产生眩光），也有可能太少。此外，孔越窄，聚焦景深（同时聚焦的距离范围）越好。一个复杂的相机或眼睛，有一个内置的测光表，当太阳出来时，它会自动缩小这个孔洞，当太阳落山时，它便会张大。人眼的瞳孔变化是一项相当复杂的自动化技术，让日本的微机械工程师都叹为观止。

但是同样地，我们并不难看出这种先进机制是如何在不可能之山较低缓的斜坡上开始其攀登之路的。我们通常认为瞳孔是圆形的，但它在现实世界中未必如此。其实任何形状都可以。羊和牛的瞳孔长而水平，呈菱形。章鱼和一些蛇也是如此，但其他蛇有垂直的狭缝状瞳孔。猫的瞳孔则会在圆形和垂直狭缝间变化（图 5.15）：

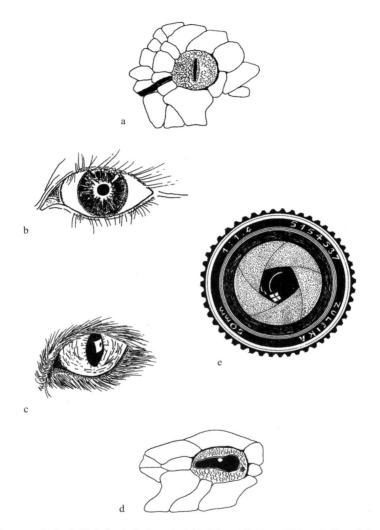

图 5.15 相机光圈和各种瞳孔。瞳孔的确切形状并不重要，这就是为何它可以有如此之多的变化：（a）网纹蟒；（b）人类；（c）猫；（d）长鼻树蛇；（e）相机。

敏那卢什知道吗？

他的瞳孔变幻莫测，

在圆形和新月之间，

循环往复？

敏那卢什在草丛中穿行，

一如孤独庄严的智者，

朝变幻的月儿，

抬起他变幻的双眸。

——W. B. 叶芝（W. B. Yeats）

即使是昂贵的相机，其光圈也往往也是粗糙的多边形，而不是完美的圆形。真正重要的是控制进入眼睛的光线量。当你意识到这一点时，可变瞳孔的早期演化就不再是一个问题了。在不可能之山的低坡上有许多平缓的小路可走。虹膜肌的演化未必会碰到比肛门括约肌的演化更不可逾越的障碍。也许需要改进的最重要量值是瞳孔的反应速度。而一旦你有了神经，要加快瞳孔开闭速度就十分简单，如同轻松登上一段山坡一样。人类的瞳孔反应很快，你可以通过用手电筒照自己的眼睛，同时对着镜子观察自己的瞳孔来验证这一点。（如果你用手电筒照自己的一只眼睛，同时观察另一只眼睛的瞳孔反应，你会看到最具戏剧性的效果：因为这两者是连在一起、同时变化的。）

正如我们所见，尼尔森和佩尔格的模型发育出了一种渐变折射率透镜，它与大多数人造透镜不同，但与鱼类、枪乌贼和其他水生动物的相机眼相似。其晶状体是先前均匀透明的胶质中局部高折射率区域凝聚产生的。

并非所有的晶状体都是由胶状物质凝聚而成的。图5.16展示了两只昆虫的眼睛，它们形成晶状体的方式完全不同。这两个都是所谓的单眼，不要和复眼混淆了，我们一会儿会讲到复眼。在锯蝇幼虫的单眼例子中，晶状体是由角膜（外层透明层）增厚形成的。第二例来自蜉蝣，其角膜没有增厚，晶状体是由一团无色透明的细胞发育来的。这两种晶状体的发育方法都有助于其物种攀登不可能之山，就像我们在蠕虫的玻璃体块眼的例子中所展示的那样。晶状体，就像眼睛本身一样，似乎已经独立演化出了多次。由此可见，不可能之山中其实山峰和丘陵众多。

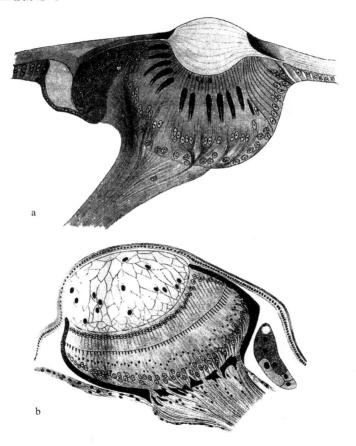

图 5.16　昆虫晶状体发育的两种不同方式：（a）锯蝇幼虫；（b）蜉蝣。

视网膜也因其多变的形态而暴露了其有多重起源的事实。除了一个例外，到目前为止，我所展示的所有眼睛的感光细胞都位于连接它们与大脑的神经的前方。这是一种合情合理的做法，但并不是放之四海而皆准的。图 5.4a 中的扁形动物就将其感光细胞放在神经的另一侧。而我们这些脊椎动物的眼睛也是如此。感光细胞指向后方，背离光线来源。这并不像听起来那么愚蠢。由于这些细胞微小透明，所以它们指向哪里并不重要：大多数光子将直接穿过它们，然后再穿过用于捕获光子的充满色素的挡板。脊椎动物的感光细胞指向后方的唯一后果是，连接它们和大脑的"线路"（神经）偏向了错误的方向，这些神经朝着光而不是朝向大脑。然后，它们穿过视网膜的前表面，会聚于一个特定位置，也就是所谓的"盲点"。这是它们穿过视网膜进入视神经的地方，这就是为什么视网膜在这个地方是看不到物体的。虽然从理论上讲，我们看不到这一点，但我们几乎察觉不到，因为大脑在重构缺失的部分时表现得非常聪明。只有当我们能独立证明某个小的离散物体存在，且其图像移到盲点上时，我们才会注意到盲点：然后这个移动到盲点的物体就像一束光一样消失了，显然被该区域的一般背景颜色取代。

我说过，视网膜朝前还是朝后没什么区别。更确切地说，在其他条件完全相同的情况下，如果我们的视网膜方向正确，成像情况可能会更好。这也许是一个很好的例子，用以说明不可能之山有多个山峰，山峰之间还有深谷。一旦一只可用眼睛的视网膜是以朝后的方向开始演化的，那么其唯一的提升途径就是改进目前的眼睛设计。将其变为一个完全不同的设计需要推倒重来，也就是走下坡路——不仅仅是往回走几步，而是下探到深谷之中，这是自然选择所不允许的。脊椎动物的视网膜之所以是这样，是因为在胚胎时期，它的发育方式就是如此，这当然可以追溯到它的远古祖先。许多无脊椎动物的眼睛以不同的方式发育，而它们的视网膜方向是"正确"的。

抛开脊椎动物的视网膜指向后方的有趣事实不谈，这个组织绝对是一个登临最高峰的存在。人类的视网膜大约有 1.66 亿个感光细胞，分为不同的种类。最基本的分类是视杆细胞（专门用于在相对较低的光照水平下获得低精度的非彩色视觉）和视锥细胞（专门用于在明亮的光线下获得高精度的彩色视觉）。当你读这些字时，你只使用视锥细胞。如果朱丽叶看到了哈雷彗星，那就是她的视杆细胞的功劳。视锥细胞集中在视网膜上一个较小的中心区域——中央凹（你正在用你的中央凹阅读），那里没有视杆细胞。这就是为什么如果你想看到一个像哈雷彗星这样非常暗淡的物体，你的眼睛不能直接对着它，而是要稍微偏离一点，这样它微弱的光线就会汇聚在中央凹以外的位置。从攀登不可能之山的角度来看，感光细胞的数量和感光细胞分化成不止一种类型并不是什么特别的问题。这两种改善显然都有上山的平滑梯度可循。

　　大视网膜比小视网膜看得更清楚。你可以在大视网膜上安置更多的感光细胞，如此便可以看到更多的细节。但是，一如既往，这是有代价的。还记得图 5.1 中的超现实主义蜗牛吗？有一种方法可以让小型动物实际上获得比它所能负担得起的更大的视网膜。萨塞克斯大学的迈克尔·兰德（Michael Land）教授在动物眼睛研究领域有着令人艳羡不已的奇异发现，我从他那里学到了很多关于眼睛的知识。他在跳蛛身上发现了一个很好的例子。[1] 没有蜘蛛有复眼，而跳蛛把相机眼发展到了一个在经济方面引人注目的高峰（图 5.17）。兰德发现的是一个非同寻常的视网膜。它不是可以投射完整图像的宽屏，而是狭长、垂直的条状屏，宽度尚不足以容纳像样的图像。但是这种蜘蛛用一种巧妙的权宜之计弥补了视网膜狭窄的缺陷。它会极有条理地移动

---

[1]　这些迷人的小动物有抬头看你的习惯，这给了它们一种近似人类的魅力，它们像猫一样跟踪猎物，然后毫无预兆地突然爆发，跳到猎物身上。顺带一说，这里的"爆发"或多或少如其字面上的意义，因为这种蜘蛛通过液压从液体同时泵入所有八条腿来进行跳跃——有点像男性勃起阴茎的方式，但它们的"腿勃起"是骤发的，而不是渐进的。——作者注

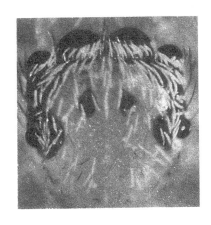

图 5.17　跳蛛。

视网膜，扫描可能投射图像的区域。因此，它的有效视网膜比它的实际视网膜大得多，这与捕鸟蛛视物的原理是一样的，后者的眼睛以旋转的方式对近似于一张蛛网捕获区域的面积进行单线程扫描。如果跳蛛的视网膜发现了一个有趣的物体，比如一只移动的苍蝇或另一只跳蛛，它就会将扫描活动集中在目标的精确区域。这赋予了它一个动态的中央凹。借助这个巧妙的技巧，跳蛛带着它的透镜眼登上了一座相当值得夸耀的小山峰，足以在它所立足的不可能之山的这片山区中俯瞰四方了。

我将透镜作为弥补针孔眼缺陷的绝佳方案进行讨论。但它不是唯一的解决方案。曲面镜的原理与透镜不同，但对于"从物体的每个点上收集大量光线，并将其聚焦到图像上的单个点"这个任务，这不失为一个很好的替代方案。在某些实践中，曲面镜甚至是比透镜更经济的解决方案，世界上最大的一批光学望远镜都是反射望远镜（图5.18a）。反射望远镜的一个小问题是，图像是在镜子前方形成的，实际上是在入射光线的路径上形成的。反射望远镜通常在其焦点上有一个小镜子，将聚焦后的图像侧面反射到目镜或照相机中。那面小镜子并没有碍事，也不足以破坏图像。小镜子在聚焦形成的图像上是看不到的，它仅导致射向望远镜后方大镜子的总光量略有减少。

因此，曲面镜在理论上是可行的物理解决方案。在动物界里有曲面镜眼的例子吗？这方面最早的联想是我在牛津大学时的老教授阿利斯特·哈迪爵士（Sir Alister Hardy）在评论他的一幅画时给出的，这幅画所描绘的是一种非凡的深海甲壳类动物，名叫巨海萤（*Gigantocypris*，图5.18b）。天文学家在威尔逊山和帕洛马等天文台用巨大的曲面镜捕捉到来自遥远恒星的少量光子。人们很容易认为巨海萤也同样以此捕捉穿透深海的少数光子，但迈克尔·兰德最近的研究排除了两者在任何细节上的相似之处。我们尚不清楚巨海萤的视力。

然而，还有一种动物，虽然也有透镜的辅助，但它绝对是用如

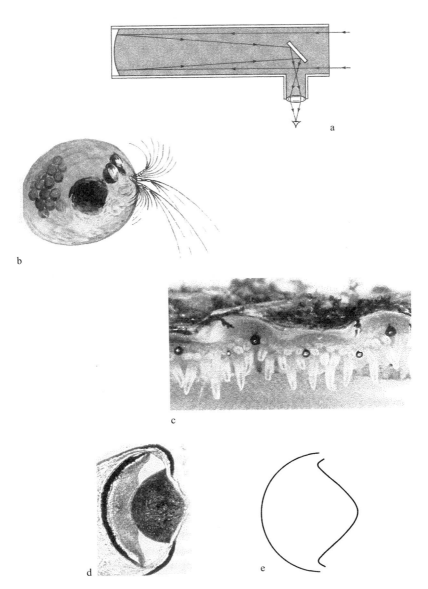

图 5.18 解决成像问题的曲面镜方案：（a）反射望远镜；（b）阿利斯特·哈迪爵士绘制的巨型浮游甲壳类动物巨海萤；（c）扇贝的眼睛透过壳的缝隙向外窥视；（d）扇贝眼横切面；（e）笛卡儿卵形线。

假包换的曲面镜来成像的。它是由动物眼睛研究领域的"米达斯国王"①迈克尔·兰德发现的。这种动物就是扇贝。

图 5.18c 是这种双壳类动物双壳间缝隙的一小块区域（两个壳纹宽度）的放大图。在壳和触手之间有一排小眼睛，足有几十只。每只眼睛使用其位于视网膜后方的曲面镜形成一个图像。正是这面镜子使每只眼睛像小小的蓝色或绿色珍珠一样熠熠生辉。它的眼睛剖面图如图 5.18d 所示。就像我提到的，其中有透镜也有曲面镜，我后面还会讲到这个。视网膜是位于透镜和曲面镜之间的整个灰色区域。视网膜上能看到镜子投射出的清晰图像的是紧挨着透镜后方的部分。这个图像是倒过来的，它是由镜子反射回来的光线形成的。

那么，这里为什么会需要透镜呢？像这样的球面镜会遭遇一种特殊的畸变，叫作球差。著名的反射望远镜——施密特望远镜，通过巧妙地将透镜和曲面镜组合在一起，解决了这个问题。扇贝的眼睛似乎以一种略微不同的方式解决这个问题。理论上，球差可以通过一种特殊的透镜来克服，这种透镜的形状被称为"笛卡儿卵形线"。图 5.18e 是理想笛卡儿卵形线的示意图。现在再看一下扇贝眼实际透镜的轮廓（图 5.18d）。基于其与笛卡儿卵形线惊人的相似性，兰德教授认为这块透镜是用来校正反射镜的球差的，而后者才是主要的成像装置。

至于曲面镜眼的起源，我们可以做一个有根据的猜测。视网膜后面的反射层在动物界中很常见，但其目的不同，大多不是像扇贝那样用来形成图像。如果你带着一个明亮的手电筒走到树林里，你会看到许多成对的"灯泡"朝着你闪闪发光。许多哺乳动物，尤其是夜行动物，如图 5.19b 中来自西非的金树熊猴，其视网膜后有一个反射层——反光色素层。反光色素层的作用是为感光细胞未能捕捉的光子提供第二次被捕获的机会：每个光子都被直接反射回之前错过它的感

---

① 希腊神话中拥有点石成金术的国王，道金斯以此喻指迈克尔·兰德在动物眼睛研究领域化腐朽为神奇的能力。

光细胞，因此图像不会扭曲。无脊椎动物也"发明"了反光色素层。在树林里用明亮的火把探路是找到某些蜘蛛的好方法。事实上，如果我们看一眼穴狼蛛（图 5.19a），你也许禁不住会想，为什么标记我们道路的"猫眼反光镜"不被称为"蜘蛛眼反光镜"呢？被用来毫无遗漏地捕捉光子的反光色素层很可能在晶状体透镜出现之前就在我们祖先的杯状眼中演化出来了。也许反光色素层是一种预适应，在一些孤立出现的生物中，它已经被改造成一种反射望远镜型的眼睛。又或者，这种曲面镜可能另有来源。这很难确定。

图 5.19　通过反射光子来捕获更多光子。（a）穴狼蛛（*Geolycosa* sp.）；（b）金树熊猴。

透镜和曲面镜是清晰聚焦图像的两种方式。在这两种情况下，图像都是上下颠倒的。而复眼则是一种完全不同的眼睛，它能产生正像，这种眼睛受到昆虫、甲壳类动物、一些蠕虫和软体动物、帝王蟹（一种奇怪的海洋生物，据说更像蜘蛛而不是真正的螃蟹）和一大群现已灭绝的三叶虫的青睐。实际上复眼有几种不同的类型。我将从最基本的一种，即所谓的并列型复眼开始介绍。为了理解并列型复眼是如何工作的，我们需要回到不可能之山的底部。正如我们所见，如果你想让一只眼睛看到图像，或者让其不是仅能感受光强度的信号，你需要不止一个感光细胞，而且必须接收来自不同方向的光。让它们"看向"不同方向的一种方法是将它们置于一个杯状结构里，后面加上一个不透明的屏。到目前为止，我们所讨论的所有眼睛都是这种凹杯原理的产物。但或许一个更显而易见的解决方案是将感光细胞置于杯子的外凸表面，从而使它们从不同的方向"向外看"。这就是最为简单的理解复眼的好方法。

还记得我们第一次介绍形成海豚图像时遇到的问题吗？我曾指出这个问题可被视为图像太多的问题。在视网膜上的每一个方向和每一个位置都形成了无数的海豚像，彼此叠加起来反而让我们根本看不见海豚（图 5.20a）。针孔眼之所以有效，是因为它滤掉了几乎所有的光

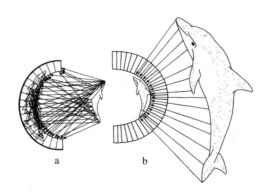

图 5.20 （a）即图 5.6；（b）将凹杯翻过来，这便是并列型复眼的成像原理。

线，只留下少数在针孔中相互交叉的光线，形成了一个上下颠倒的海豚图像。我们将透镜眼视为应用同一原理的更复杂版本。而并列型复眼则以一种更简单的方式解决了这个问题。

这种眼睛是由密集簇状排列的长直管组成的，这些直管从一个半球形的表面向各个方向辐射状伸出。每一根管子都像一个瞄准器，只能在它自己的瞄准范围内看到世界的一小部分。以我们的过滤比喻来表述，我们可以说，来自世界其他部分的光线被这一直管的管壁和后方半球形物的背面阻挡了，无法照射到管的后部，也就是感光细胞所在的地方。

这基本上就是并列型复眼的工作原理。在实际情况中，每一个小管状眼，即小眼，当然不只是单单一根直管。它有自己的专用透镜，还有自己的小"视网膜"，通常由约 6 个感光细胞组成。就每个小眼在窄管底部产生的图像而言，这个图像是颠倒的：小眼就像一个狭长且质量差的相机眼。但是单个小眼产生的颠倒图像被忽略了。小眼只报告有多少光从它的管内射入。透镜的作用是收集更多来自小眼所瞄准方向的光线，并将它们聚焦到视网膜上。当把所有小眼的信号加在一起时，它们所叠加出的图像是正像，如图 5.20b 所示。

与往常一样，这里所说的"图像"并不一定意味着我们人类所认为的图像——对整个场景的精确彩色感知。相反，我们谈论的只是一种可用眼睛区分不同方向的能力。例如，有些昆虫可能只会用复眼来追踪移动的目标。它们可能看不到静态场景。动物是否以与我们相同的方式看待事物的问题在一定程度上是一个哲学问题，试图回答这个问题可能很困难。

复眼原理可以很好地应用于一些场景，比如，一只蜻蜓瞄准一只正在移动的苍蝇时。但是，为了让复眼看到和我们看到的一样多的细节，它就需要比我们那种单相机眼大得多。原因大致如下。很明显，你的小眼越多，从不同的方向看，你能看到的细节就越多。一只蜻蜓可能有 3 万个小眼，而且它很擅长在飞行中捕捉昆虫（图 5.21）。但为了看到我们的眼睛所能看到的尽可能多的细节，你需要数以百万计的小眼。要想容纳数以百万计的小眼，唯一的办法就是把它们做得非常小。不幸的是，小眼的大小是有严格限制的。这个限制和我们讨论极小的针孔时遇到的情况是一样的，它被称为衍射极限。结果是，为了使复眼能像人类相机眼那样精确地看到东西，复眼必须大到荒谬的程度：直径达 24 米！德国科学家库诺·基施费尔德（Kuno Kirschfeld）生动地描绘了一个能像正常人一样看东西，但使用复眼的人的模样（图 5.22）。顺便说一下，画上的蜂巢状图案属于印象派风格，其绘制的每个面实际上代表 10 000 个小眼。这名男子的复眼直径只有 1 米而不是 24 米的原因是，基施费尔德考虑到了我们人类只能在视网膜的中心看到非常精确的图像这一事实。他对我们精确的中央视觉和视网膜边缘的不那么精确的视觉进行了平均，得出了图中直径 1 米的复眼。但不管是 1 米还是 24 米，这么大的复眼都是不切

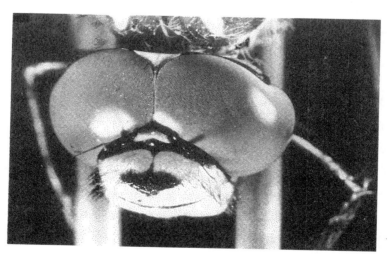

图 5.21　一种以视觉进行狩猎的空中捕食者——蓝晏蜓（*Aeshna cyanea*）的大型复眼。

实际的。我们得到的教训是，如果你想看到精确且细节丰富的图像，就得用一个只有单块优质透镜的单相机眼，而不是一个复眼。丹·尼尔森甚至这样评价复眼："我们可以毫不夸张地说，演化似乎在进行一场绝望的战斗，以改善一个从根本上说是灾难的设计。"

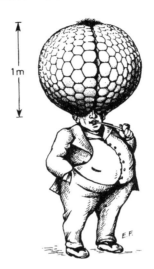

图 5.22 库诺·基施费尔德绘图展示，如果一个有复眼的人想要像正常人一样看东西，他会是什么样子。

那么，为什么昆虫和甲壳类动物不放弃复眼而演化出相机眼呢？这可能也是生物受困于不可能之山的山谷另一侧的案例之一。要将复眼变成相机眼，必须有一系列连续可行的中间体：你不能先下探山谷，然后再登上更高的山峰。那么，介于复眼和相机眼之间的中间体会有什么问题呢？

至少有一个困难会即刻凸显出来。相机眼形成的是一个倒像，而复眼最终形成的则是正像。委婉地说，在这两者之间找到一个中间体是一件艰难的事情。一种可能的中间阶段是根本无法成像的眼睛。有一些动物生活在深海或其他几乎完全黑暗的地方，它们只有很少的光子可以接收，以至于它们完全放弃了成像。它们所能希望的就是知道环境中是否有光。像这样的动物可能会完全失去处理图像的神经装置，因而可以从一个完全不同的山坡重新开始攀登。因此，它可能构成从复眼到相机眼的路径上的中间阶段。

一些深海甲壳类动物有很大的复眼，但根本没有透镜或类似光学装置。它们的小眼也没有长管，感光细胞暴露在外表面，仅能捕捉到很少的光子，也不管入射方向如何。以此看来，这似乎是向着图5.23中引人注目的眼睛进行演化的过程中的一小步。这幅图中的眼睛属于一种名为双眼钩虾（*Ampelisca*）的甲壳类动物，它并非生活在特别深的海底——也许它的祖先生活在深海，而它现在又走了回头路。双眼钩虾的眼睛就和相机眼一样，利用一个透镜在视网膜上形成一个倒像。但其视网膜很明显是由复眼演变而来，由一堆小眼的遗留物组成。也许这确实是从复眼到相机眼的一小步，但前提是，在几乎完全失明的空白期，大脑有足够的演化时间来"完全忘记"如何处理正像。

这是一个从复眼到相机眼的演化例子（顺便说一句，这也是说明在动物界，眼睛似乎很容易独立演化的一个例子）。但是复眼最初是如何演化的呢？我们在不可能之山的这座高峰另一侧的低缓斜坡上能找到什么？

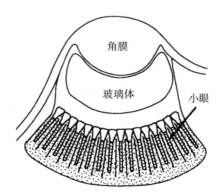

图5.23　一个有着复眼历史的相机眼——双眼钩虾的神奇眼睛。

再一次，我们可以通过观察现代动物而获得些许帮助。除节肢动物（昆虫、甲壳类动物及其近亲）之外，复眼只在一些多毛蠕虫（沙蚕和管虫）和一些双壳类软体动物（也可能是独立演化出的）身上被发现。蠕虫和软体动物对我们这些演化历史学家很有帮助，因为它们的成员中也包括一些原始眼睛的拥有者，这些眼睛看起来似乎位于不可能之山中那条通向复眼高峰的低缓斜坡所延伸出来的中途小丘之上。图 5.24 中的眼睛来自两种不同的蠕虫物种。再说一次，它们是现存物种，不是祖先动物，甚至也不是真正的中间物种的后代。但在它们身上，我们可以很容易地看到演化过程是如何令图左侧松散的感光细胞集群演变为图右侧已经有模有样的复眼的。这个斜坡肯定和我们登上普通相机眼山峰时走过的那个斜坡一样平缓。

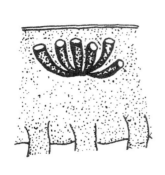 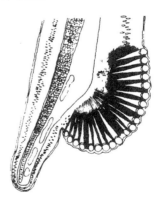

图 5.24　来自两种蠕虫的可能原始复眼。

正如我们迄今所讨论的那样，小眼的有效性取决于其与相邻小眼的隔离情况。瞄准海豚尾部的小眼一定不能接收到来自海豚其他部位的光线，否则我们就会再次面临最初那无数海豚图像彼此叠加的问题。大多数小眼通过在管周围设置一层深色色素鞘来实现隔离。但有时这会产生不利的副作用。一些海洋生物依靠透明来伪装自己。它们生活在海水中，并让自己看起来也像海水。因此，它们伪装的本质是避免用身体阻挡光子。然而，环绕小眼的暗屏的全部意义就在于阻挡光子。如何摆脱这种残酷的矛盾呢？

有一些深海甲壳类动物想出了一个巧妙的部分解决方案（图5.25）。它们没有用于屏蔽光线的色素，它们的小眼也不是普通意义上的管子。相反，这些小眼是透明的光导管，就像人造光纤系统一样工作。每根光导管在前端膨胀成一个微小的透镜，像鱼眼一样具有渐变的折射率。这个透镜和光导管作为一个整体将大量的光集中到其底部的感光细胞上，但仅限于笔直射入该导管的光。如果光束以一定角度侧向射向一个光导管，其并非被色素屏蔽，而是会被反射，无法进入光导管。

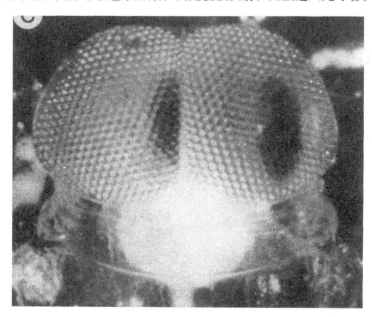

图 5.25　某种深海甲壳类动物带有光纤状光导管的眼睛。

并不是所有的复眼都试图对其小眼的独立光线照射进行隔离，只有并列型复眼才会这样。至少有三种不同的"重叠"复眼，其工作原理更为巧妙。它们不是在管子或光导管中捕获光线，而是允许穿过一个小眼晶状体的光线被邻近小眼的感光细胞接收。有一个空的透明区域，由所有的小眼共享。所有小眼的晶状体共同作用，在共享的视网膜上形成一个单一的图像，这是由所有小眼的感光细胞共同形成的。图 5.26 为迈克尔·兰德通过一只萤火虫的重叠复眼的复合晶状体拍摄的查尔斯·达尔文的照片。

图 5.26　查尔斯·达尔文像，迈克尔·兰德通过一只萤火虫的复合晶状体拍摄。

重叠复眼所形成的是正像，与并列型复眼形成的图像类似，但与相机眼或图 5.23 中双眼钩虾"复眼"所形成的图像不同。假设重叠复眼演化自并列型复眼，那这种相似性也在意料之中。这一点有其历史意义，对大脑而言，这一定是个毫不费力的转变。但这种转变仍是个了不起的事实。我们不妨考虑一个物理问题，即如何以并列型复眼为起点构造一个成单一正像的眼睛。并列型复眼的每个小眼前方都有一个正常的晶状体，如果它能成像，那也是一个倒像。因此，为了将并列型复眼转换为重叠复眼，光线在穿过每个晶状体时，必须以某种方式转回正像。不仅如此，所有来自不同"镜头"的独立图像必须小心翼翼地叠加在一起，形成一个共享图像。这样做的好处是共享图像更加明亮。但是要将光线翻转，遭遇的物理困难是十分棘手的。令人惊奇的是，这个问题不仅在演化中得到了解决，而且至少以三种独立的方式得到了解决，分别是通过使用巧妙的透镜、巧妙的曲面镜，以及巧妙的神经回路。其中的细节是如此错综复杂，以至于如果要把它们讲清楚，就会使本就相当复杂的这一章的叙述失去平衡，因此我只在此略谈一二。

单块透镜可将图像颠倒。同样的道理，只要在它后面适当距离处再加一块透镜，就可以让图像正过来。这种透镜组合被用在开普勒望远镜仪器上。而同样的效果也可以在单块复合透镜中实现，使用某种巧妙的渐变折射率即可。正如我们之前所见，与人造透镜不同，活体透镜擅长实现折射率的渐变。这种模拟开普勒望远镜效果的方法为蜉蝣、草蛉、甲虫、飞蛾、球虱和五种不同甲壳类动物所使用。它们之间的亲缘距离表明，这些群体中至少有几个物种独立演化出了相同的开普勒望远镜式技巧。与此异曲同工的是，有三个甲壳类动物群体用曲面镜实现了这一目的。在这三个群体中，有两个群体的成员也会使用"透镜窍门"。事实上，如果你观察一下哪些动物群体采用了哪些不同类型的复眼，你会发现一件有趣的事情。同一问题的不同解决方法会到处涌现，这再次表明，此类机制的演化速度很快，几乎转瞬之间就会发生。

"神经重叠复眼"（或称"布线重叠复眼"）已经在一大类重要的双翅昆虫群体——苍蝇——中演化出来（顺便说一下，萤火虫根本不属于蝇，而是甲虫[1]）。类似的系统也存在于水船虫（划蝽）身上，似乎依然是独立演化而来的。神经重叠复眼极其巧妙。在某种程度上，它根本不应该被称为重叠复眼，因为其小眼是彼此孤立的管状物，就

---

[1]　萤火虫的英文为"firefly"，容易让英语使用者以为其与苍蝇（"fly"）是同一种类。

像并列型复眼的小眼一样。但它们通过在小眼后方巧妙地连接神经细胞，实现了类似于重叠复眼的效果。以下是其具体原理。你可能还记得，单个小眼的"视网膜"是由大约6个感光细胞组成的。在普通的并列型复眼中，所有6个感光细胞的激发信号只是被简单地加成，这就是为什么我要给这种复眼的"视网膜"加上引号：所有射入狭管的光子都被计算在内，不管它们击中的是哪个感光细胞。使用多个感光细胞的唯一目的是增加对光的总灵敏度。这就是为什么从技术上讲，尽管并列型复眼的小眼底部的小图像是颠倒的，但无关紧要。

　　但是在苍蝇的复眼里，这6个细胞的输出并不是集中在一起的。相反，每个细胞的输出都与来自相邻小眼的特定细胞的输出合并（图5.27）。为了阐明原理，这张图中小眼的比例是不正确的。出于

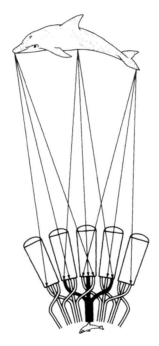

图 5.27　"布线重叠复眼"的巧妙原理。

同样的原因，箭头不代表真实光线（光线会被透镜弯曲），而只示意从海豚身上的点映射到管底部的点。现在，看看这个布局结构所展现的惊人巧思吧。其基本构思是，那些在一个小眼中观察海豚头部的感光细胞与在邻近小眼中同样观察海豚头部的感光细胞连接在一起；在一个小眼中观察海豚尾部的感光细胞则与邻近小眼中同样观察海豚尾部的感光细胞连接在一起；等等。其结果是，海豚的每一个部位都为更多的光子所呈现，而不像单管排列的普通并列型复眼那样每个小眼各自为战。这是一种计算方法，而不是光学方法，以解决我们面对的老问题，即如何增加从海豚身上任何一点到达的光子数量。

如此你便可以明白为什么这种复眼被称为重叠复眼，尽管严格来说它并不是。在真正的重叠复眼中，借助巧妙的透镜或曲面镜，通过邻近的小眼进入的光线被叠加，这样部分来自海豚头部的光子就会和其他来自海豚头部的光子汇聚于同一点，来自尾部的光子也和其他来自尾部的光子汇聚于同一点。而在神经重叠复眼中，光子最后到达的终点仍然不同，就像它们在并列型复眼中的情况一样。但借助通往大脑的"线路"的巧妙排布，来自这些光子的信号最终汇聚于同一处。

你应该还记得，尼尔森对相机眼的演化时间的估计，按照地质学标准，演化几乎是瞬间完成的。如果你能找到记录过渡阶段的化石，那实属幸运。复眼或任何其他眼睛的演化速度并没有得到过精确的估计，但我猜它们不会比相机眼的演化速度慢多少。人们通常不指望能在化石中发现眼睛的细节构造，因为它们太软了，无法变成化石。只有复眼是一个例外，因为它们的许多细节便呈现在其外表面那些精巧排列的、近似角质的小眼面上。图 5.28 是一只三叶虫的眼睛化石，来自近 4 亿年前的泥盆纪。它看起来就像现代复眼一样先进。如果按照地质标准，眼睛的演化时间可以忽略不计，那么这种情况也在我们的预料之中。

图5.28　复眼在约4亿年前就已经很先进了：三叶虫的复眼化石。

这一章的中心思想是，眼睛的演化其实很容易，也很迅速。我一上来就引用了一位权威人士的结论：在动物界的不同类群中，眼睛至少独立演化了40次。从表面上看，这一想法似乎受到了一组有趣的实验结果的挑战，这些实验结果是最近由瑞士的一个研究团队报告的，该团队与沃尔特·格林（Walter Gehring）教授有合作。我将简要地解释他们的发现，并指出为何这些发现并没有真正挑战本章的结论。在我开始解释之前，我得先为遗传学家在基因命名上采用的一个愚蠢惯例道歉。果蝇（*Drosophila*）被称为"无眼"（eyeless）的基因实际上的作用是构造眼睛！（是不是傻得可以？）造成这种令人困惑的术语矛盾的原因其实很简单，甚至相当有趣。我们通过观察基因出错时会发生什么来认识它的作用。有一种基因一旦出错（突变），就会导致果蝇没有眼睛。因此，这个基因在染色体上的位置被命名为"无眼基因座"〔"基因座"（locus）在拉丁语中是"位置"的意思，遗传学家用它来表示染色体上的一个位点，在该处会有不同形式的基因］。但通常当我们说到无眼基因座时，我们实际上是在谈论该基因座上正常的、未受损的基因形式。因此就出现了"无眼基因产生眼睛"的悖论。这就像把扬声器称为"静音设备"，因为你发现，当你把扬声器从收音机里拆除时，收音机就变成了静音状态。我一点也不喜欢这种命名方式。我很想把这个基因重新命名为"造眼基因"，但这也会让人困惑。因此，我虽未重新命名，但也不会称该基因为"无眼"，而是采用公认的缩写"*ey*"。

现在，一个公认的事实是，尽管动物的所有基因都存在于它的所有细胞中，但在身体的任何特定部位，这些基因中只有少数被激活或"表达"。这就是为什么肝和肾都包含相同的全套基因，却彼此不同。在成年果蝇中，*ey* 通常只在其头部表达，这就是眼睛在头部发育的原因。乔治·哈尔德（George Halder）、帕特里克·卡拉埃尔茨（Patrick Callaerts）和沃尔特·格林发现了一种实验操作方式，可以使 *ey* 在身体的其他部位表达。通过对果蝇幼虫进行巧妙处理，他们成功地在触角、翅膀和足上使 *ey* 表达。令人惊讶的是，经过处理的果蝇成年后，其翅膀、足、触角和其他部位都有完全发育的复眼（图 5.29）。虽然比普通复眼略小，但这些"异位"眼是正常的复眼，有大量正确发育的小眼。它们甚至还能工作。至少，我们虽不知道果蝇是否真的能透过它们看到东西，但小眼底部神经的电记录表明，它们对光很敏感。

这是第一个惊人的事实。而第二个事实更令人惊异。小鼠有一种基因叫小眼基因，而人类有一种基因叫无虹膜基因。这些基因的命名也沿用了遗传学家的否定惯例：这些基因若突变、损伤会导致眼睛或部分眼睛缩减或缺失。丽贝卡·奎林（Rebecca Quiring）和乌韦·瓦尔多夫（Uwe Waldorf）在同一个瑞士实验室工作，他们发现这些特定的哺乳动物基因在 DNA 序列上与果蝇的基因 *ey* 几乎完全相同。这意味着同样的基因是从遥远的祖先分别传到像哺乳动物和昆虫这样

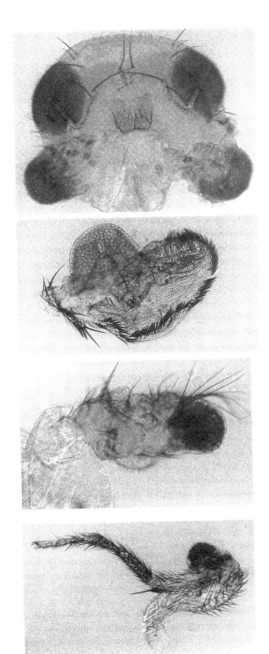

图 5.29　果蝇的诱导异位眼。最下图中的眼是由小鼠基因诱导形成的。

亲缘关系较远的现代动物体内的。此外，在动物界的这两个主要分支中，这种基因似乎与眼睛都有很大关系。第三个惊人的事实几乎令人难以置信。哈尔德、卡拉埃尔茨和格林成功地将小鼠基因导入了果蝇胚胎。不可思议之事发生了，小鼠基因诱导出了果蝇的异位眼。图5.29（最下）展示了果蝇足上的一个小复眼，它是由小鼠的 *ey* 对等基因诱导的。顺便请各位注意，这是一只昆虫的复眼，而不是一只小鼠的眼睛。小鼠基因只是简单地开启了果蝇的造眼发育机制而已。在软体动物、海洋蠕虫类纽虫和海鞘中也发现了与 *ey* DNA 序列几乎相同的基因。*ey* 在动物中很可能是普遍存在的，而且可能已成为一条普遍的指导规则，即从动物界某一分支的供者那里获得的基因的一个版本，可以在动物界另一个极其遥远的分支的受者身上诱导眼睛发育。

这一系列令人惊叹不已的实验对我们本章的结论意味着什么？我们认为眼睛独立地演化了 40 次，难道错了吗？我不这么想。至少，"眼睛很容易演化，而且很容易改变"这一说法的基本精神没有受到损害。这些实验可能确实意味着果蝇、小鼠、人类、海鞘等生物的共同祖先有眼睛。这个遥远的共同祖先具有一定的视力，而它的眼睛，不管其形式如何，很可能是在与现代眼睛相似的 DNA 序列的影响下发育起来的。但是不同种类的眼睛的实际形态，视网膜、透镜或曲面镜的细节，对复眼与单眼的选择，以及对并列型复眼或各种重叠复眼的更详细的选择，都经历了独立而迅速的演化。我们只需观察遍布动物界的各种成像装置和系统的散发性分布——甚至几乎是随机分布——就能对这一点了然于心。简而言之，动物的眼睛往往更像它们的远亲，而不是近亲。这些实验证实，所有这些动物的共同祖先可能有某种眼睛，而且如今所有眼睛的胚胎发育似乎有充分的共性，但这一论证并没有动摇本章的结论。

在迈克尔·兰德阅读了本章的初稿并给予善意的批评之后，我邀请他尝试对不可能之山中涉及眼睛的这片"山区"进行视觉呈现，图 5.30

便是他所画的内容。隐喻的本质在于它们对某些目的有益，但对其他目的无益，我们必须时刻准备好对这些隐喻加以修改，甚至在必要时完全放弃它们。想必读者早已注意到，"不可能之山"这个名字虽然和少女峰一样是单数形式，但它实际上是一个地形更复杂、众多山峰错落分布的群山地貌。

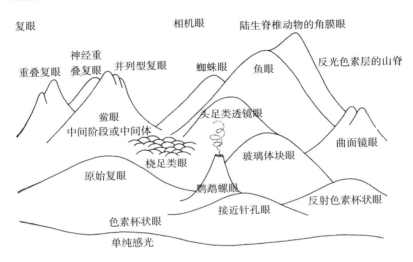

图 5.30　不可能之山的眼睛山区：迈克尔·兰德对眼睛演化的景观式呈现。

另一位研究动物眼睛的权威丹·尼尔森也读了这一章的初稿，他在总结这一章的核心信息时，把我的注意力引到了涉及眼睛的独特且充满机会的演化中最奇怪的例子上。在三种不同的鱼类群体中，所谓的"四眼"演化出了 3 次。四眼鱼中最引人注目的可能是拟渊灯鲑（*Bathylychnops exilis*，图 5.31）。它有一对典型的鱼眼，朝着通常的方向看向外侧。但它还演化出了第二对眼睛，位于主眼的壁上，直视下方。它在看什么？也许有种可怕的捕食者习惯从拟渊灯鲑的下方靠近。从我们的角度来看，有趣的是，第二对眼的胚胎发育情况与主眼完全不同，尽管我们可以推测其发育可能是 *ey* 的一个版本在自然界中诱导的。尤为特别的一点是，正如尼尔森博士在给我的信中所说的，"这个物种重新发明了晶状体，尽管它已经有了一对。这很好地支持了晶状体不难演化的观点"。

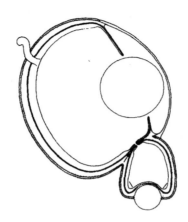

图 5.31 一种奇特的重眼，即拟渊灯鲑的眼睛。

没有什么东西会像我们人类所想象的那样难以演化出来。当达尔文尽其所能地承认眼睛演化的困难时，他做了太多让步。而他的妻子在文章留白处写下自己的怀疑时，又太过自信。达尔文清醒地知道他在做什么。神创论者向来对我在本章开头引用的那段话津津乐道，但他们从来没有把这段话引完。在做出客套性的让步之后，达尔文继续写道：

最初有人说太阳是静止的，而地球绕着太阳旋转的时候，人类的常识曾宣称这一学说是错误的；但是像各个哲学家所知的，"民声即天意"这句古谚，在科学上是不能相信的。理性告诉我，如果能够示明从简单而不完全的眼睛到复杂而完全的眼睛之间有无数梯级存在，并且像实际情况那样，每一级对于其所有者都有用处；如果眼睛也像实际情形那样曾经发生过变异，并且这些变异是能够遗传的；如果这些变异对于处在变化无常的外界条件下的任何动物都是有用的，那么，相信完善而复杂的眼睛能够由自然选择形成的困难，虽然在我们的想象中是不可克服的，却不能被认为是真实的。

第6章

贝壳博物馆

    自然选择是一种压力，驱使着演化沿着不可能之山的斜坡攀爬。压力确实是一个很好的比喻。当我们说"选择压力"时，你几乎可以感觉到它正推动一个物种演化，推着它上坡。我们说，捕食者提供了选择压力，驱使羚羊演化出了能够快速奔跑的腿。不过在我们说这话的时候，我们还记得这句话的真正含义：拥有短腿基因的动物更有可能最终被捕食者吞入腹中，因此世界上的短腿动物就会减少。来自挑剔雌性的压力推动雄性雉鸡演化出华丽羽毛。这就意味着，拥有美丽羽毛的基因非常有可能通过精子进入雌性体内。但我们会认为，这是一种"压力"，驱使雄性追求更美。毫无疑问，捕食者提供了一种相反方向的选择压力，有利于颜色暗淡的羽毛，因为光鲜亮丽的雄性雉鸡可能会同时吸引捕食者和雌性。没有捕食者的压力，雄鸡在雌鸡的选择压力下会拥有更华丽铺张的羽毛。因此，选择压力可以在相反的方向上施加，也可以在相同的方向上施加，甚至以任何其他"角度"相互作用（数学家可以找到可视化的方法）。此外，选择压力可以是"强"的，也可以是"弱"的，这些词的一般含义便很适合用于此处。一个踏上不可能之山的特定登山路径的谱系，将受到许多不同选择压力的影响，这些压力以不同的方向和力度对其或推或拽，它们有时相辅，有时相斥。

但我们的故事并未到此结束。攀登不可能之山的路径也取决于斜坡的形状。这条路上有着以各种方向和力度施加作用的选择压力，但也有阻力最小的路线和不可逾越的悬崖。选择压力可能尽其所能地将登山者推向一个特定的方向，但如果这个方向被无法通行的悬崖阻挡，那它也将一无所获。自然选择必须有可供选择的替代性选项。如果没有遗传变异，选择压力再大也无济于事。说捕食者给跑得快的羚羊提供了选择压力，就等于说捕食者会吃掉跑得慢的羚羊。但是，如果在快羚羊和慢羚羊的基因之间没有选择，也就是说，如果奔跑速度的差异纯粹是由环境决定的，那么就不会产生演化。在提高速度的方向上，不可能之山可能无坡可爬。

现在我们进入了一个真正充满不确定性，生物学家意见各异的领域。关于选择和变异的关系，有一种极端观点认为我们可以多少将遗传变异视为理所当然。持此类观点者认为，如果存在选择压力，就会有足够的遗传变异来适应这种压力。实际上，一个世系在演化空间中的轨迹将仅由选择压力之间的争斗决定。另一种极端观点的持有者则认为可用的遗传变异才是决定演化方向的重要因素。他们中的一些人甚至认为自然选择只是次要的辅助角色。如果我们以讽喻形式描述这两类生物学家，我们可以想象他们在猪为什么没有翅膀的问题上意见相左。极端选择论者会说，猪没有翅膀，因为有翅膀对它们来说不是一种优势。而极端反选择论者则说，猪可能会从长翅膀中受益，但它们不能长翅膀，因为它们从来没有长出突变的小翅柄供自然选择发挥作用。

围绕于此的争论比上文描述得更复杂，即使是有着连绵群峰的"不可能之山"，也不是一个足以涵盖这场争论的隐喻。因此我们需要一个新的隐喻，为此要借用数学家所擅长的那种想象力，尽管我们不会使用明确的数学符号。它对我们想象力的要求比"不可能之山"还要高，但这是值得的。在《盲眼钟表匠》一书中，我对"遗传空间"、"生物形"和"在动物空间留下痕迹"等比喻进行了简短的探索。最近，哲学家丹尼尔·丹尼特进一步深入这个尚无人勘探的领域，他借用了博尔赫斯《巴别图书馆》的诗意典故，将他所探索的王国称为"孟德尔图书馆"。而在这一章中，我所描绘的隐喻版本是一个巨大的动物想象博物馆。

想象有一座博物馆，里面的展廊在目之所及的各个方向上延伸到无限远处。这座博物馆陈列的是每一种曾经存在过的动物形态，以及每一种可以想象到的动物形态。每只动物都被置于与它最相似的动物的相邻位置。博物馆的每一个维度，也就是展廊延伸的每一个方向，都对应着动物变化的一个维度。例如，当你沿着一个特定的展廊向北走时，你会注意到橱窗里标本的角逐渐变长。而当你转身向南走，角则会逐渐变短。再转身向东走，角的长度保持不变，但其他部分发生了变化，比如牙齿变得更锋利了。往西走，牙齿变钝了。由于角的长度和牙齿的锋利程度只是动物数以千计的变化方式中的两种而已，这些展廊必然在多维空间中相互交错，而不仅仅是我们有限的思维能力所能想象的普通三维空间。这就是我之前说我们必须学会像数学家一样思考和想象的意思。

以四维思考意味着什么？假设我们正在研究羚羊，我们衡量4个变量：角长、牙齿锋利度、肠道长度和被毛。如果我们忽略其中的一个维度，比如被毛，我们就可以根据剩余的变量，即角长、牙齿锋利度和肠道长度，将每一只羚羊置于一个三维图形——一个立方体——上的适当位置。现在我们要如何引入第四个维度被毛？我们需要对所有短毛的羚羊构建一个立方体，然后为所有毛稍微长一点的羚羊制作另一个立方体，以此类推。一只给定的羚羊将首先被置于与它的被毛长度相匹配的立方体中，然后，在这个立方体中，再由它的角、牙齿和肠子确定它的正确位置。被毛是第四个维度。原则上，你可以继续构建一堆立方体，立方体的立方体，立方体的立方体的立方体，直到你把动物置于多维空间的对应之处。

我们通过想象"所有可能动物的博物馆"，能思考些什么问题？本章将讨论一个或多或少可以局限于三维空间的特殊例子。在下一章中，我将回到本章开始时的争论，并试图向这场争论的另一派提出建设性意见（我在这场争论中支持哪一派已是众所周知的了）。本章探讨的特殊三维例子是蜗牛壳和其他盘绕壳（也称"螺旋壳"）。陈列这些壳的展廊可以被限定在三维空间中的原因是，这些壳之间的大多数重要变化可以只用三个参数来表示。接下来，我将追随芝加哥大学杰出的古生物学家戴维·劳普（David Raup）的脚步。劳普的研究受到了名声卓著的达西·温特沃思·汤普森（D'Arcy Wentworth Thompson）的启发[①]。后者是古老而著名的苏格兰圣安德鲁斯大学的教授，他的著作《生长和形态》（*On Growth and Form*，1919 年首次出版）在 20 世纪的大部分时间里对动物学家产生了即便不算主流也可称持久的影响。达西·汤普森在计算机时代到来之前去世，这是生物学的一桩憾事，因为他的巨著的几乎每一页都在呼唤计算机的帮助。劳普编写了一个程序来生成贝壳形态，我也编写了一个类似的程序来对这一章加以阐释，不过——如你所料——我将其纳入了一个"盲眼钟表匠"风格的人工选择程序中。

蜗牛和其他软体动物的壳，以及被称为腕足动物的壳（它们与软体动物没有任何关系，但外观与软体动物相似）都以同样的方式生长，但与我们的生长方式不同。我们出生时体型较小，开始生长时，各个部位均全面成长（有些部位比其他部位长得更快）。你不可能把一个人

---

① 达西·温特沃思·汤普森，苏格兰动物学家，善于用数学和物理概念解释生物现象，提出了著名的"达西·汤普森变换"（D'Arcy Thompson's transformations），其证明一种动物的形态可以通过数学上可列举的变形转化为与其具有亲缘关系的动物的形态。达西·汤普森会在普通的图纸上画出这两个形态中的一个，然后指出，如果坐标系以某种特定的方式加以变形，它会近似地变换成另一个形态。他的变换体系在胚胎学、分类学、古生物学乃至生态学中都得到了广泛应用。

婴儿时期的部分从他成年后的身体中解剖出来。而对于软体动物的壳，你可以做到这一点。软体动物的壳一开始也很小，但其在边缘生长，所以成年体的盘绕壳的最里侧部分便是幼体时期的壳。每只软体动物都随身携带自己的婴儿形态，也就是它外壳最窄的部分。鹦鹉螺（前面已经提到过它的针孔眼）的壳内部被分成许多充满空气的浮舱（小室），不过位于生长边缘的最大也是最新构造的舱不充空气，而是供其居住，所有这些舱都是这只动物过去某段时间的生活空间（图 6.1）。

图 6.1　鹦鹉螺壳的剖面图。这种动物本身生活在最大、最靠外的小室中。

　　由于它们都采取在边缘扩张生长的方式，因此所有壳都具有相同的一般形状。它是所谓的对数螺线或等角螺线的实体版本。对数螺线与阿基米德螺线不同，阿基米德螺线就是水手在甲板上卷绳子时产生的螺线。不管绳子转了多少圈，连续的每一圈之间的距离都是一样的——绳子的厚度或者说粗细是一样的。相反，在对数螺线中，螺线在远离中心的过程中向外展开。不同的螺线以不同的速率展开，但对于任何特定的螺线，它总是有一个特定不变的速率。图 6.2 除了阿基米德螺线外，还展示了两个有着不同展开速率的对数螺线。

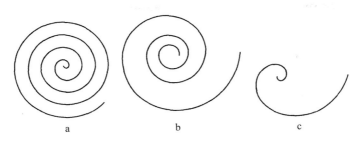

图6.2　螺线的种类：（a）阿基米德螺线；（b）展开速率慢的对数螺线；（c）展开速率快的对数螺线。

　　壳不是以一条线的形式螺旋生长，而是以一根管的形式。管的横截面未必像法国圆号一样是圆形的，但我们暂时假设它是圆形的。我们再假设我们所画的螺线代表这根管子的外缘。如图6.3a所示，管的直径可能恰好以合适的速率增大，以保持其内缘与前一段螺旋的外缘紧密贴合。但也不是必定如此。如果管的直径扩张速率比螺旋外缘展开速率慢，则会在连续的螺纹之间留下越来越大的间隙，如图6.3b所示。这个壳的"间隙"越大，它似乎就越适合蠕虫而不是蜗牛。

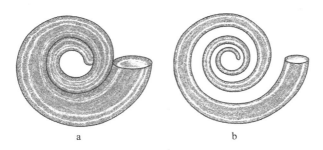

图6.3　螺线相同但管径不同的两根管：（a）足够大的管，填满了连续螺纹之间的间隙；（b）足够窄的管，在连续的螺纹之间留下充斥空气（或水）的间隙。

　　劳普用三个参数来对贝壳的螺旋进行描述，他称之为 W、D 和 T。我把它们重新命名为展（flare）、蠕（verm）和尖（spire），希望读者不会觉得太古怪。与字母相比，这样命名也许更容易让人记住哪个是哪个。"展"是衡量螺旋展开速率的一种方法。如果展值是 2，那意味着螺旋每转一圈，其大小就会扩大一倍。图 6.2b 中所示便是如此。对于图 6.2b 中的螺线，其每转一圈，间距就加倍。图 6.2c 是展开速率更高的螺线，展值为 10，每转一圈，间距就会增至上一圈的 10 倍（尽管实际上在相应的物种中，在该螺线绕完一圈之前，生物的生命就结束了）。像海扇类的壳这样的东西，展值高达数千，其展开得如此之快，以至于你甚至意识不到它是盘绕壳。

当描述"展"时，我小心翼翼地未曾用它来衡量管的直径的增加率——"蠕"被用于衡量这个。我们需要衡量蠕值，因为管并不需要紧紧地填满展开的螺旋所包容的空间。这个贝壳可以像图 6.3b 所示的那样是有间隙的。"蠕"这个名字来源于"vermiform"，意思是"蠕虫状的"。图 6.3a 和图 6.3b 具有相同的展值（2），但图 6.3b 的蠕值（0.7）高于图 6.3a 的蠕值（0.5）。蠕值为 0.7 意味着从螺旋中心到管的内缘的距离是螺旋中心到管的外缘的距离的 70%。不管你用管的哪一部分来测量，蠕值都是一样的（这在逻辑上不一定为真，但在测量实际贝壳时似乎经常如此，因此除非另有说明，否则我们将假设其为真）。你可以很容易想象，一个非常高的蠕值，比如 0.99，将使得管呈现非常细的线状，因为螺旋中心到管内缘的距离达到了螺旋中心到管外缘的距离的 99%。

需要多大的蠕值才能确保管壁之间如图 6.3a 所示那般密合？这取决于展值。确切地说，密合所需的临界蠕值正好是展值的倒数（即 1 除以展值）。在图 6.3 的两个例子中，展值都是 2，所以密合的临界蠕值是 0.5，这就是图 6.3a 的情况。而图 6.3b 的蠕值高于其"密合临界蠕值"，这就是为什么螺旋有间隙。图 6.2c 的展值为 10，如果是这样一种贝壳，则其密合临界蠕值将为 0.1。

如果蠕值小于密合临界蠕值会怎么样？我们是否可以想象一根管的直径是如此之大，以至于它侵占了前一段螺旋的范围——例如，将

图 6.3 中螺旋的蠕值改为 0.4？有两种方法可以解决冲突。一种方法是简单地让这根管包裹自己的早期螺旋体。鹦鹉螺就是这样做的。这意味着管的横截面形状不再是一个普通的圆，而是被"咬"掉了一块的"圆"。但这不是什么大事，因为我们刚说过，假设管在任何情况下皆为圆形截面不过是一个随意的决定。许多软体动物所安居的管，其截面远达不到圆形，我们稍后还会谈到它们。在某些情况下，对管的横截面为非圆形的最好解释便是将其视为一种契合先前生长出来的螺旋结构的手段。

另一种解决方法是移出该平面。这就引出了第三个描述贝壳特征的参数"尖"。想象一下，螺旋在展开的同时向侧面移动，形成一个像陀螺一样的圆锥状物体。"尖"，便是螺旋的连续螺纹沿这个锥的方向蠕变的速率。鹦鹉螺的尖值恰好是 0，它所有的连续螺纹都在一个平面上。

因此，我们有了三个壳体特征参数，展、蠕和尖（图 6.4）。如果我们忽略其中一个，比如尖，就可以在纸上画出另外两个对应的图。图上的每个点都是展值和蠕值的独特组合，我们可以对计算机进行编程，在该点绘制出其组合所产生的贝壳。图 6.5 展示了 25 个规则间隔的点（贝壳）。当你在图表中从左向右移动时，随着蠕值的增加，计算机生成的贝壳越来越"蠕虫化"。当你从上往下移动时，展值增加，螺旋展得越来越开，直到它们看起来根本不像是螺旋。为了在纵向方便显示，我们使展值以对数方式增加。这意味着页面上每增加一个相等间隔都对应于其数值乘以某个数字（在本例中为 10），而不是像正常图表以及该图表上的蠕值那样，每一个间隔代表都加一个数字。这种处理是有必要的，如此才能将诸如海扇壳和蛤蜊壳（在图表的左下方，其展值以千计，小的数值变化不会对图形产生太大的影响）、鹦鹉螺和蜗牛壳（其展值通常很低，为个位数，小的数值变化会对图形产生很大的影响）囊括在一张图中。在这张图表的不同部分，你可以看到类似菊石、鹦鹉螺、蛤蜊、羊角螺和管虫的形状，我在差不多契合的位置写了各物种的名字。

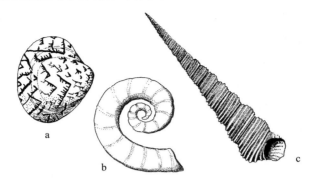

图 6.4　分别展示展、蠕和尖的贝壳例子。(a) 高展值：光壳蛤（*Lioconcha castrensis*）一种双壳类软体动物。(b) 高蠕值：旋壳乌贼。(c) 高尖值：笋锥螺（*Turritella terebra*）。

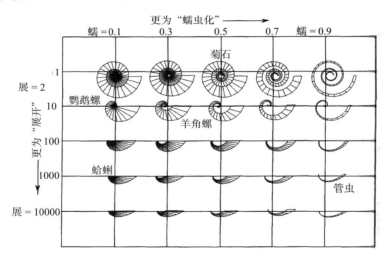

图 6.5　计算机生成的可系统改变蠕值和展值的贝壳图表。第三维度"尖"的变化在这张图表中是不可见的。展对应的轴是对数轴，沿纵轴向下的每一等距格表示展值是前一个的 10 倍。在蠕对应的轴上，等距格表示蠕值的固定增量。一些真实动物被标示于图表上大致相符的位置。

我的计算机程序可用两种视图绘制贝壳。图 6.5 所示的这种视图，强调了螺旋本身的形状。图 6.6 则显示了另一种视图，类似 X 光片的横截面图，其给出了壳的实体形状的大致轮廓，我称之为 "X 射线视图"。图 6.7 是一张真实贝壳的 X 光片，用以解释这后一种视图的本质。图 6.6 中的 4 个贝壳都是计算机生成的，其作用与图 6.4 中的真实贝壳的素描图一样，旨在展示展、蠕和尖的不同值带来的影响。

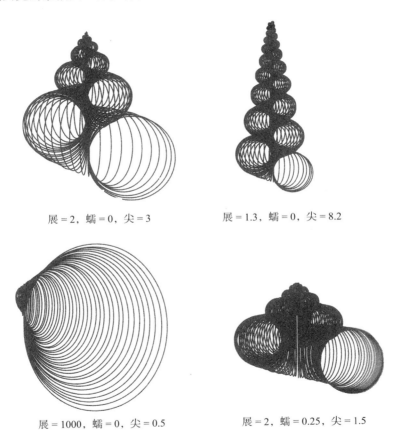

展 = 2，蠕 = 0，尖 = 3　　　　展 = 1.3，蠕 = 0，尖 = 8.2

展 = 1000，蠕 = 0，尖 = 0.5　　　展 = 2，蠕 = 0.25，尖 = 1.5

图 6.6　四个计算机生成的贝壳，由一系列类似 X 光片的横截面图组合而成，以显示不同的展、蠕和尖值组合出的贝壳的特征。

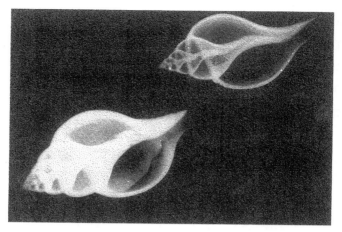

图 6.7　一个真实贝壳的 X 光片。

　　图 6.8 为一个与图 6.5 相似的图表，只是计算机生成的贝壳以 X 射线视图的形式呈现，纵轴和横轴分别为展和尖，而不是展和螺。

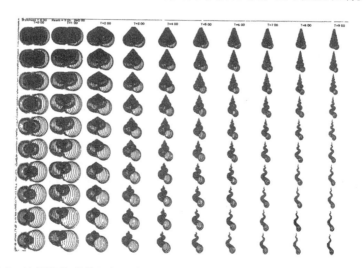

图 6.8　计算机生成的贝壳图表（X 射线视图），以展（标记为 W，纵轴）相对尖（标记为 T，横轴）作图。与图 6.5 一样，展对应的是对数轴，但在这里只限于较低的值——没有一个贝壳展得很开。

当然，你也可以画出蠕与尖的关系图，但我就不占用篇幅来做这个了。相反，我将直接使用劳普绘制的著名立方体（图 6.9）。因为三个参数足以定义一个贝壳（不考虑管的横截面形状问题），所以我们可以将每个贝壳都置于这个三维盒子中，为它们找到属于它们自己的独特的位置。"可能贝壳的博物馆"与"可能骨盆的博物馆"不同，它只是一座简单的塔楼。楼的每一个维度对应于三个壳体特征参数中的任一个。当我们驻足可能贝壳的博物馆，我们称南北向为蠕维度。当你沿着向北的展廊前进时，你经过的贝壳变得越来越"蠕虫化"，而其他一切都保持不变。如果你在任何位置左转向西走，你经过的贝壳展品会稳步增加它们的尖值，锥体特征更明显，同时保持其

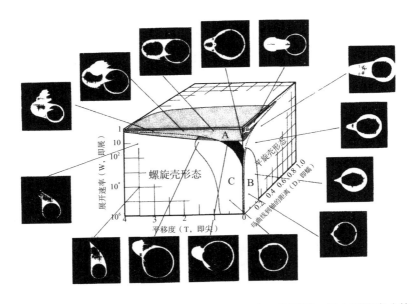

图 6.9 劳普立方体。戴维·M.劳普绘制了一个三维图形，其中展维度（他称之为 W）沿页面向下，尖维度（他称之为 T）沿页面从右向左，蠕维度（他称之为 D）向后延伸。计算机绘制贝壳的 X 射线视图以在立方体的重要点上进行采样的方式呈现。立方体中可以找到真实贝壳的区域以阴影遮蔽。没有阴影的区域则容纳了理论上可以想象，但实际上并不存在的贝壳。

他特征不变。最后，如果在任何一个位置，你停止东西向或南北向移动，而是直接向下（展维度），你会遇到展开速率稳步增加的贝壳。你可以以适当的角度在这个立方体中穿梭，从任何一个贝壳开始，并以另一个贝壳为终点，在途中，你还会经过一系列连续的中间阶段的贝壳。图 6.5 和图 6.8 可以看作劳普立方体的两个外表面。在二维纸张上，我们可以打印以任何特定角度截断该立方体所得到的切片。

劳普编写了最初的计算机程序，这是我的灵感来源。在劳普绘制的图中，他并没有尝试画出立方体中所有的壳，而是对特定的点进行采样。图 6.9 边缘的小图表示在空间的指定点上可以找到的理论壳体。其中一些看起来像你可能在海滩上找到的真正的贝壳，另一些看起来则什么都不像，但它们仍然属于这个容纳所有可计算壳体的空间。劳普在他的图片上用阴影标出了那些可以找到真正贝壳的空间区域。

菊石曾经遍布世界上的每一片海域，却最终和恐龙一样结局悲惨（不管其结局是否悲惨，它都已灭绝）。它的亲戚鹦鹉螺有着盘绕壳。但与蜗牛不同的是，它们的壳几乎总是局限在一个平面上盘绕生长。菊石化石的尖值为零，至少典型的菊石是这样的。然而，令人欣慰的是，它们中的一些，比如白垩纪的塔菊石（*Turrilites*），就演化出了很高的尖值，从而独立地发明了类似蜗牛壳的形态。除了这些特殊的形态，菊石类一般被陈列于贝壳博物馆的东墙上（像"东"和"南"这样的方向当然是图表上的任意维度）。典型的菊石展区只占这面东墙的南半部，而且只占最上面的几层。蜗牛及其同类的展区与菊石展区有重叠，但它们也向西面延伸（尖维度），并向这座塔楼的较低楼层扩展了些许。但是大多数较低的楼层——那里的展开速率很大，壳体展开得快——属于两大类双壳生物。双壳类软体动物的地盘向西伸展一点——它们的壳像蜗牛壳一样有轻微的扭曲，但由于展开过快，所以看起来不像蜗牛壳。腕足类，正如我们所见，根本不是软体动物，但其外表类似于双壳类，它们与菊石一样，有一个完全在一个平面上展开的盘绕壳。不过与双壳类一样，腕足动物通常在形成名副其实的盘绕壳之前就结束了自己的一生。

任何特定物种的演化历史都可以被解读为穿过这座"所有可能贝壳的博物馆"的足迹，我通过将我的贝壳绘制计算机程序纳入更大的"盲眼钟表匠"人工选择程序来展示这一点。我只是从"盲眼钟表匠"程序中删除了树木生长的胚胎机制，并以一个贝壳生长的胚胎机制取而代之。这个组合程序被称为"盲眼造壳匠"（Blind Snailmaker）。突变相当于在博物馆里进行小幅移动——记住，所有贝壳都被与其最相似的邻居包围。在程序中，三个壳体特征参数各由一个基因座表示，其数值可以变化。所以我们有三种类型的突变，即展的小变化、蠕的小变化和尖的小变化。这些突变变化在一定范围内可能是积极的，也可能是消极的。展基因的最小值为 1（更小的值将显示萎缩而不是生长过程），没有固定的最大值。蠕基因的值是一个比例，从 0 到略低于 1 不等（蠕值为 1 时，管会过细，太像蠕虫，不可能存在）。尖值没有限制：负值通常表示一个颠倒的贝壳。和最初的"盲眼钟表匠"程序一样，"盲眼造壳匠"会在计算机屏幕中央展示一个母壳，周围是一窝无性生殖的后代——母壳在"所有可能贝壳的博物馆"里随机变异的邻居。人类选择者点击鼠标选择其中一个贝壳进行繁殖。于是被选中的贝壳滑到中间的位置，屏幕上便又充满了它的一窝后代。只要选择者有足够的耐心，这个过程就会不断循环。慢慢地，你会感觉自己正在那座"所有可能贝壳的博物馆"里穿行。有时你走过的陈列柜中放的是熟悉的贝壳，那种你在任何海滩上都能捡到的贝壳。而在其他一些时候，你将游离于现实界限之外，进入并没有真正贝壳存在的数学想象空间。

我在前面解释过，虽然所有可能贝壳的集合基本上可以只用三个参数来描述，但这种说法包含了一个错误的简化假设：假设管的横截面形状总是圆形。一般来说，当管向外展开时，它的形状保持不变，这个假设似乎是正确的，但这种形状绝对不会永远是圆的。它可以是椭圆形，我的计算机模型中便包含了第四个"基因"，我称它为"形"（shape），它的值是椭圆形截面的高除以它的宽。圆是形值为 1 的特殊情况。这个基因的加入令人惊讶地增加了模型呈现真实贝壳的能力。但这还不够。许多真实的贝壳具有更复杂的横截面形状，既不是圆形，也不是椭圆形，它们多种多样，不适合用简单的数学描述。图6.10 展示了一系列的贝壳，这些贝壳来自我们立方体博物馆的不同部分，它们的"管"也有复杂的非圆形截面。

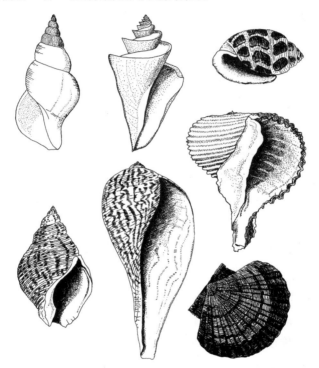

图 6.10　一系列截面形状不同的真实贝壳（从左下起顺时针方向分别为）：斑点峨螺（*Cominella adspersa*）、左旋峨螺（*Neptunia contraria*）、日本旋梯卷管螺（*Thatcheria mirabilis*）、三彩捻螺（*Acteon eloisae*）、洋葱螺（*Rapa rapa*）、大扇贝（*Pecten maximus*）、大枇杷螺（*Ficus gracilis*）。

我的"盲眼造壳匠"程序通过一种相当粗糙的变通手法融合了这种额外变化，即提供预先绘制的一套横截面轮廓。然后，这些轮廓中的每一个都被基因"形"的当前（可变）值转换（在垂直或水平方向变平）。然后，该程序生成一个转换轮廓的管，将其盘绕展开，就好像它是一个圆管一样。处理这个问题的一个更好方法——我有一天可能会尝试——是给计算机编程，模拟管前缘的实际生长过程，从而形成华丽的横截面。但无论如何，我们打造出了一个如图 6.11 所展现的，现有程

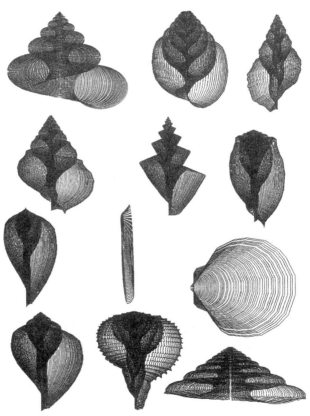

图 6.11　使用"盲眼造壳匠"程序繁殖的不同横截面形状的"计算机贝壳"的"动物园"。它们是通过人工选择繁殖出来的，我们用自己的眼睛选中了它们，是因为它们与我们熟悉的真实贝壳相似，包括图 6.10 中所示的一些。

序通过人眼进行人工选择产生的"计算机贝壳"的"动物园"。它们是朝着与已知贝壳相似的方向加以选育的，其中一些与图 6.10 中的贝壳大致相似，另一些与你可能在海滩上或潜水时发现的其他贝壳相似。

管的横截面形状可以被看作"所有可能贝壳的博物馆"中一个额外的维度（或一组维度）。让我们先将其放在一边不去理会，回到我们对圆形横截面的简化假设。贝壳的一个美妙之处在于，它们很容易被放进一个我们可在三维空间中绘出的"所有可能形态的博物馆"中。但这并不意味着这座理论博物馆的所有部分都已被现实生物占据。若只陈列现实生物，那情况如我们所见，这幢博物馆塔楼的大部分展区都会空空如也。劳普给已有陈列品的区域加上了阴影（图 6.9），它们覆盖的体积远小于立方体体积的一半。如果我们向北和向西走出很远，那一个又一个的展廊中陈列的只是假想中的贝壳，根据数学模型，它们可能存在，但实际上从未在这个星球上出现过。为什么呢？既然我们提出了这样的问题，那不妨先问问，为什么那些真实存在的贝壳一开始要局限于这个特定的立方体建筑之中。

如果一个贝壳无法被放进这座以数学方法构建的塔楼，它会是什么样子？图 6.12a 显示了一个计算机生成的蜗牛壳，它的尖值不是固

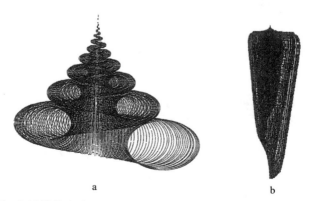

a   b

图 6.12 （a）计算机生成的蜗牛壳和（b）计算机生成的芋螺壳。由于尖值基因的"梯度"变化，它们产生了锐利的尖顶。

定的，而是随着年龄的增长而变化。相比发育较早、较窄的壳体，较新、较宽的壳体在生长时会有较低的尖值。这就是为什么整个壳有这样一个"不自然"的，可能较为脆弱的尖顶。这个蜗牛壳是假想的。它只存在于计算机中。图 6.12b 中的计算机生成的芋螺壳也有一个不自然的尖顶。它也是由"盲眼造壳匠"程序绘制的，但在其发育过程中，尖值被编程为随发育进行而减小，而不是保持不变。

图 6.13 中的贝壳是真实存在的，我怀疑它们也有一个尖值梯度，这意味着它们一开始具有很高的尖值，随着年龄的增长尖值逐渐降低。根据劳普的说法，一些真实的菊石随着年龄的增长而改变了它们的壳体特征参数。你可以说，随着它们年龄的增长，这些奇怪的贝壳从博物馆的一个位置移动到了另一个位置，它们仍然留在这座博物馆里。但也可以说，由于其幼体是作为成体的一部分而被包含在内的，因此博物馆里没有一个陈列柜可以和其整个壳体对应。对于图 6.13 中的动物是否应该被视为局限于劳普立方体的三维空间的问题，人们可能存在分歧。海尔特·弗尔迈伊（Geerat Vermeij）是当今有壳类动物学的主要专家之一，他认为随着动物年龄的增长，改变特征参数的趋势可能是一种常态，而不是例外。换句话说，他相信，随着软体动物的成长，它们在这座数学博物馆中的位置会发生变化，至少会发生一点点变化。

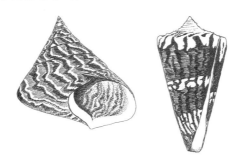

图 6.13　真实的贝壳，它们与计算机生成的贝壳的相似之处表明它们发育时尖值也呈梯度变化。左为虎斑钟螺（*Maurea tigris*），右为将军芋螺（*Conus generalis*）。

让我们再看看与此相反的问题：为什么这座博物馆的大片区域都没有真实存在的贝壳？图 6.14 展示了博物馆"未开放"区域的深处由计算机生成的贝壳样本。其中一些可能安在羚羊或野牛的头上看起来很合适，但作为软体动物的壳，它们从未存在过。带着"为什么没有这样的贝壳"的问题，我们回到了本章开头的争论。是因为演化缺乏可用的变异而受到限制，还是因为自然选择"不想"涉足博物馆的某些区域？劳普用选择论者的术语解释了这些空白区域——他的立方体中没有阴影的区域存在的原因。对于贝类来说，没有选择压力迫使它们移动到空白区域。或者换句话说，具有这些理论上可能形状的贝壳，在实践中是不适合居住的壳：它们也许很脆弱，容易被压碎，或者容易被攻击，又或者构造此种外壳所需的材料不够经济。

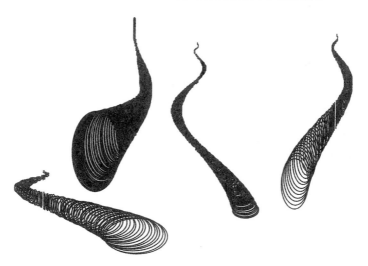

图 6.14 只存在于理论中而非现实中的"贝壳"——除非作为羚羊的角。

其他生物学家则认为，进入博物馆这些区域所需的突变从来没有出现过。另一种表述这种观点的方式是，我们所画出的，可想象到的贝壳所充斥的立方体塔楼实际上并不是容纳所有可能贝壳的空间的真实呈现。根据这种观点，这座塔楼的许多区域所呈现的形态即使从适合生存的角度来看是可取的，也是不可能实现的。我个人的直觉倾向于劳普的选择论解释，但我现在暂时不想继续讨论这个问题，因为不管怎样，我在这一章介绍贝壳，只是为了展示我们所说的"可能动物的数学空间"是什么样子而已。

我在离开这片"未开放"区域前，却不经意间瞥见了世界上确实存在的一些奇形怪状的贝壳。旋壳乌贼是一种小型的、会游泳的头足类软体动物（这一群体包括枪乌贼和菊石），与鹦鹉螺有亲缘关系。其壳体的展开形状表明其壳体具有高蠕值（大于展值的倒数），我们已经在图 6.4 中见过有这种特征的旋壳乌贼。如果有人认为拥有这样的高蠕值"外壳"的生物通常无法存活，因为它们的"外壳"结构很脆弱，那么旋壳乌贼倒也很符合这个说法。它并不生活在这个壳里，而是把壳当作体内的浮力控制器官。由于壳不发挥保护作用，大自然便允许它遵循演化足迹，进入"所有可能贝壳的博物馆"那通常被认为无法涉足的未开放区。它仍然位于博物馆所在的立方体里。图 6.15

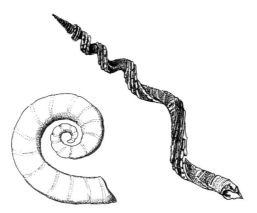

图 6.15　那些特立独行的真实贝壳，陈列于"所有可能贝壳的博物馆"中不经常被造访的区域。右为旋壳乌贼，左为西印度蚯蚓锥螺（*Vermicularia spirata*）。

所示的西印度蚯蚓锥螺可能也是如此，它采用了管虫的生活方式和形状。它与图 6.8 右下角的样本相近，这说明你至少可以进入博物馆中存放着来自西印度群岛的锥螺的一般开放区域参观一番。这种生物的近亲（以及一些已经灭绝的菊石）有着更奇怪、更不规则的形状，它们当然不可能被安置于博物馆的任何一个位置。

我们的三维博物馆不仅忽略了管的横截面不一定是圆形的这一事实，它也忽略了贝壳表面丰富的图案，比如图 6.10 中呈现的虎纹和豹纹，图 6.4a 中的 V 形纹样，以及其他贝壳上"雕刻"和"绘制"的所有凹槽和脊纹。对于其中一些，我们可以通过向计算机发出指令将图案赋予我们的模型，具体如下所示。将不断扩大的一圈又一圈盘绕的管当作一系列环，并使第 n 个环比其他环更厚。根据 n 的值，该规则可以在壳体表面的特定间距的位置上呈现出垂直条纹。对计算机来说，更复杂的规则可以生成更精细的图案。德国科学家汉斯·迈因哈特（Hans Meinhardt）对这些规则进行了专门研究。图 6.16 上两张图为榧螺和涡螺的两个真实壳体的表面图案，下两张图则是由迈因哈特的计算机程序生成的与之有着惊人相似性的图案。你可以看到，程序产生的结果类似于那些长出树状生物形的结果，但他不是从树枝生长的角度考虑的，而是从贯穿整个区域细胞的一波又一波色素分泌和抑制活动的角度考虑的。相关细节可见他的著作《海贝的算法之美》（*The Algorithmic Beauty of Sea Shells*），但现在我得离开这个主题，回到我的主题——所有可能贝壳的博物馆。

我之所以提出这个博物馆的想法，是因为一个独特的事实：抛开管的横截面、装饰和可变特征的复杂性不谈，大多数已知的贝壳变体都可以用在一个绘图规则中插入的三个参数来近似描述。为了容纳贝壳以外的动物形态，我们通常不得不想象出一座博物馆，其所容纳的维度比我们所能画出的要多得多。尽管想象一座多维度的"所有可能动物的博物馆"是很困难的，但我们很容易记住一个简单的观念：动

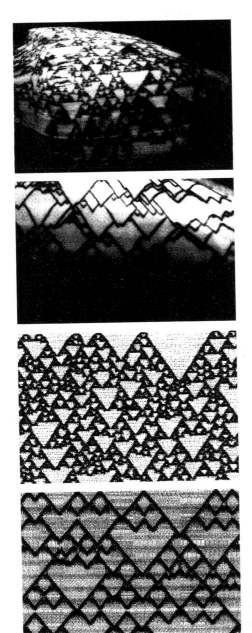

图 6.16　贝壳表面图案（上两图）和计算机生成的图案（下两图）。

物被置于与它们最相似的动物附近，且可以向任何方向移动，而不仅仅是沿着展廊直走。生物演化的历史就是一条穿过这座博物馆某些部分的蜿蜒轨迹。由于演化在丰富多样的动物界和植物界的所有领域中都是独立进行的，因此我们可以想象有成千上万的足迹，在这座多维博物馆的不同区域，向着不同的方向孜孜探索（请注意相比不可能之山的不同比喻，我们已前进了多远）。

现在，本章开头的争论可以被重新表述了。一些生物学家认为，当你穿行在这座博物馆长长的展廊中时，你会发现各个方向都有平滑的渐变。事实上，博物馆的很大一部分从来不曾被真正有血有肉的生物涉足，但根据这种观点，只要自然选择"想要"进入这些部分，它们就会被涉足。另一群生物学家——我不太赞同他们，但他们也可能是对的——认为这座博物馆的大部分区域永远禁止自然选择入内；自然选择可能会急切地敲打通向某个特定展廊的门，但永远不能从那扇门进入，因为必要的突变根本无法出现。对这种观点进行富有想象力的引申，我们可以推知，博物馆的其他部分的规则恰恰与"禁止自然选择入内"相反，而是像磁铁或陷坑一样，将动物刻意引导至这些区域，而几乎不顾自然选择如何努力。按照这种生命观，"动物可能形态的博物馆"并不是一幢布局均匀的大厦，有规整的长廊和宏伟的过道，且沿着过道发生的质变是渐进式的。相反，这就像是一组分隔良好的磁铁，每一块周围都布满了铁屑。铁屑代表动物，磁铁之间的空隙则代表中间形态，它们如果真的存在，也许可以存活，也许不可以。另一种更好的表达这一观点的方式是，我们对这个动物空间中"中间形态"或"相邻形态"的理解是错误的。真正的相邻形态是那些事实上可以通过单一的突变步骤达到的形态。在我们看来，这些形态可能看似相邻，也可能不相邻。

我对这一争议持开放态度，尽管我倾向于其中一派。但有一点我得坚持，也就是，只要我们产生了一种足够强烈的幻觉，即自然界中存在为达成某种目的而进行的优秀设计，那么自然选择便是唯一已知的可以对其加以解释的机制。我并不坚持认为自然选择手握通向所有可能动物的博物馆的每一条展廊的钥匙，我当然也不认为博物馆的所有部分都可以经由其他部分到达。自然选择很可能无法在这个博物馆里肆意漫游。也许我的一些同事是对的，自然选择在博物馆里的行进路线其实严格受限，既不能曲折迂回，也不能大幅跳跃。但是，如果一个工程师观察一个动物或器官，发现它被设计得很好，可以完成某些任务，那么我就会挺身而出并坚称，自然选择才是这种看似卓越的设计的成因。即便这个动物空间中真有所谓"磁铁"或"吸引器"等引发大量突变的存在，如果没有自然选择的帮助，那其也无法实现良好的功能构造。但是现在，且让我通过引入"万花筒胚胎机制"（kaleidoscopic embryologies）的概念来给我的立场留一点转圜空间。

第 7 章

万花筒胚胎

生物的身体是在生长过程形成的，胚胎发育在这一过程中尤为重要，因此，如果要改变身体的形状，基因突变通常会通过调整胚胎的生长过程来实现。例如，一个突变可能会加速胚胎头部特定组织的生长，最终塑造出一个下颌突出的成年人。胎儿发育早期发生的变化可能会导致后续的剧烈连锁反应——也许是两个脑袋，或者多出一对翅膀。基于我们在第 3 章已讨论过的原因，这种剧烈的突变不太可能受到自然选择的青睐。而在这一章中，我提出了不同的观点，即自然选择中可用的突变类型取决于物种拥有的胚胎机制类型。哺乳动物胚胎机制的运行方式与昆虫的大为不同。不同目的哺乳动物所采用的胚胎机制类型可能也存在类似的差异，尽管这种差异较小。我想说的是，某些类型的胚胎机制，在某种意义上，可能比其他类型的胚胎机制更擅长演化。我不是说更容易变异，那完全是另一回事。我的意思是某些类型的胚胎机制产生的变异可能比其他类型所产生的变异在演化上更有前景。此外，一种更高层次的选择形式——我之前称之为"可演化性的演化"——可能会导致世界被特定生物充斥，也就是那些胚胎机制使其善于演化的生物。

对于像我这样一个彻头彻尾的达尔文主义者来说，这种论调可能听起来像是最讨人嫌的异端邪说。在新达尔文主义的圈子里，我们不认为自然选择会在比个体更大的层次上进行。而且我们不是在第3章中就自然选择倾向于零突变率（幸运的是，对于未来的生命来说，它永远不会达到零突变率）达成一致了吗？我们现在怎么能声称一种特殊的胚胎机制可能擅长突变呢？好吧，也许在以下意义上是这样。某些类型的胚胎机制可能倾向于以某些方式发生变化，而其他种类的胚胎机制往往会以其他方式发生变化。从某种意义上说，其中一些方式可能比其他方式更具演化成果，可能更有机会产生大量新形态的辐射，就像恐龙灭绝后哺乳动物所实现的那样。当我提出一些胚胎机制比其他胚胎机制"更擅长演化"的奇谈怪论时，我就是这个意思。

对此，一个恰当的类比是万花筒，只不过万花筒关注的是视觉美，而不是实用的设计。万花筒里的彩色碎片随机堆成一堆。但是，由于万花筒内部有巧妙设置角度的反射镜，我们通过目镜看到的是一个像雪花一样华丽对称的图案。随机敲击万花筒（引入"突变"）会引起碎片堆的轻微移动。但是通过目镜观察时，我们看到这些变化在这片雪花的所有点上对称地重复。于是我们一遍又一遍地敲击，好像在一个小小的阿拉丁宝藏里漫步，目光所及之处皆是瑰丽华美的珠宝。

万花筒的本质是空间重复。范围内的所有4个点一同重复随机变化。也可能不是4个点而是其他数量的点，这取决于筒内镜面的数量。突变也一样，虽然它们本身是单一的变化，但它们的影响可以在身体的不同部位重复。我们可以将其视为另一种非随机性突变，以补充我们在第3章中探讨过的突变。重复的次数取决于胚胎机制的类型。我将谈论各种各样的万花筒胚胎。正是培育生物形的经历，特别是将软件"镜面"（具体见下文）置入"盲眼钟表匠"程序的经历，让我认识到万花筒胚胎机制的重要性。因此，在本章中，基于阐释性目的，我将大量借助生物形和其他计算机动物，这并非一时心血来潮。

首先谈谈对称，我们将从对称的缺乏开始。我们人类自身是相当对称的（尽管不是完全对称），我们遇到的大多数其他动物也是如此，所以我们容易忘记一点：对称并不是每个生物都必须具备的显著性质。有些原生动物群体（单细胞动物）是不对称的：你随便怎么切开它们，两个部分都不会完全相同，也不会互为镜像。突变对一个完全不对称的动物会有什么影响？要解释这一点，最简单的方法是求助于计算机生物形。

图 7.1a 中的 3 个生物形都是同一生物形的突变变异体，并且都是由没有对称约束的胚胎产生的。其不禁止对称，但也没有特别渴望产生对称形态。突变只是改变了这些生物形的形状，然后就到此为止了：没有"万花筒"效应或"镜面"存在。但让我们再看一些生物形（图 7.1b）。这些都是另一个生物形的突变形态，但它们的胚胎机制有一个内置的对称规则：这个程序已经被修改，在图案中部嵌入了一个软件"镜面"。突变可以改变各种各样的特征，就像它们对不对称的生物形所做的改变一样，但左侧的任何随机变化也都反映在右侧。这些形态看起来比图 7.1a 的不对称形态更像"生物"。

你可以把胚胎机制中的对称规则看作一种限制或约束。严格来说，不受约束的胚胎在理论上既能产生对称的形态，也能产生不对称的形态，因此能产生更多的形态。但是，在本章中我们将看到，对称约束可以变成一种丰富性：这恰恰是限制的反面。不受约束的胚胎机制的问题在于，它需要经历无数种形态，才能幸运地出现一个对称的形态。即便如此，这种千呼万唤始出来的对称性仍将不断受到后代突变的威胁。如果不管可能发生什么其他变化，对称性几乎总是可取的，那么受约束的胚胎机制将更加"多产"，就像它在我们的眼中更美丽一样。与不受约束的胚胎机制不同，它不会浪费时间抛出不对称的形态，因为这些形态反正也不可能成功。

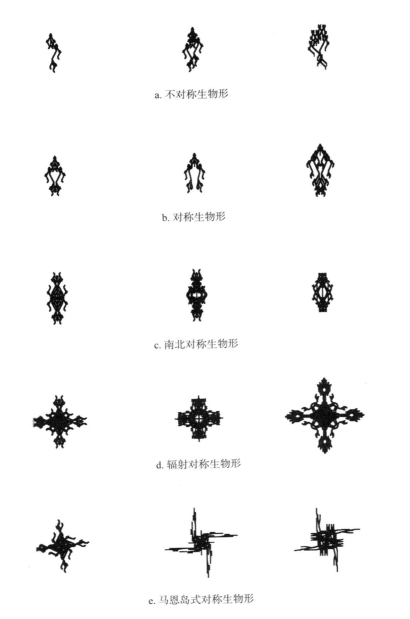

a. 不对称生物形

b. 对称生物形

c. 南北对称生物形

d. 辐射对称生物形

e. 马恩岛式对称生物形

图 7.1 受到不同数量的"万花筒轴"的约束，因此表现出不同对称性的生物形。

事实上，绝大多数动物，包括我们人类，在平面上虽然不是完全左右对称，但在很大程度上是对称的。美学本身并不重要，所以我们必须问，从功利主义的角度来看，为什么左右对称应该是一种可取的特征呢？一些动物学家坚持 18 世纪的观点，认为动物之所以是这般模样，是出于对某种近乎神秘的"基本身体构造"，或称"Bauplan"的忠实遵循。（"Bauplan"在德语中是蓝图的意思。通常情况下，人们在谈话中切换到另一种语言是为了显示自己话语的高深莫测，正如彼得·梅达沃爵士曾不无讽刺地揶揄："这些大号的音符来自莱茵河的深处。"但实际上，请允许我插入一句俏皮话，其实"蓝图"一词已包含讽刺意味，因为它暗示了一种"还原论"，即在规划和建筑之间存在一对一的对应关系，这在遗传学背景下会触犯某些人的意识形态敏感性，而恰恰是这些人最喜欢用"Bauplan"这个词。）至于我，则更欣赏我的同事亨利·贝内特-克拉克（Henry Bennet-Clark）博士那种盎格鲁-撒克逊式的简单直白。我曾与他讨论过这些问题，结论是所有关于生命的问题都有一个相同的答案（尽管这个答案可能并不总是有用的）：自然选择。毫无疑问，左右对称的具体益处在不同的动物类型中有所不同，但他也提出了一般性的建议，大致如下。

大多数动物要么自身是蠕虫状的，要么就是蠕虫状祖先的后代。如果你想象一下蠕虫是什么样子的，你就会明白它的嘴位于身体一端是有道理的——这一端会首先接触食物，而肛门在另一端，这样就可以把废物留在身后，而不是无意中又把它们吃进肚子。这就定义了前端和后端。然后，世界通常在动物的上下方之间有显著差异。重力只是次要原因。尤为重要的一点是，许多动物在地面或海底等表面上移动。很明显，出于各种各样的具体原因，动物离地面近的那一面和离天空近的那一面应该是不同的。这就定义了背侧（背部）和腹侧（腹部），因此，既然我们已经有了前端和后端，自然也有了左右侧的分别。但是为什么左右两边要互为镜像呢？对此的简单回答是，为什么不呢？前/后的不对称和上/下的不对称有很好的理由，但我们并没有什么理由认为左侧的最佳形状会与右侧的不同。事实上，如果左侧存在一种最佳状态，那么我们就有理由认为，右侧的最佳状态也会具有同样的特质。更具体地说，任何偏离左右镜像对称的情况都可能导致动物在本应追求两点之间最短距离的时候却在原地打转。

有鉴于此，无论出于何种原因，我们都希望左右两侧能够像彼此步伐一致的镜像一样一同演化，因此在沿着身体中线方向设有"单一镜面"的万花筒胚胎机制将具有优势。任何有益的新突变都会自动反映在身体两侧。非万花筒式的替代方案是什么？一个演化谱系可能首先在身体的左侧实现有益的改变。然后，它将不得不在许多代的不对称中苦苦煎熬，以等待匹配的右侧突变的出现。很容易看出，万花筒胚胎机制很可能有其优势。因此，也许有一种自然选择会青睐这些限制性越来越强，但相应的生产力也愈加丰富的万花筒胚胎机制。

这并不是说左右不对称永远不会演化出来。对一侧的影响比对另一侧的影响更大的突变确实偶然也会出现。不对称突变有时是可取的，这是有其特殊原因的，例如，为了使寄居蟹的腹部适应盘绕的贝壳，自然选择也确实有利于这种突变。在第 4 章中，我们已经见识过鲽鱼、鳎鱼和鲆鱼等扁平鱼（见图 4.7）。鲽鱼将原来的左侧身体当成了俯卧时位于下方的腹部，而左眼已经迁移到对其祖先而言是右侧，现在则是背侧的一边。鳎鱼的行为与此如出一辙，除了它们是向右侧卧，这可能（尽管不一定）表明它们独立地演化出了这种习性。鲽鱼原来的左侧身体表面已经变成了功能性较低、紧贴海底的皮肤，而且已经恰如其分地变得平坦，颜色较浅。其原先的右侧身体表面则已经变成了功能上朝向上方，指向天空的一边，相应地，它的形状变得弯曲，颜色也变得更具伪装性。原先的背侧（背部）和腹侧（腹部）已经变成了功能上的左右两侧。它们各自的鳍，即背鳍和臀鳍，通常是截然不同的，现在却变成了几乎完全相同的镜像，就像左右侧鳍一样。事实上，鲽鱼和鳎鱼的这种重新实现的左右对称，正是对自然选择力量凌驾于崇古派所谓"基本身体构造"之上的最好彰显。探索鲽鱼的突变是否会自动在（新的）左右两侧（即旧的背侧和腹侧）产生映射将是十分有趣的（也是可行的）研究。又或者，它们仍然遵循祖先的模式，自动对（旧的）左右两侧（现在是上下侧）进行镜像映射？现今鲽鱼那种一面浅色和一面伪装色的情况之所以存在，是因为其在对抗旧有的、敌对的万花筒胚胎机制的过程中胜出，还是因为得到了一种新的、友好的万花筒胚胎机制的协助？无论这些问题的答案是什么，都说明了一点，即（对演化而言）"敌对"和"友好"是用来描述胚胎机制的恰当词汇。再一次，我们是否敢于指出，某种更高层次的自然选择可能会改进胚胎机制对某些演化的友好程度？

从本章的角度来看，左右对称的重要之处在于，任何一个突变都会同时在动物身体的两处而非一处产生影响。这就是我所说的万花筒胚胎机制：就好像突变是镜像的。但是左右对称并不是唯一的对称方式。突变的镜面可能也会被置于其他平面上。图 7.1c 中的生物形不仅左右平面对称，而且前后平面对称。这就好像设置了两个互成直角的镜子。拥有这种"双镜像胚胎机制"的真实生物相比左右对称生物更难以寻觅。爱神带水母是一种少有人知的栉水母门的带状浮游生物，它便是一个非常美丽的例子。更常见的情况是符合四射对称（辐射对称的一种）的万花筒胚胎机制，如图 7.1d 中的生物形。许多水母都有这种对称性。这个门的成员要么在海中遨游（像水母本身），要么附着于海底（像海葵），所以它们不受我们讨论过的诸如蠕虫这样的匍匐爬行动物面临的前后选择压力的影响。这些动物有充分的理由分出身体的上下侧，但缺乏分出前后或左右的压力。因此，从上往下看的话，其身体界限内的任何一点都没有特别的原因比其他任何一点更受自然选择青睐，它们实际上是"辐射对称"的。图 7.2 中的水母恰好是四射对称的，但其他的辐射对称轴数也很常见，正如我们将看到的。这幅图和本章中的许多图画一样，是由 19 世纪著名的德国动物学家恩斯特·海克尔绘制的，他也是一位杰出的插画家。

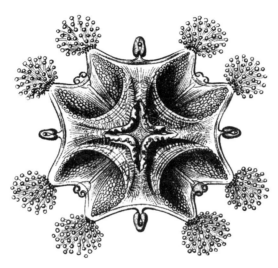

图 7.2　一种四射对称的动物：具柄水母。请注意，4 个轴中的每一个轴本身也是左右对称的，所以大多数变化实际上被镜像为 8 份。

　　具有这种对称性的动物能够有各种各样的形态，但也有一个限制，对此我要再次指出，与其说是限制，不如说是"万花筒"式增强。随机变化会同时影响其身体的所有 4 个角。且与此同时，由于被重复为 4 份的单元本身通常也是镜像的，每个突变实际上被重复为 8 份。这一点在图 7.2 中具柄水母的例子中非常明显，它有 8 个小簇，每个角有 2 个。据推测，一个簇的突变会显现 8 次。要了解若没有这种额外加倍，辐射对称是什么样子，请参见图 7.1e 中的生物形。很难找到具有这种"卍字符"或"马恩岛式"①对称的真实动物，但图7.3所示正是我们在寻找的那种存在。这是螯虾的精子。

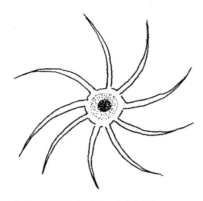

图7.3 "马恩岛式"对称：螯虾的精子。

大多数辐射对称的动物，不管它们有多少辐射轴，都会在每个对称轴内再追加左右镜像对称。因此，从我们计算给定突变将被"映射"的次数的角度来看，有必要计算辐射轴的数量，然后再将其加倍。一只典型的海星，因为它的5只腕都是左右对称的，所以可以说每一个突变都显现了10次。

海克尔尤其热衷于描绘单细胞生物，比如图7.4中的硅藻。在这幅图中，我们能看到千变万化的对称，除了每个"腕"上的左右对称镜面，还有2个、3个、4个、5个甚至更多的"镜面"。对于每一种对称，胚胎机制都会使一个突变不单单在一处表现，而是在一些固定数量的位置表现。例如，图7.4上部的五角星状硅藻可能会发生突变，产生更尖锐的角。在这种情况下，所有5个点将同时变得更加尖锐。我们不需要等待5个部分各自发生突变。据推测，不同数量的镜像本身也是彼此（非常罕见）的突变。例如，也许一颗三角星偶尔会

---

① 马恩岛是位于英格兰和爱尔兰之间的海上岛屿。马恩岛的文化标志是"三足人"图徽，这是一个旋转辐射对称图形，道金斯以"马恩岛式"来指代此类对称。

变异成五角星。

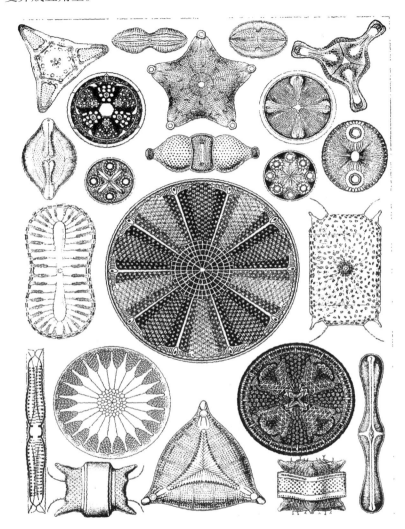

图 7.4　硅藻——一种微小的单细胞植物——在一类生物内呈现出众多的万花筒镜像。

对我来说，在所有微观万花筒生物中最为出彩的还要数放射虫类，这是海克尔特别关注的另一个浮游生物群体（图7.5）。它们也展示了各种结构的美丽对称，相当于有2个、3个、4个、5个、6个或更多镜面的万花筒。它们的微小骨架由白垩构成，美丽而优雅，无处不在彰显万花筒胚胎机制。

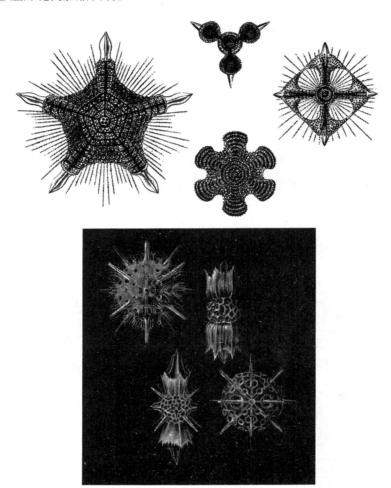

图 7.5　放射虫类。在这组微小的单细胞生物中，有更多不同数量的对称万花筒镜像的例子。

图 7.6 中的万花筒杰作如同由富有远见的建筑师巴克敏斯特·富勒所设计（我曾经有幸聆听他在 90 多岁高龄时所做的长达 3 个小时且中间没有休息的讲座，令人着迷）。就像他经常运用的网格球顶一样，这个生物构造的强度依赖于其结构坚固的三角形几何形式。这显然是高阶万花筒胚胎机制的产物。任何给定的突变都会被映射多次。从这张图我们还不能确定确切的映射数。海克尔所绘的其他放射虫被化学晶体学家用来演示那些自古以来被称为正八面体（8 个三角形面）、正十二面体（12 个五边形面）和正二十面体（20 个三角形面）的正多面体。事实上，我们在探讨蜗牛壳时提到的达西·汤普森会认为，相比正常意义上的胚胎发育，这些精致的放射虫的胚胎机制可能与晶体的生长有更多的共同之处。

图 7.6　宏大而壮观的放射虫骨架。

无论如何，像硅藻和放射虫这样的单细胞生物必然具有与多细胞生物非常不同的胚胎机制，它们的万花筒镜像之间的任何相似之处可能只是巧合。我们已经见过一个四射对称多细胞动物的例子——水母。4，或4的倍数，是这类水母常见的辐射对称数，并且可能很容易通过早期胚胎机制中一些过程的简单复制来实现。也有六射对称的水母，如那些来自被称为硬水母的水螅类群的水母（图7.7）。

图 7.7　六射对称的水母。

五射对称动物中最著名的代表是棘皮动物，这是一门多刺的海洋生物，包括海星、海胆、海蛇尾、海参和海百合（图7.8）。有人认为，现存的五射对称棘皮动物来自三射对称的远古祖先，但它们已经保持五射对称形态超过5亿年了，我们很容易将五射对称视为其高度保守的"基本身体构造"的中心原则，这是崇古派动物学家喜欢的论调。然而令这种理想主义的观点遭逢不幸的是，不仅有相当一部分海星物种的腕数不是5，而且即使在相当规整的五角海星物种中，有时也会出现三、四或六角对称的突变个体。

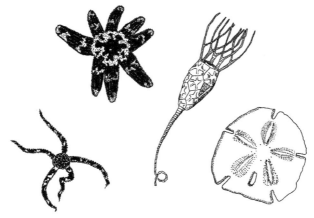

图 7.8　不同类群的棘皮动物：从左到右依次为海蛇尾、多腕海星（可能一些腕失去并再生，因此各腕大小不等）、海百合、沙钱（楯海胆）。

另一方面，与我们先前对海底匍匐爬行动物的简单分析所得出的预期相反，即使是爬行棘皮动物通常也是辐射对称的。它们似乎对自己的辐射对称死心塌地，甚至不介意到底哪条路才算"前路"：没有哪条腕有特权。在某个时刻，一只海星会有一只"领路腕"，但它也会不时地用另一只腕来探路。一些棘皮动物在演化过程中重新实现了左右对称。比如在海底挖洞的心形海胆和薄饼状海胆，海底的泥沙必然给它们施加了极大的选择压力，让它们体形趋于流线型，于是它们重新发现了前后不对称，并在原先基于五射对称构造的形态上又叠加了表面上的左右对称。

棘皮动物是如此精致的生物，因此当我试图用"盲眼钟表匠"程序培育逼真的生物形时，我自然渴望能培育出与这类动物有相似之处的生物形。然而所有培育五射对称的尝试都以失败告终。"盲眼钟表匠"的胚胎机制并不是万花筒式的。它缺少必要数量的"镜面"。不过事实上，一些怪异的棘皮动物也偏离了五射对称，而我则通过模拟这些有着偶数对称轴的海星、海蛇尾和海胆稍稍"作了一下弊"（图 7.9）。

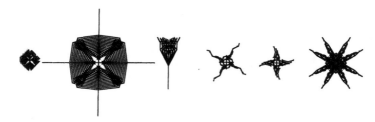

图 7.9　计算机生物形可以表面上貌似棘皮动物，但它们永远无法实现难以捉摸的五射对称。程序本身必须为此重写。

但事实是无法回避的——而这也恰恰阐明了本章的中心观点——当前版本的"盲眼钟表匠"程序无法生成一个五射对称的生物形。为了纠正这一点，我必须对程序本身做出改变（需要一个新的"镜面"，而不仅仅是现有基因的定量突变），以使新型的万花筒突变产生。如果能做到这一点，我相信新版程序上普通的随机突变和选择过程将产生与大多数主要棘皮动物群体更高的相似性，虽说过程可能有点费时。正如我在《盲眼钟表匠》中所描述的那样，该程序的原始版本只能产生左右对称的突变。目前，市场上可获取的程序能够产生四射对称的生物形，以及"马恩岛式"对称的生物形，这还是源于我的一个决定，我对这个程序进行了重写，以便将一系列"软件镜面"置于基因控制之下。

前面我一直以各种对称作为万花筒胚胎机制的例子。不过有一种在几何上不那么美观，但在真实动物世界中同样重要的现象，那就是分节。所谓分节，是指当你的视线沿着一个通常较长且左右对称的动物的身体从前到后移动时可观察到的连续重复。最典型的分节动物是环节动物（蚯蚓、沙蟞、沙蚕和管虫）和节肢动物（昆虫、甲壳类动物、千足虫、三叶虫等），我们脊椎动物也是分节动物，只不过方式不同。就像火车是由一系列的车皮或车厢组成，且这些车厢每一节基本上都是相同的，只是在细节上有所不同一样，节肢动物也是由一系列的体节组成，它们在细节上可能彼此不同。蜈蚣就像一列货运火车，所有的车皮都差不多。你可以把其他节肢动物想象成经过修饰的蜈蚣：就像一列用各种货用车皮和客用车厢混排的火车（图 7.10）。

图 7.10　节肢动物是由从前到后重复，不过经常带有变化的体节构成的：从上到下依次为甲壳类须虾（*Derocheilocaris*）、大天蚕蛾的毛虫（*Saturnia pyri*）、对虾（*Penaeus*）、综合纲如么蚰（*Scutigerella*，类似蜈蚣）。

蜈蚣组织身体的方式是简单重复。整列火车有不断重复的空间区段，每个区段也呈左右镜像对称。但是，如果我们将目光从蜈蚣及其同类身上移开，就会发现在演化中有一个持续的趋势，那就是各个体节之间的差异越来越大：并不是所有的突变都只是在每个体节中简单重复而已。昆虫就像是一只除了第7、8、9体节（从前面数起）以外所有体节都失去了足的蜈蚣。蜘蛛则在4个体节上保留了足。实际上，蜘蛛和昆虫都保留了比这更多的原始足肢，只是将其改作其他用途，比如触角或下颚。龙虾和螃蟹更是将不同体节之间的这种"非万花筒"式的分化运用得更加娴熟巧妙。

毛虫的身体前部通常有三对"正常的昆虫足"，但它们后方的体节也重新长出了足。这些失而复得的足更柔软，与典型的从三个胸节长出的带有关节的甲壳足大为不同。昆虫通常在第7和第8体节上还有翅膀。有些昆虫没有翅膀，它们的祖先从未有过。还有些昆虫，例如跳蚤和工蚁，在演化过程中失去了它们祖先曾经拥有的翅膀。工蚁有长出翅膀的遗传基础：每一只工蚁都可以成为蚁后，只要她被以不同的方式养育，而蚁后有翅膀。有趣的是，蚁后通常会在自己的某个生命阶段失去翅膀，如在完成婚飞并准备在地下定居时自己咬掉翅膀。翅膀在地下颇为碍事，就像跳蚤在自己的栖息环境中——由其宿主的皮毛或羽毛构成的密林——也不需要翅膀一样。

跳蚤失去了两对翅膀，而蝇（包括蚊子在内的庞大的蝇家族有很多成员）则失去了一对，保留了另一对。但严格来说，那失去的第二对翅膀其实以"平衡棒"这种大为缩小的形态残存下来，状如一对小棒槌，从保留功能的翅膀的后面伸出来（图7.11）。你不需要成为一名工程师就能看出平衡棒不能作为翅膀发挥作用。而要看出其实际用途，你需要成为一名优秀的工程师才行。它们似乎是微型的稳定设备，其对昆虫的作用类似于陀螺仪对飞机或火箭的作用。平衡棒以振翅频率振动，其底部的微型传感器可以探测到飞行员所说的俯仰、横滚和偏航三个方向的转向力。演化的典型特征就是机会主义和利用已有事物。设计飞机的工程师会坐在绘图板前，从零开始设计一个稳定器。演化则通过修改已经存在的东西来达到同样的结果，在这个例子中修改的便是一对翅膀。

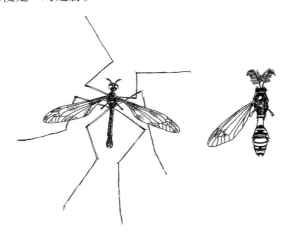

图 7.11　蝇家族的所有成员都用平衡棒代替了第二对翅膀。长脚蚊这样的大型蝇类特别清楚地显示了这一点：（左）大蚊（*Tipula maxima*）；（右）饰纹踝大蚊（*Ctenophora ornata*，足和右翅未显示）。

　　仅仅让体节演化成彼此不同的形态算不上是万花筒式的，而是恰恰相反。但是，还有其他可以被视为万花筒式的变化模式，只是得在一个比我们迄今为止遇到的万花筒更复杂的意义上才能这么说。通常节肢动物的身体结构很像一个带括号的句子。{如果你在一个句子中再开括号，就必须［像这样正确嵌套（内括号）］，这些括号最终必须再次闭合。}括号内的短语可以扩展或缩短，但是，无论它有多长，每个左（前）括号"（"都必须搭配一个右（后）括号"）"，表示结束。同样的"适当嵌套"规则也适用于引号。更有趣的是，它也适用于句子中从句的嵌入。坐在大头针上的人……这句话就像一个左括号，需要用主动词这个"右括号"与其呼应。你可以说"这个人跳了起来"，你也可以说"坐在大头针上的人跳了起来"，但是你不能说了前半截"坐在大头针上的人"，然后就没有下文了，除非是作为问题的答案或图片的说明文字，在这些情况下，句子的完成性是不言自明的。合乎语法的句子需要适当的嵌套。与此类似，小型基围虾、对虾、龙虾和螯虾的头部有 6 个体节，在身体前端连为一体，在其尾部有一个特殊的体节，叫作"尾节"。而在头尾两者之间发生的变化更多。

我们已经见识过一种万花筒突变，即不同的对称面映射的镜像突变。体节的"语法嵌套"突变也可以是另一种意义上的万花筒。同样，此处允许的变化是受限制的，但在这种情况下，不是受对称的限制，而是受规则的限制，比如："无论你允许足有多少个关节，足的末端都必须有一个爪。"苹果计算机公司的泰德·克勒（Ted Kaehler）和我合作编写了一个计算机程序，体现了这种规则。它和"盲眼钟表匠"程序相似，但产生的"动物"被称为"节肢形"（arthromorph），它们的胚胎机制有生物形的胚胎所没有的规律。计算机生成的节肢形是一列像真实节肢动物那样的分节火车。从屏幕上看，节肢形的每个体节都接近圆形——其确切的形状和大小是由"基因"控制的，这一点和生物形的"基因"类似。每个体节的两侧可能各有一个关节足伸出，也可能没有。这也是由"基因"控制的，足的粗细、关节的数量、每个关节的长度和每个关节的角度也是如此。足的末端可能有爪，也可能没有爪，而且爪的有无与形状都是由"基因"控制的。

如果这些节肢形和生物形具有相同的胚胎机制，那么就会有一种被称作 NSeg 的基因来决定体节的数量。NSeg 只有一个值，这个值可能会发生变化。如果 NSeg 的值为 11，则该"动物"将有 11 个体节。还有一种名为 NJoint 的基因控制着每个足肢的关节数量。所有呈现在图 1.16 的"野生动物园"里的生物形，不管它们看上去有多么千变万化——它们所呈现的多样性让我老怀大慰——都有相同的基因数，也就是 16 个。"盲眼钟表匠"最初产生的生物形只有 9 个基因。

彩色生物形有更多的基因（36 个），程序必须完全重写以适应新的基因数。这是三个不同的程序。但节肢形程序不是这样运作的。它们没有固定的基因序列，而有更灵活的遗传系统（在本书的读者中，大概只有编程爱好者会想要知道节肢形的基因被存储为带有指针的链表，而生物形的基因被存储为固定的 Pascal 记录这件事）。在节肢形的演化中，新基因可以通过旧基因的复制而自发产生。有时基因一次复制一个。有时它们在具备分层结构的集群中复制。这意味着从理论上讲，突变后代的基因数量可以是其亲代的两倍。当一个新的基因或一组基因通过复制出现时，新的基因在一开始与它们所复制的基因具有相同的值。缺失和重复（复制）一样，都是一种可能的突变，因此基因的数量可以增加也可以减少。重复（复制）和缺失表现为身体形态的变化，因此会面临选择（通过选择者的眼睛进行的人工选择，同生物形）。基因数量的变化通常表现为体节数量的变化（图 7.12）。它也可以表现为足肢关节数量的变化。在这两种情况下，出现的是一种"语法嵌套"趋势，即列车中段的车厢有增有减，但位于前后方的车厢则未曾变化。

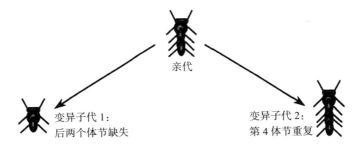

亲代

变异子代 1：
后两个体节缺失

变异子代 2：
第 4 体节重复

图 7.12　体节数不同的节肢形。最上方的亲代产生了两个突变的子代。

体节的重复或缺失可以发生在动物身体的中部，而不仅仅是在末端。关节的重复或缺失也可能发生在足肢的中部，而不仅仅是在末端。这就是我称节肢形胚胎机制具有"语法嵌套"特性的原因：它能够在一个更大的"句子"中间删除或并入相当于整个关系从句或介词从句的存在。除了它们"语法嵌套"的特性外，节肢形还另有一种万花筒胚胎机制的味道。节肢形身体的每一个定量细节（例如，特定爪的角度，或特定体节的躯干宽度）都受到三种基因的影响——三种基因的数值相乘决定影响，具体方式我稍后会解释。一种基因是针对相关体节的，一种基因适用于整个动物的身体，还有一种基因则适用于被称为"体段"的体节子序列。体段是生物学术语，指一组由连续体节组成、体现不同功能特征的明显躯段，如昆虫的胸部和腹部各为一个体段。

对于任何特定的细节，比如爪的角度，三种基因结合起来产生影响的机制如下。首先是单个体节特有的基因。这完全不是万花筒式的，因为当它变异时，只影响有问题的体节。图 7.13a 显示了一种节肢形，其中每个体节在体节层次上具有不同的爪角度基因值。结果是每个体节都有不同的爪角度。顺便说一下，所有节肢形都满足简单的左右对称。

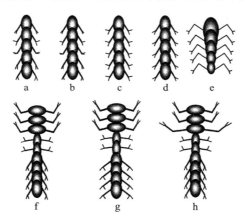

图 7.13　被用来阐明各种遗传效应的节肢形：（a）各体节爪角度基因不同的节肢形；（b）全身爪基因突变；（c）体节间无变异的节肢形；（d）与（c）相同，但只有一个突变影响全身爪角度基因；（e）体节大小呈现梯度，不影响足肢；（f）具有三个体段的节肢形，各体段的体节在几个特征上存在差异，但每个体段内的体节一致；（g）与（f）相同，但在（第三）体段上发生影响足肢的突变；（h）为（f）的突变，只影响一个体节的足肢。

再来看看影响爪角度的三种基因中的第二种，这个基因会影响整个动物的所有体节。当它变异时，动物所有体节的爪会同时改变。图7.13b是一个与图7.13a相似的节肢形，只是爪略微缩短了。在整个动物层次上影响爪大小的基因已经突变为一个较小的值，结果是单个爪收缩，同时保持彼此的体节层次特性。从数学上讲，正如我所说，这种效果是通过将每个单体节层次爪角度基因的数值乘以整个身体层次爪基因的数值来实现的。当然，爪角度只是许多定量细节中的一个，这些细节由这列"火车"上的类似的乘法算术同时决定。比如，有影响足肢长度的全身基因，这些基因与影响足肢长度的体节层次基因相乘。图7.13c和图7.13d所示节肢形在自身体节之间没有变异，但在整个生物体基因层次上存在爪角度差异。

第三类基因影响身体的一个独立区域——体段——比如昆虫的胸部。昆虫有三个体段，而我们的节肢形可以演化成拥有任意数量的体段，每个体段可以有任意数量的体节：体节数和体段数的变化本身都会以我们已经讨论过的"语法嵌套"方式发生突变。每个体段都有一组影响体段内的躯干、足肢和爪的形状的基因。例如，每个体段都有一个基因，可以影响该体段内所有爪的角度。图7.13f是一个有三个体段的节肢形。大多数情况下，不同体段之间的差异大于同一体段内部的差异。这种效果是通过基因值的相乘来实现的，就像我们在探讨全身基因时所解释的一样。

总而言之，每个属性（比如爪角度）的最终结果是通过将三种基因的数值相乘得出的：爪角度的体节基因、爪角度的体段基因和爪角度的全身基因。由于任何数乘以零的结果都是零，因此，如果在给定的体段中，决定足肢大小的基因值为零，那么该体段的体节将根本没有足肢，而不管其他两个水平上的基因值如何，就像黄蜂的腹部体节一样。图7.13g显示了图7.13f中节肢形的一个子代，它在第三体段层次上有一个决定足肢大小的基因突变了。图7.13h是图7.13f的另一个子代，但在这个例子中，只属于一个体节的足肢基因发生了突变。

因此，节肢形就具有了一种三层万花筒胚胎机制。它们可能在一个体节内发生突变，在这种情况下，这种变化只在身体的左右两侧镜像映射。而在这条"蜈蚣"或者说整个生物体层次上，它们也是万花筒式的：这个层次上的突变在空间上沿着身体的体节重复（也是左右镜像）。它们在中间层次，即体段层次上同样是万花筒式的：这个层次上的突变会影响一个局部体节簇中的所有体节，但不会影响身体的其他部分。我猜想，如果这些节肢形必须在现实世界中生存，它们的三层万花筒式突变可能会带来收益。我提出这个猜想是基于演化经济的同等原因，就像我们已经在对称镜像的例子中讨论过的那样。比如说，如果身体中间体段的足肢功能是行走，而身体后部体段的足肢功能是呼吸，那么演化的改进应该沿着一个体段的体节连续重复，但不波及另一个体段：行走附肢的改进不太可能有利于呼吸附肢。因此，拥有一类突变可能会让动物具有优势，当这类突变首次出现，便已经映射在某个体段的所有体节中。另一方面，对特定体节的足肢进行细节方面的特化调整可能会有更多的特殊收益，在这种情况下，具有"只产生左右镜像突变"这种额外倾向的胚胎机制可能会受到青睐。最后，如果突变同时显现于身体的所有体节上，但并非完全覆盖体节之间和体段之间的现有变异，而是对它们进行加权，例如相乘，这有时也可能会带来收益。

后来泰德·克勒和我受生物学发现的启发，把"渐变"基因引入了我们的节肢形程序。渐变基因使得节肢形的某一特定特征，比如爪角度，并非固定，而是在从动物的前部到后部的序列中逐渐增加（或减少）。图7.13e所示为除了体节大小（负）渐变外，体节之间没有其他变化的节肢形，其身体从前到后逐渐变细。

节肢形通过人工选择繁殖和演化，与生物形采取的方式相同。一个亲代节肢形位于屏幕中央，周围是它随机突变的后代。就像生物形的例子一样，人类选择者看不到基因，只看到它们产生的结果——身体形状——并选择一个子代进行繁育（同样没有性别）。被选中的节肢形滑到屏幕中央，周围便又是它的一窝突变后代。代复一代，基因数量的变化和基因值的变化通过随机突变在屏幕后发生。人类选择者所看到的只是一个逐渐演化的节肢形序列。就像所有的计算机生物形都可以说是从 ✖✖ 演化而来一样，所有的节肢形都可以说是从 ⬤ 演化而来的。身体体节处的整齐阴影使它们看起来具有实体感，这是一种修饰，在现有的程序中不发生变化，尽管在未来版本的程序中很容易将其纳入（三层）遗传控制之下。与图 1.16 中的生物形野生动物园类似，图 7.14 展示的是一个节肢形动物园，我不时地通过人工选择来培育它们，通常是基于某种生物学上的现实主义考虑。

　　这个动物园包括在万花筒胚胎机制的各个层次上发生变化的形态。你可以识别出具有锥形身体的节肢形至少具有一种渐变基因。你可以清楚地看出体段的划分：相邻体节彼此之间的相似程度超过它们与其他体节的相似程度。但是，即使在同一体段内的体节之间，你仍然可以找出形态上的一些变化。真实的昆虫、甲壳类动物和蜘蛛也以类似的分层万花筒的方式产生变化。真实节肢动物中所谓的"同源异形突变"尤其能说明问题，这种突变会导致一个体节发生变化，从而使其遵循对另一个体节而言正常的发育模式。

　　图 7.15 显示了果蝇和蚕中所谓的同源异形突变的例子。正常的果蝇和所有蝇一样，只有一对翅膀。如前所述，第二对翅膀由平衡棒代替。图 7.15a 是一只突变的果蝇，它不仅有第二对翅膀而非平衡棒，而且整个第二胸节被复制并取代了第三胸节。在节肢形中，这种效应可以通过"语法重复然后删除"来实现。图 7.15b 展示了正常的蚕和突变的蚕。正常的毛虫（蠋）和其他昆虫一样，有三对正常的"关节足"（昆虫足），而正如我所说过的，它们的后部体节有更柔软的"重塑足"。但图 7.15b 下部的突变毛虫有九对"正常"的关节足。之所以

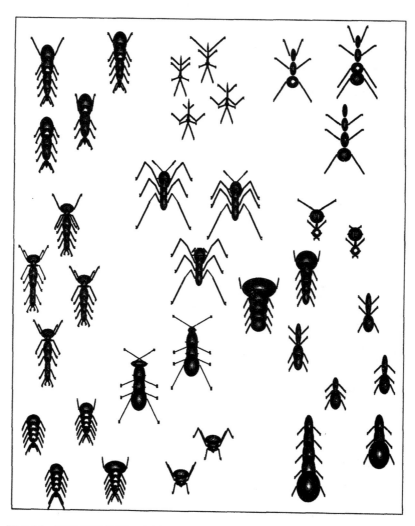

图 7.14　节肢形动物园。通过人工选择繁殖出来的节肢形的集合，目的是使它们与真实节肢动物有一定的相似之处。

如此，是因为胸部体段的体节被复制了，如图 7.12 右侧节肢形所示的那般。最著名的同源异形突变是果蝇的"触角足"（antennapedia）。携带这种突变的果蝇在原本应该长出触角的位置长出一条看起来正常的足。这是由于足肢生成机制在错误的体节启动了。

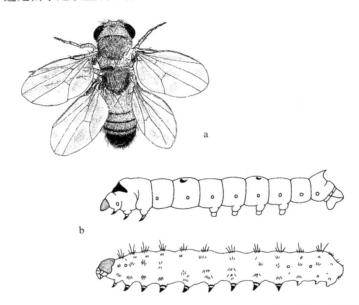

图 7.15　同源异形突变。(ａ) 四翼果蝇。在正常的果蝇中，第二对翅膀被平衡棒取代，如图 7.11 所示。(ｂ) 正常蚕（上）和变异蚕（下）。正常体只在三个胸节上有昆虫足，而突变体有九个"胸"节。

　　这样的突变体非常怪异，不太可能在自然界中生存，也就是说演化不太可能包容同源异形突变。因此，在澳大利亚的一次宴会上，当我走过一张堆满长足肢海鲜食材的桌子时（相当匆忙，因为我对食物很挑剔），其上陈列的某种动物着实让我吃了一惊。引起我注意的动物被澳大利亚的美食家称为"深海虫"。它是龙虾的一种，其群体成员在世界各地分别被称为琵琶虾、西班牙龙虾和铲鼻龙虾。图 7.16所示为我从牛津博物馆借来的蝉虾属（*Scyllarus*）的典型标本。这些动物最让我吃惊的是它们似乎有两个尾端。产生这种错觉的原因是，其位于身体前端的触角（严格来说是第二对触角）看起来和任何龙虾尾部最显著的附肢——尾足——非常相似。我不知道为什么触角会是这个形状。可能是因为它们被用作铲子，也可能是为了制造我所体验的那种错觉，以愚弄捕食者。龙虾有一种非常快的后退反射，一簇巨大的神经细胞专门用于此目的。受到威胁时，它们会以迅雷不及掩耳之势后撤。而捕食者可能会通过龙虾现在的体位来预判这种反射。

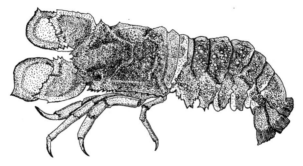

图 7.16　这是否代表在自然界中演化成功的同源异形突变？图为蝉虾，一种铲鼻龙虾。

　　如果捕食者面对的是一只普通的龙虾，这招可能会奏效，但是对于蝉虾来说，表面上的"后部"很可能是前部，于是预判其后退方向的捕食者可能会向完全错误的方向扑去。不管这种具体推测是否合理，这些龙虾大概的确从它们造型怪异的触角中获得了一些收益。但不管这种收益是什么，我都将以这种动物为例做一个更鲁莽的推测。我认为，蝉虾实际上可能是野外同源异形突变的一个例子，它的触角类似于实验室中果蝇的触角足。但与触角足突变不同，这种突变已被纳入自然界的实际演化变化中。对此，我的初步推测是，蝉虾的祖先发生了同源异形突变，将适合于尾足的发育子程序嵌入了本应长出触角的体节，而这种变化带来了一些收益。如果我是对的，这将构成一个巨变受到自然选择青睐的罕见例子：这便是对我们在第 3 章中遇到的所谓"希望畸形"理论的少有的证明。

这些当然都是推测性的。同源异形突变肯定会在实验室中发生，胚胎学家利用这些突变带来的启发建立节肢动物分节身体规划发育机制的细节。尽管这些细节令人着迷，但它们超出了本章内容的范围。在本章结尾，我将邀请读者根据计算机节肢形及其三层万花筒式突变来对比一些真实节肢动物。

来看看图 7.17 中的真实节肢动物，想象一下它们是如何通过节肢形式的万花筒基因演化出自己的形态的。例如，它们中是否有我们在图 7.13e 中看到的躯干逐渐变细的模式？现在，再看一眼这些真实存在的节肢动物，想象一下有一个突变，改变了其足肢末端的一些小细节，或者主干区域体节形状的一些细节。首先让你想象中的突变只适用于单个体节。我猜你已经自动将其想象为左右镜像，但这并非必然。它本身就是万花筒胚胎机制的一个例子。现在想想影响足肢末端的突变，但这次是影响相邻体节序列的足肢。图 7.17 中的动物展示了几个彼此相似的相邻体节序列的例子。再来一次，想象一个类似的突变，但影响身体的所有体节（即所有有足肢的体节）的足肢末端，又会如何。我发现，思考节肢形及其三层万花筒胚胎机制的经历，让我如同通过一只新的眼睛看到了图 7.17 中所示的那些真实节肢动物。此外，就像对称镜像的例子一样，我们很容易想见，具有节肢形式万花筒相应限制的胚胎机制可能会比那种更为宽松、更不受限的胚胎机制具有更丰富的演化潜力。如果按照这种思维方式，那么图 7.17 中呈现的各类形态，以及在此未加呈现的无数其他节肢动物的多样的形状，似乎在我眼中便有了一种特殊的意义。

本章的中心思想在于，万花筒胚胎机制，无论是像昆虫一样通过体节和体节簇从前到后排列成一条线，还是像水母一样通过对称的"镜面"映射，其体现的都是限制和增强的悖论。它们限制了演化，

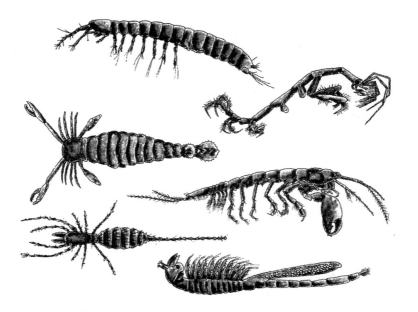

图 7.17　用体节可以做什么：节肢动物的样本。从左上起顺时针方向依次为四种甲壳类动物，一种广翅鲎（已灭绝的巨型"海蝎"，身长可以轻易达到近 3 米）和一种须脚类动物（蜘蛛和蝎子的远亲）。

因为它们限制了可供选择的变异范围。但它们也增强了演化——请恕我用一种人格化选择的语言来描述这一点——它们避免了自然选择浪费时间去探索那些虽然广阔，但无论如何都不会从中获得任何收益的空间。这个世界上的众多主要动物类群，如节肢动物、软体动物、棘皮动物、脊椎动物，每一种都具备一种形式的万花筒式受限的胚胎机制，这种胚胎机制被证明在演化上是卓有成效的。万花筒胚胎机制具备在地球上生生不息的资格。每当其万花筒模式或"镜面"的重大转变产生了成功的演化辐射，新的镜面或模式将被该次辐射中的所有谱系继承。这不是普通的达尔文式选择，而是对达尔文式选择的一种高层次比拟。因此，认为存在一种"不断改进的可演化性的演化"，也不算太过异想天开。

第 8 章

花粉粒和魔法子弹

有一次，我驾车带着当时 6 岁的女儿朱丽叶穿行于英国乡间，她将路边的一些花朵指给我看。我问她野花是用来做什么的。她的回答堪称面面俱到。她说："为了两件事。一件是让这个世界变得美丽，另一件是帮助蜜蜂为我们酿蜜。"这句话让我深受触动，不过我不得不告诉她这不是真的。

我小女儿的回答其实与历史上大多数成年人的回答没有太大不同。长期以来，人们普遍认为，那些基本的造物是为了满足我们的利益而存在的。《圣经·创世记》的第一章明确表示，人类对所有的生物都有支配权，动物和植物都是为人类的快乐和满足人类的需要而存在的。正如历史学家基思·托马斯（Keith Thomas）爵士在他的《人类与自然世界》（*Man and the Natural World*）一书中所记载的那样，这种态度在中世纪的基督教世界中普遍存在，并一直延续到今天。在 19 世纪，牧师威廉·柯比认为虱子是促进清洁不可缺少的动力。根据伊丽莎白时代的主教詹姆斯·皮尔金顿的说法，狩猎凶残的野兽培养了人类的勇气，并提供了有用的备战训练。对于一位 18 世纪的作家来说，上帝创造马蝇是为了"让人们运用智慧和勤奋来防范它们"。龙虾有坚硬的外壳，所以在吃它们之前，我们可以通过用力折断它们的螯来锻炼身体。另一位虔诚的中世纪作家认为，杂草的存在对我们有益：强制的拔草活动对我们的精神有好处。

动物被认为有幸分担因亚当的原罪而施加于我们的惩罚。基思·托马斯引用了一位 17 世纪的主教的话："它们身上发生的任何糟糕的变化都不是对它们的惩罚，而是对我们的惩罚的一部分。"这对动物们来说一定是一种极大的安慰。1653 年，亨利·莫尔认为，牛羊之所以被赋予生命，首先是为了让它们的肉保持新鲜，"直到我们需要吃掉它们的时候"。这种 17 世纪的思维方式得出的合乎逻辑的结论是，动物实际上渴望被吃掉。

> 野鸡、鹧鸪和云雀
> 飞向你家的餐盘，如同飞向方舟。
> 牛羊不请自来
> 心甘情愿躺上案板引颈就戮；
> 四方而来的百兽
> 自愿成为我等的供物。

道格拉斯·亚当斯（Douglas Adams）在《宇宙尽头的餐馆》（*The Restaurant at the End of the Universe*）中将这一自负发展为一个未来主义式的荒谬结论。《宇宙尽头的餐馆》是堪称杰作的"银河系漫游指南"系列中的一本。当男主角和他的朋友们在餐馆里坐下时，一只巨大的四足动物谄媚地走近他们的桌子，把自己当作今天的主菜，用愉快、有教养的语调向人类介绍自己。它解释说，它的种类已经被培育成想要被吃掉，并且能够清楚而明确地说："也许您想吃肩膀上的肉？……用白葡萄酒酱汁炖？……或者臀部也很好……我一直在锻炼它，吃了很多谷物，所以那里有很多好肉。"阿瑟·邓特是用餐者中最不懂银河系的人，他被吓坏了，但其他人都点了大牛排，于是这只温柔的生物感激地跑到厨房开枪自杀（它还富有人情味地向阿瑟眨了眨眼，让他放心）。

道格拉斯·亚当斯的故事当然是公认的喜剧，但据我所知，下面关于香蕉的讨论，一字不差地摘自我的一位信奉神创论的通信笔友发来的现代风格小册子，其意图是严肃的，并非开玩笑。

请注意香蕉：

1. 其形状正适合人手握住

2. 外表不滑

3. 有对其内部成熟度的外在指示：绿色的太生，黄色的正好，黑色的已坏

4. 有一个小拉手，可以用来剥掉外皮

5. 外皮多孔

6. 外皮可生物降解

7. 形状很合嘴

8. 在顶部缩小，适合下嘴

9. 能满足味蕾

10. 有一个弧度，吃起来更容易

生物是为了满足我们的利益而存在的，这种态度仍然主导着我们的文化，即使它的基础已经崩塌了。而为了科学地理解这个世界，我们现在需要找到一种不那么以人为中心的自然世界观。如果说野生动物和植物是为了某种目的而来到这个世界的——而且我们有一种恰当的比喻来描述这个目的——那也肯定不是为了人类的利益。我们必须学会用非人类的眼光看问题。就我们在本章开篇所讨论的花朵而言，如果我们能稍微明智一点，至少可以通过蜂和其他为这些花朵传粉的生物的眼睛来观察它们。

蜂的一生都围绕着五彩缤纷、芬芳馥郁、流淌着花蜜的花朵世界打转。我这儿说的可不仅仅是蜜蜂，因为有成千上万种不同的蜂，它们都完全依赖花朵。它们的幼虫以花粉为食，而它们的成虫飞行的唯一燃料是花蜜，这也完全由花朵提供。当我说"提供"的时候，我可不仅是在进行毫无意义的拟人修辞，而是要表达其字面意思。与花蜜不同，花粉不是纯粹为蜂提供的，因为植物制造花粉主要是出于自身目的。它们乐于接受蜂吃一些花粉，因为后者在把花粉从一朵花运到另一朵花这个过程中提供了极其有价值的服务。但花蜜是一个更极端的例子。除了喂养蜂，它没有其他存在的理由。大量生产花蜜纯粹是为了贿赂蜂和其他传粉昆虫。蜂为了得到花蜜而努力工作。为了酿一磅紫云英蜜，蜂要采大约 1000 万朵花。

蜂可能会说："花是为了向我们蜂提供花粉和花蜜而存在的。"即使蜂并不能完全理解这一点，但既然我们人类可以认为花是为了我们的利益而存在，那么蜂的观点显然比我们的更正确。我们甚至可以说，花朵，至少是那些色彩艳丽的花朵，之所以如此鲜艳，是因为它们是由蜂、蝴蝶、蜂鸟和其他传粉生物"培育"出来的。这一章最初所依据的讲座的标题即为《紫外线花园》。这是一个寓言。紫外光是一种我们看不见，而蜂可以看见的光，它们看到的紫外光是一种独特的颜色，有时被称为蜜蜂紫。蜂眼中的花与我们眼中的花肯定是截然不同的（图 8.1）。同样，对于"花是为了造福谁"这个问题，我们最好通过蜂的眼睛而不是人类的眼睛来探究。

"紫外线花园"只是借用蜂奇特的视觉而作的一个寓言，用以改变我们探究问题的视角，我们要尝试用新的视角解答关于花——以及所有其他生物——是为了"造福"谁或为了什么而存在的问题。如果花有眼睛，它们对世界的看法在我们看来可能比蜂那种外星生物似的紫外线视觉更奇怪。植物眼中的蜂会是什么样子？从花的角度来看，蜂在造福什么？对花来说，它们就像制导导弹，负责将花粉从一朵花发射到另一朵花。在此我需要解释一下这方面的背景知识。

图 8.1 （a）月见草，在可见光下拍摄；（b）同样的花朵，用紫外光（昆虫能看到，而我们看不见）拍摄的照片，显示出花朵中间的星形图案。据推测，这种图案可以帮助昆虫找到花蜜和花粉。

　　首先，通常存在充分的遗传原因使植物更倾向于由其他植物的花粉进行异花授粉。乱伦式的自我交配会失去有性生殖带来的收益（不必管这些收益是什么，这本身就是一个有趣的问题）。如果一棵树用自己的雄花的花粉给雌花授粉，那它可能根本就懒得授粉，制造一个自己的无性克隆体会更有效率。当然，许多植物就是这样做的，这样做也有其道理。但正如我们在前面章节读到的，在一些情况下，将一个个体的基因与另一个个体的基因进行重组的做法会更有道理。要解释其中的详细论点可能需要大量的题外话，但玩这场性之轮盘赌肯定会带来一些实质性的收益，否则自然选择不会允许性成为几乎所有动植物生命中如此令人痴迷的诱惑。无论这些收益是什么，如果你不把你的基因与另一个个体的基因进行洗牌，而只是把你自己的两组相同基因进行洗牌，那么这些收益在很大程度上就会消失。

　　花在植物的生命中除了被用于与另一种拥有不同基因的植物交换

基因外，别无他用。有些植物，比如草，是靠风来传粉的。它们使空气中充满花粉，其中一小部分很幸运地飘到了同种植物的雌花上（另一部分则飘到了花粉症患者的鼻子和眼睛里）。这种传粉方法是随意的，从某些角度来看，是浪费的。利用昆虫（或其他传粉动物，如蝙蝠或蜂鸟）的翅膀和肌肉通常更有效。这种手段使花粉更直接地针对目标，因此所需的花粉量要少得多。另一方面，为达成引诱昆虫这一目标，植物必须有一些支出。这笔预算的一部分用于自我宣传，具体形式是色彩鲜艳的花瓣和芳香的气味，另一部分则是用于生产作为贿赂的花蜜。

对昆虫来说，花蜜是高质量的飞行燃料，对植物来说，制造花蜜的成本很高。有些"厂家"会为了降低成本而采用欺骗性广告。其中最著名的是一些兰花，它们的花看起来和闻起来都像雌性昆虫（图 8.2）。

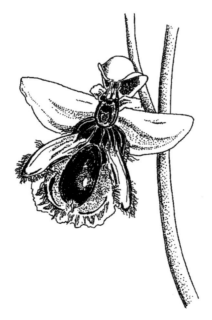

图 8.2 模拟昆虫的兰花，伊比利亚蜂兰（*Ophrys vernixia*）。

雄性昆虫会试图与花交配，无意中便携带了大量花粉，或者，在另一朵花上卸下了花粉。有模仿雌蜜蜂的蜂兰，也有专门模仿雌蝇和雌黄蜂的兰花。其中一种黄蜂的模仿植物，也就是著名的铁锤兰，将它模拟出的假雌黄蜂置于一根铰接的弹簧柄的末端，使其翘起，与保存花粉的部分保持一定距离（图8.3）。当雄黄蜂落在假雌蜂上时，弹簧会被释放。于是雄黄蜂被带动着反复猛烈撞击花粉囊。当雄黄蜂挣脱时，它的背上便已经装上了两个花粉囊。

图8.3　菲氏铁锤兰（*Drakaea fitzgeraldii*）：（a）黄蜂落在诱饵上；（b）铰链弯曲，黄蜂的背部反复撞击花粉囊。

　　所谓的桶兰也同样手段巧妙，它的工作原理有点像猪笼草，但有一个重要的区别。这种花内含有一大池液体，散发着诱人的香味，闻起来就像一种特定蜂的雌蜂所分泌的性引诱剂。这一物种的雄蜂会被这种液体吸引，掉进这池水中，淹个半死。唯一的出路是通过一条狭窄的通道。这只挣扎的蜂最终发现了这一点，于是他爬过通道。通道的另一端有一个复杂的出口，他会被困在那儿几分钟，然后才能挣脱出来。在最后这番挣扎的过程中，两个又大又圆的花粉囊被整齐地转移到了他的背上。然后他飞走了，也许更倒霉，但不长记性地掉进了另一朵桶兰里。他又一次差点淹死，又一次痛苦地穿过逃生通道，又一次在出口处被困了些许时间。在此期间，第二株兰花将他背上的花粉囊卸了下来，于是传粉得以完成。

别介意"更倒霉,但不长记性"那句评价。一如既往,我们应该抵制将此类存在归因于某种刻意意图的诱人想法。如果非要说的话,只能是这些植物的案例更能引诱人往这方面想。无论是对花还是对蜂,我们正确思考"到底发生了什么"的方式是将其视为在无意识间精心雕琢的机制。那些成功操纵蜂的桶兰,其包含相应构建基因的花粉将被蜂携带。而那些在控制蜂行为方面做得不太成功的兰花,包含其相应构建基因的花粉就不太可能被蜂携带。因此,代复一代,兰花在操纵蜂方面变得越来越擅长(尽管实际上,我们必须承认,在欺骗蜂与它们交配方面,蜂兰实际上并没有取得惊人的成功)。

这些惊人的兰花体现了传粉策略的一个重要方面。许多花似乎煞费苦心地让一种特定的动物为其传粉,而不是其他任意动物。在新世界热带地区,只要一种花具有红色管状外形,我们便可较有把握地判断这种植物专门由蜂鸟传粉。对于鸟的眼睛来说,红色是一种明亮而有吸引力的颜色(昆虫根本不能把红色看作一种颜色)。长而窄的管道排除了其他所有的传粉生物,只有长着同样长而窄的喙的特化传粉生物——蜂鸟——能胜任这一职务。其他的花则以各自的方式特意只选择蜂传粉,我们已经指出过,它们的花通常在光谱中不可见(对人类而言)的紫外波段上显露颜色和图案。还有一些花朵只靠夜间飞行的飞蛾传粉。它们通常是白色的,更喜欢利用气味而不是视觉呈现来吸引传粉者。也许在这种向着独家传粉伙伴关系演进的过程中,登峰造极的是一个堪称合作无间的二重奏组合——无花果树与其专属的榕小蜂——我们这本书开篇提到的例子,也是结尾的。但为什么植物要对传粉者如此挑剔呢?

想必培育专属传粉者的优势是拥有传粉动物而非靠风传粉所获取优势的一个更极端的版本。它进一步缩小了目标范围。风媒传粉是极其浪费的,以奢侈铺张的方式让整个乡村沐浴在花粉雨中。由各种杂而不精的飞行动物传粉自然更好,但仍然相当浪费。拜访你这朵花的蜂可能之后会飞到完全不同种植物的花朵上，这样你的花粉就会被浪费。普通蜂携带的花粉不会像风媒传粉的草类花粉那样播满乡村，但相对而言，它们还是会被肆意播撒得到处都是。可以将这种方式与桶兰的自用蜂种或无花果树的专属榕小蜂做个对比。后两种昆虫飞得很准，就像一枚微型导弹，或者像医学记者所说的"魔法子弹"，从它携带的花粉所来自的植物的角度来看，它精确地瞄准了正确的目标。在榕小蜂的例子中，正如我们将看到的，这不仅意味着另一棵无花果树，而且是从 90 种可选的无花果树中精确选择了正确品种的另一棵无花果树。雇用专属传粉者势必大大节省花粉生产成本。不过另一方面，正如我们也将看到的，这种行为本身增加了其他成本，而且它不是一种从霰弹枪发展到魔法子弹的过程中的中间技术，它自身必须对生物有用。无花果树的传粉可能是依赖于一种专属传粉者所射出的"魔法子弹"的终极版本，我们会将有关这一点的内容留到最后一章的压轴部分。

让我们说回蜂类，它们提供的传粉服务确实是体量巨大的。据计算，仅在德国，蜜蜂在夏季的一天内就能为大约 10 万亿朵花授粉。据计算，人类 30% 的食物来自蜂类授粉的植物，如果蜂类灭绝，新西兰的经济将会崩溃。对此，花朵可能会说，蜂存在于这个世界，是为了为我们花携带花粉。

世界上那些五颜六色、芳香扑鼻的花，虽然它们似乎是为了我们的利益而存在的，但事实绝非如此。花生活在昆虫的花园里，一个神秘的紫外线花园，我们人类再自负，也得承认这与我们无关。花朵一直以来都接受培育和驯化，但直到极其晚近的时代，培育花朵的园丁都是蜂和蝴蝶，而不是我们人类。花利用蜂，蜂也利用花。这一伙伴关系中的双方都受到对方的影响和塑造。在某种程度上，双方都被对方驯化与培养。紫外线花园是一座双向花园。蜂培育花是出于它们自己的目的，而花驯养蜂也是如此。

这样的伙伴关系在演化中很常见。自然界也有所谓的蚂蚁花园，这个花园由附生植物（生长在其他植物表面的植物）组成，蚂蚁通过携带合适类型的种子并将其埋在蚁穴的土壤中来播种。这些植物从蚁穴的表面长出来，它们的叶片为蚂蚁提供食物。有研究表明，有些植物扎根在蚁穴里会长得更好。其他种类的蚂蚁和白蚁则专门在地下培育真菌，种植孢子，为这个花园除草以清除竞争真菌，并用嚼碎的叶片制成的堆肥给它们施肥。以新世界热带地区著名的切叶蚁为例，它们的蚁群规模可达 800 多万只，其所有觅食努力都是为了收获刚割下的新鲜树叶。它们能像蝗群一样无情、高效地摧毁一个地区的植被。然而，它们获得的叶片并不是供蚂蚁或其幼虫吃的，而是纯粹用来给真菌园施肥的。切叶蚁自己只吃真菌，这种真菌只生长在这种切叶蚁的巢穴里。这些真菌可能会说蚂蚁的存在纯粹是为了培育真菌，而切叶蚁可能会说真菌的存在纯粹是为了喂养切叶蚁。

也许所有喜蚁植物中最引人注目的是一种东南亚的附生植物，它们的茎上长着一个巨大的球状结构，叫作假鳞茎。这个假鳞茎内有一个迷宫般的空腔。这空腔非常像蚂蚁在土壤中为自己挖的洞，人们自然会怀疑它们是蚂蚁挖出来的。然而，事实并非如此。这些空腔是由植物形成的，而蚂蚁就住在里面（图 8.4）。

还有一种蚂蚁更为人所熟知，它们只生活在金合欢树的特殊空心刺中（图 8.5）。这些刺很粗，呈球茎状。这种植物已经把刺掏空了，显然除了用来安置蚂蚁之外别无他用。植物从这种布置中获得的收益是蚂蚁的蜇刺所带来的保护，这已经被简单的实验证明了。实验中，一旦金合欢刺中的蚂蚁被杀虫剂杀死，那么金合欢很快就会遭受食草动物明显增加的啃咬蹂躏。如果蚂蚁有能力思考的话，会认为金合欢的刺是为蚂蚁的利益而存在的。而金合欢则认为蚂蚁是为了保护它们免受精食动物①的侵害而存在的。那么，我们是否应该认为，这

---

① 一类食草动物，以树木的叶片和嫩枝为食，而非以草类为食。

图 8.4 一种为蚂蚁提供定制住所以换取保护的植物。图为蚁巢木（*Myrme-codia pentasperma*）假鳞茎的切面。

图 8.5 金合欢刺。另一个蚂蚁与植物合作的例子。这些球茎状的刺被掏空，以便蚂蚁使用。

种伙伴关系中的每一个成员都在为对方的利益而努力？也许我们最好把每一方都看作为了自己的利益而利用对方。这是一种相互剥削的关系，每一方都从另一方获得足够的利益，从而使提供帮助所付出的成本"物有所值"。

众所周知，生态学家很容易陷入一种倾向，即认为所有的生命都构成一种相互支持的群体关系。植物是这个群落的主要能源收集者。它们捕获阳光，并将其能量提供给整个群落。它们被吃掉是对群落的贡献。食草动物，包括大量的食草昆虫，是太阳能量从初级生产者（植物）向食物链的更高层级（食虫动物、小型食肉动物和大型食肉动物）传递的通道。当动物排泄或死亡时，它们体内重要的化学物质会被蜣螂和葬甲等食腐动物回收利用，这些食腐动物把宝贵的接力棒交给了土壤细菌，而土壤细菌最终把这些物质重新提供给植物。

只要人们清楚地认识到，这个循环的参与者如此做并不是为了这个循环的利益，这幅描绘能源和其他资源循环的和谐图景就没有什么太大的问题。它们身处循环之中是为了自己的利益。蜣螂捡粪埋起来当食物，她和她的同类为满足自己的需要而进行的清理和回收服务对该地区的其他居民来说是有价值的，不过这一事实纯属偶然。

草为整个食草动物群落提供主要食物来源，食草动物则给草施粪肥。如果你把食草动物移走，许多草甚至就会死亡。但这并不意味着草的存在是为了被食用，或者在任何意义上通过被食用而受益。一棵草，如果它能表达自己的愿望，它宁愿不被吃掉。那么，我们该如何解决这个悖论，即如果食草动物被移走，草就会死亡？答案是，虽然没有植物想要被吃掉，但草比许多其他植物更能忍受这种啃食（这就是为什么它们被种植于那些需要修剪的草坪）。只要一个地区的植被被大量啃食或收割，与草竞争的植物就无法生存。树木无法立足，因为它们的幼苗被破坏了。因此，食草动物间接地对整个草类有利。但这并不意味着单株的草本植物会因被啃食而受益。它可能因其他草被啃食而受益，包括与它同属一类的其他植株，因为这将为其带来红利，即施加肥料和帮助其清除竞争植物。但是，如果单株草本植物自身可以不被啃食，那当然就更好了。

我们在本章一开始对一种常见的谬误进行了讽刺，即花朵和动物是为了人类的利益而存在的，牛渴望被吃掉，等等。稍稍站得住脚的观点是，它们存在于这个世界上，是为了满足与它们有一种自然演化出的互惠关系的其他物种的利益：花是为了蜂的利益而存在的，蜂则是为了花的利益，金合欢的膨胀刺是为了蚂蚁的利益，而这些蚂蚁则是为了金合欢的利益。但是，这种生物是为了"造福于"其他生物而存在的观念，有被归为谬论的风险。我们绝对不能与那些通俗生态学家的谬论扯上关系，这种谬论认为所有个体都在为群落、为生态系统、为"盖娅"① 的利益而奋斗。那么，当我们谈及一个生物是为了"造福于"某物而存在的，我们所指的是什么？所谓"造福"到底是什么意思？花朵和蜂、榕小蜂和无花果树、大象和狐尾松是什么关系——所有这些生物的真正目的是什么？何种实体的"利益"需要献祭一个活的肉体或其一部分来满足？是时候对这些问题好好思考一番了。

这些问题的答案便是DNA。这是一个深刻而精确的答案，它的论据是无懈可击的，但它需要一些解释。这便是我在本章剩余部分和下一章要做的。作为开始，我得回到我女儿的话题上。

有一次，她发高烧，我坐在她床边，用凉水擦拭她的身体，对她的痛苦感同身受。现代医生可以向我保证，她的热度并不算严重，但作为一个因女儿的病而夜不能寐的慈爱父亲，我不禁回想起几个世纪前无数孩童的死亡，以及每个个体逝去所带来的痛苦。查尔斯·达尔文本人就从未从他深爱的女儿安妮令人费解的死亡中恢复过来。据说，

---

① 此处指英国天文学家詹姆斯·洛夫洛克提出的"盖娅假说"。在他的假说中，地球被视为一个"超级生物体"，也就是"盖娅"（以希腊神话中大地母神的名字命名）。

因为对上帝不公地让如此幼小的孩子遭受病痛折磨无比愤恨，达尔文就此失去了宗教信仰。如果当时朱丽叶转过身来，带着与我们早先那场愉快谈话截然相反的可怜巴巴的语气问我"病毒是用来做什么的呢？"，我该怎么回答呢？

病毒是用来做什么的？给人类制造逆境，让人类战胜逆境，从而变得更优秀、更强大？（这就像在谈论奥斯威辛集中营的好处一样，我曾与一位持此观点的神学教授在英国电视平台上进行过辩论。）杀死足够多的人来防止世界人口过剩？（在神学权威禁止有效避孕的国家，这倒是一个特别的福音。）为了惩罚我们犯下的罪？（就艾滋病病毒而言，你会发现很多宗教狂热者都同意这一观点。人们几乎会为中世纪的神学家感到遗憾，因为在他们那个时代竟没有出现这种令人钦佩的道德楷模病原体。）这些回答还是过于以人为中心了，尽管是以消极的方式。病毒，就像自然界的其他事物一样，对人类没有兴趣，不管是积极的还是消极的。病毒只是用 DNA 语言编写的编码程序指令，它们是为了指令本身的利益而存在的。这指令上写着"复制我，传播我"，遵循指令的正是我们所遇到的那些病毒。如此而已。这是你能够得到的与"病毒的意义是什么？"这个问题的真相最为接近的答案了。这种意义似乎毫无意义，而这正是我现在要强调的。我将以计算机病毒为例来说明这一点。真正的病毒和计算机病毒之间的相似性非常大，这个类比也很有启发性。

计算机病毒只是一个计算机程序，用和其他计算机程序相同的语言编写，并通过相同的媒介传播，例如磁盘、计算机网络、电话线、调制解调器和被称为互联网的软件。任何计算机程序都只是一组指令。指令的内容是什么？可以是任何事。有些程序是一套算账的指令。文字处理软件是一组指令，用来接收输入的文字，在屏幕上排列它们，最终打印出来。还有一些程序，比如最近击败国际象棋大师卡斯帕罗夫的"天才 2 号"，是关于如何下好国际象棋的指令。计算机病毒是一种由指令组成的程序，指令大意如下：每次你遇到一张新的计算机磁盘，复制一个我，并把它放在那张磁盘上。这是一个"复制我"的程序。它可能会顺便给出更多的指令，例如，擦除整个硬盘数据，或者它可能会使计算机以小机器人的语调说出"不要惊慌"。但这只是顺便为之。计算机病毒的标志，它的识别特征，是它包含了用计算机会遵循的语言写成的"复制我"的指令。

人类可能认为没有理由去服从这种绝对强制性的命令，但计算机却会盲目地服从任何东西，只要它是用计算机自身的特定语言编写的。"复制我"就像"反转这个矩阵"、"给这个段落加斜体"或"将这个'兵'进两格"一样容易被遵守。此外，交叉感染的机会也很多。计算机用户肆意交换磁盘，将游戏程序和有用的程序传递给朋友。你自然可以想见，当有很多磁盘被随意共享时，一个发出"把我复制到你遇到的每一张磁盘上"的指令的程序就会像水痘病毒一样在世界各地传播。它很快就会有数以百计的拷贝，而且数量还会增加。如今，随着互联网的信息高速公路在网络空间纵横交错，计算机病毒实现高速交叉感染的机会就更多了。

就像我在谈论真实疾病病毒时所遇到的那样，人们很容易质疑这种寄生程序的无意义性。一个只会要求复制自身的程序到底有什么用？诚然，它会被复制，但这种纯粹的自我指涉行为难道不徒劳可笑吗？确实！这是徒劳无益的。但从某个意义上说，它是否徒劳和无意义并不重要。它可能毫无意义，但仍在传播。它传播，因为它会传播。事实上，它在传播过程中没有任何用处——甚至可能有害——但这无关紧要。在计算机和磁盘交换的世界里，它存在只是因为它存在。

生物病毒也是一样。从根本上说，病毒只是一个用 DNA 语言编写的程序，DNA 语言与计算机语言非常相似，甚至是用数字代码编写的。就像计算机病毒一样，生物病毒只会说"复制我，传播我"。就像计算机病毒一样，我们并不是说病毒的 DNA "想要"复制自己，只是，在 DNA 的所有排列方式中，只有那些能拼出"传播我"的指令的排列方式才会传播。世界上到处都是这样的程序。再说一次，就像计算机病毒一样，它们存在只是因为它们存在。如果它们不包含确保它们存在的指令，它们就不会存在。

这两种病毒之间唯一重要的区别是，计算机病毒是由搞恶作剧或心怀恶意的人类创造性地设计出来的，而生物病毒则是通过突变和自然选择演化而来的。如果一种生物病毒有类似令感染者打喷嚏致死的不良效应，那么这些都是其传播方式的副产物或症状。计算机病毒的不良影响有时也属此类。1988 年 11 月 2 日，著名的互联网蠕虫病毒在美国网络上肆虐，它的不良影响都是无意中产生的副产物（从技术上讲，计算机蠕虫与计算机病毒是不同的，但我们不必为此烦恼）。该程序的拷贝占用了大量内存空间和处理器时间，导致大约 6000 台计算机陷入瘫痪。正如我们所见，计算机病毒有时会产生不良影响，这些影响并不是副产物或不可避免的症状，而是纯粹恶意的表现。这些有害的影响非但不会有助于寄生病毒的传播，反而会减缓它的传播。真正的病毒不会如此以人为目标，除非它们是在生物战实验室里被设计出来的。自然演化的病毒不会特意杀死我们或让我们受苦。它们对我们是否受苦不感兴趣。如果我们受苦，那也是它们自我传播活动的副产物罢了。

"复制我"的指令和任何指令一样，除非有机制来执行它们，否则是没有用的。计算机世界是一个适合"复制我"的程序的好地方。通过互联网连接起来的计算机，在人们借用磁盘的行为的推波助澜下，俨然构成了自我复制的计算机程序的天堂。众多集成了复制指令和遵循指令的现成机器飞快运行，在某种意义上，它们甚至企盼着为任何给出"复制我"指令的程序所利用。而在 DNA 病毒的例子中，现成的复制和遵循机制就是细胞的机制，是信使 RNA、核糖体 RNA 和各种转运 RNA 所构成的一整套精巧的工具，每个 RNA 都连接到自己携带的密钥所编码的氨基酸上。我在这里不会赘述其中的细节，感兴趣的读者可以查阅 J. D. 沃森（J. D. Watson）那部绝对明白易懂的作品《基因的分子生物学》（*Molecular Biology of the Gene*）。就我们的目的而言，我们只需明白，首先，每个细胞都包含一套对计算机指令服从机制的微小模拟；其次，地球上所有生物的所有细胞的机器编码都是相同的。（顺便说一句，计算机病毒可没有这么幸运：DOS 病毒无法感染 Mac 计算机，反之亦然。）计算机病毒指令和 DNA 病毒指令之所以被遵循，是因为它们是用一种代码编写的，而这种代码在它们各自所在的环境中被盲目地遵循。

但是，所有这些被盲目遵循的复制和指令执行机制是从哪里来的呢？其不是凭空出现的。其必须被制造出来。就计算机病毒而言，机器是由人类制造的。而就 DNA 病毒而言，其制造机制是其他生物的细胞。那么，是谁制造了其他生物，比如人类、大象和河马，并使得它们的细胞给病毒如此便利？答案是，其他自我复制的DNA——"属于"人类和大象的 DNA——制造了它们。那么，大象、樱桃树和老鼠等大型生物又是什么呢？（我说这些是大型生物，是因为即使是老鼠，从病毒的角度来看，也是极其巨大的。）老鼠、大象和花朵是为了谁的利益而来到这个世界的呢？

我们正在接近所有这类问题的明确答案。花朵和大象与生物王国中的其他事物一样，都是为了传播用 DNA 语言编写的"复制我"程序而存在的。花是用来传播制造更多花的指令的，大象是用来传播制造更多大象的指令的，而鸟则是用来传播制造更多鸟的指令的。大象的细胞无法分辨它们盲目服从的指令是病毒的指令还是大象的指令。就像丁尼生笔下的轻骑兵队，"当有人下达错误命令，他们要做的不是抗命，不是辩驳，而是去执行，去奋斗至死"。

你会明白，我用"大象"来指代所有大型的、自主的生物，比如花或蜂，人类或仙人掌，甚至细菌。如我们所见，病毒的指令是"复制我"。那么大象的指令在说什么？这是我希望在本章末尾留给你们的重要洞见。大象的指令也在说"复制我"，但它们的表达方式要迂回得多。大象的 DNA 构成了一个巨大的程序，类似于计算机程序。就像病毒的 DNA 一样，它本质上也是一个自我复制的程序，但它包含了一个几乎令人难以置信的巨大偏离，并以此作为有效执行基本信息的重要构成。正是这个偏离造就了一头大象。程序说："要以一条迂回路线复制我，得先造出大象。"大象吃东西是为了成长；它成长是为了成年；它成年是为了交配并繁殖出新的大象；而它繁殖出新的大象便是为了传播原始程序指令的新副本。

你也可以将此说法套用到一系列生物上。孔雀的喙通过拾取食物来维持孔雀生存，是一种间接传播制造孔雀喙的指令的工具。雄孔雀的尾屏是一种传播制造更多孔雀尾屏的指令的工具，其工作原理是吸引雌孔雀。它擅长勾起雌孔雀的兴趣，就像喙擅长叼起食物。拥有最亮丽尾屏的雄孔雀将产生最多的子代来传递尾屏美化基因的副本。这就是孔雀尾屏如此美丽的原因。它们在我们眼中的美丽只是一种偶然产生的副产物。孔雀的尾屏是一种基因传播工具，它通过雌孔雀的眼睛发挥作用。

翅膀是用来传播制造翅膀的基因指令的工具。还是以孔雀为例，它们作为基因的保存者而记录指令信息，尤其是当它们被捕食者惊吓并短暂飞起时。植物为它们的种子营造出类似飞行器官的东西（图8.6）。尽管如此，大多数人可能不愿意用真正意义上的"飞行"这个词来形容植物。植物似乎不会飞，也没有翅膀。

但是等等！从植物的角度来看，如果它可以借用蜂的翅膀，或蝴蝶的翅膀完成这项工作，那它当然不需要自己的翅膀。事实上，我不介意把蜂的翅膀称为植物的翅膀。它们是植物用来将花粉从一朵花传送到另一朵花的飞行器官。花是将植物的 DNA 传递给下一代的工具。它们的作用就像雄孔雀的尾屏，但不是用于吸引雌孔雀，而是用于吸引蜂。除此以外，两者别无二致。就像雄孔雀的尾屏间接作用于雌孔雀的腿部肌肉，使其走向雄孔雀并与之交配一样，花的颜色和纹路、气味和花蜜也作用于蜂、蝴蝶和蜂鸟的翅膀。蜂被花吸引过来。它们扇动着翅膀，把花粉从一朵花带到另一朵花。蜂的翅膀确实可以被称为花的翅膀，因为它们携带花的基因，就像它们携带蜂的基因一样。

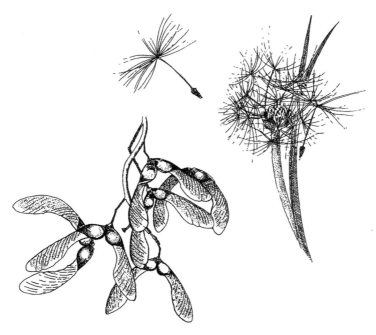

图 8.6　带翅膀的 DNA：美国梧桐和蒲公英的种子。

　　大象的身体无法分辨它们是在传播大象的 DNA 还是病毒的 DNA，蜂的翅膀也无法分辨它们是在传播蜂的 DNA 还是花的 DNA。碰巧的是，如果我们不考虑诸如蜂被愚弄而浪费时间与兰花交配这样的特殊情况，那么蜂的努力其实既传播了自己的 DNA，也传播了花的。从蜂执行机制的角度来看，"自己的" DNA 和花的 DNA 之间的区别是无法察觉的。孔雀、蜂、花和大象——它们与自身 DNA 的关系，和它们与寄生病毒 DNA 的关系并无区别。病毒 DNA 是一个程序，它会说：用宿主细胞现成的机器，用简单直接的方式复制我。而大象的 DNA 说：用更复杂迂回的方式复制我，首先要造一头大象。至于花的 DNA，它会说：用比这还要复杂迂回的方式复制我；首先，造一朵花，其次，通过间接影响，比如诱人的花蜜，用那朵花操纵蜂的翅膀（这些翅膀已经按照另一组 DNA 的规范，也就是蜂"自己的"DNA 构造出来了），使蜂将花粉粒携带到很远很远的地方，这些花粉粒包含完全相同的 DNA 指令。在下一章中，我们将从另一个论述方向展开讨论，再次得出这个结论。

第 9 章

机器人重复因子

我们刚刚在上一章得出结论，花和大象实际上是它们自身 DNA 的宿主，就像它们是病毒 DNA 的宿主一样。这个结论是正确的，但留下了一些悬而未决的问题。论证中缺少了重要的一步。计算机病毒的日子过得很轻松，因为世界上已经充斥着功能强大、随时准备听从指令的计算机。这些计算机是人造的，对计算机病毒而言唾手可得。对 DNA 病毒而言，它们的宿主及其所具备的全套精妙复杂的遵循指令的细胞机制，也一样唾手可得。但是这套生物机制本身又是从何而来的呢？

想象一下，像计算机病毒这样的东西，如果它没有一台现成的、可以完全按照它的指令运行的计算机，而是必须从头开始会怎样。它不能只是说"复制我"，因为没有计算机来执行指令。在一个没有现成的计算机和复制机制的世界里，要真正自我传播，一个自我复制的计算机程序必须做些什么？它必须这样开始："制造复制我所需的机器。"在此之前，它必须说："制造零部件，用来组装复制我的机器。"再之前，它还必须说："收集制造零部件所需的原材料。"这个更复杂的程序需要一个名字。我们称它为"指令完全复制程序"（Total Replication of Instructions Program），简称 TRIP。

TRIP 要控制的不仅仅是一台有键盘和屏幕的普通计算机。它要控制的机器必须拥有相当于熟练手臂的工具，或用于抓取和操纵的设备，并与传感设备相结合，以便塑造零件并将它们拼凑在一起。为了找到和组装这些零件，在此之前还要收集原材料，因此这种类似手臂的设备是十分必要的。一台计算机可以在它的屏幕上模拟各种事物，但它不能自行制造另一台和它一模一样的计算机。要做到这一点，它需要涉足现实世界，操纵真实的固体金属、硅和其他材料。

让我们仔细审视这一过程所涉及的技术问题。现代台式计算机可以处理阴极射线管显示屏上的彩色形状，彩色打印，有时还可以处理立体声扬声器中的声音。这些都可以用来制造三维立体的视觉，但它们实际上是错觉，通过欺骗人类的大脑来发挥作用。我们可以在屏幕上用透视法绘制一个立方体，然后通过适当的表面渲染，使它看起来如同真实存在的物品，但你仍然不能真正拿起它，用你的指尖摩挲它，感觉它的实体质感和重量。通过合适的软件，你可以模拟将立方体切成两半，并在屏幕上查看横截面。但它也不是真正的实体。未来的计算机可能会以类似的方式欺骗其他感官。比如未来的鼠标对等物可能会在操作者推动屏幕上的"重物"时，向手指传递一种真实的惯性。但是这个物体并不真的很重，也并非由有形的固体物质构成。

我们这台运行 TRIP 的计算机必须实现比人类想象到的更多的操作。它必须能够处理现实世界中的固体物品。计算机如何做到这一点呢？这将是极其困难的。我们可以通过尝试设计一种新型的计算机打印机——"3D 打印机"来作为起步。一台普通的计算机打印机可以在一张二维的纸上打印墨水。其可以实现一种近似三维表现的方法，比如说，呈现猫的身体，就是在透明纸上打印出一组连续的截面。计算机会费力地对猫进行切片和扫描，从鼻尖到尾巴尽数包括，然后打印出数百张用透明纸印的图片。当这些薄片最终堆叠成一个实心块时，我们就可以在实心块的内部看到猫的三维视图。

但这仍然不是一台真正的 3D 打印机，因为用这种方式打印出来的猫，会被嵌入醋酸纸基质中。如果我们用一种自硬化树脂代替油墨，情况可能会有所改善。将这些薄片堆积起来，然后熔解或蚀刻掉，只留下硬化的树脂部分。只要这种设计的技术问题被攻克，我们就拥有了一种能够制造任何三维物体的仪器：一台真正的 3D 计算机打印机。

我们的这台 3D 计算机打印机仍然深受原有的二维打印技术的限制。它只是利用连续截面或切片的原理来实现其三维效果。任何依赖于这种连续切片原理的输出设备都不适用于我们的 TRIP。一种真正有用的机器，比如内燃机，是不可能用连续切片技术制造出来的。它需要气缸和活塞、飞轮和皮带等部件。这些部件是由不同材料制成的，它们必须能够相对自由地移动。发动机不能由一片片切片堆叠而成：它必须通过将预先制造的、互不相干的部件组合在一起来组装。而预先制造的零件本身需要以同样的方式由更小的零件组装而成。对于 TRIP 来说，合适的输出设备根本不是 3D 打印机，而是一个工业机器人。它有一个钳或类似手的东西，能够抓住物体。手必须在臂的末端，而这个臂必须有一个万向节或一组能够在所有三个平面上移动的关节。它得有相当于感觉器官的设备，能够引导它接近下一个必须拾起的物体，并能够将物体置于预期目标点，以便通过适当方法将其固定在适当位置。

这种工业机器人在现代工厂中确实存在（图 9.1）。只要每个机器人在装配线的特定位置上被分配一项具体的任务，就会工作。但是一个普通的工业机器人仍然不足以运行 TRIP 程序。它可以将零件组装在一起——如果这些零件从固定的方向传递给它，或者在生产线上以规定方式传送给它。但我们之所以要运行 TRIP，重点不正是要避免以这种"唾手可得"的固定方式接收物品吗？我们的机器人在开始组装零件之前，必须先找到制造零件的原材料。为了做到这一点，它必须穿梭于世界各地，积极寻找原材料，开采并收集它们。它必须有用于行走的工具——比如履带或腿。

图 9.1 横滨日产汽车工厂中的工业机器人。

有些机器人确实有腿，或者通过其他类似工具，以一种准目的性的方式四处移动。图 9.2 中的那个机器人碰巧很像昆虫，只不过它有4 条而不是 6 条腿。它有像苍蝇一样的吸盘足，因为它的拿手绝活是爬上垂直的表面。它的制造者最喜欢的一个游戏是将自己的一只手放在机器人的必经之路上，以此来戏弄它。机器人的足会感知到前方地形因为制造者横插一手而变得不适合吸附吸盘，并像一个真实生物一样用自己的足到处试探，以寻找一个更好的落脚点。但这不过是一个特定机器人可以做到的细节而已。布里斯托尔大学的 W. 格雷·沃尔特（W. Grey Walter）在更早的时候制造了一个著名机器人"机器冒险者"，别名"乌龟"，它可以把自己插到电源上给电池充电。当它的电池电量行将耗尽时，它对电力的"胃口"就会增大，并加大寻找电源插头的力度。当它找到电源插头时，就接通电源，并一直待在那里直到充满电。但这些细节都不是我们需要的基本运行任务。我们需要的是这样一台机器，它能够靠自己的四足移动，在自己的感觉器官和内置计算机的控制下，无休止地寻找某些东西。

图 9.2　用吸盘足行走的机器人，来自英国朴次茅斯理工学院。

我们的下一个任务是将这两种机器人结合在一起。想象一下，这个装备了吸盘足的步行机器人，背上背着我们之前看到的带机械手的工业机器人。这台组合式机器由内置计算机控制。内置计算机中有许多控制足肢或吸盘足的常规软件，以及控制手臂和手部组件的软件。但它处在"复制我"主程序的全面控制下，该程序基本目的是："走遍各地收集复制整个机器人所需的材料。制作一个新的机器人，然后将同样的 TRIP 植入它的内置计算机中，让它如法炮制。"我们现在正在努力构造的这种假想机器人，便可以被称为 TRIP 机器人。

我们现在所设想的 TRIP 机器人是一种具有巨大技术独创性和复杂性的机器。著名的匈牙利裔美国数学家约翰·冯·诺依曼（现代计算机之父的两位候选人之一，另一位是英国数学家艾伦·图灵。图灵凭借他的密码破译天赋帮助盟军赢得二战，他在二战中所做的贡献可能比任何其他个人都要多，但他在战后遭司法迫害，包括因其同性恋身份而被强制注射激素，后被迫自杀）曾经探讨过这个原理。但是这种"冯·诺依曼机"，也就是可自我复制的 TRIP 机器人，还没有被制造出来。也许它永远无法被制造出来，不具备实际可行性。

　　但是我在这里谈论的是什么呢？说一个自我复制的机器人从来没有被制造出来，这是多么荒谬啊！在我眼中，像你我这样的人类是什么？一只蜜蜂、一朵花、一只袋鼠又是什么？如果我们不是 TRIP 机器人，那我们又是什么？当然我们并不是为了这个目的而人为制造出来的：我们是在接受自然选择的基因的终极指导下，通过名为胚胎发育的过程合成的。但我们实际上的所作所为正是我们假想出的 TRIP 机器人所要实现的。我们到处寻找我们所需的原材料，以组装所需的部件，维持我们的生活，并最终组装出另一个具有相同功能的"机器人"。这些原材料就是我们从丰富的食物中提取的各类分子。

　　有些人觉得被称为机器人是一种冒犯。这通常是因为他们认为机器人必定是一台迟钝低能的行尸走肉，没有精细的控制，没有智慧，没有灵性。但这些都不是机器人的必要属性。它们只是我们用现代技术制造的一些机器人的特性而已。我可以说变色龙、竹节虫或人类是一个携带自己的编程指令的机器人，但我没有说它有多聪明。一个实体可以非常富有智能，但仍然是一个机器人。我也没有说它有多灵活，因为机器人也可以非常灵活。那些在 20 世纪反对将自己称为"机器人"的人，其实反对的是对这个词的某种肤浅乃至不相干的联想（就像 18 世纪的人反对称蒸汽机车为交通工具，理由是它没有马）。机器人是一种非特定的、具备复杂性和智能的结构，它是为完成特定的任务而预先设置的。TRIP 机器人的任务便是分发它自身携带的程序的副本，以及执行该程序所需的机制。

　　我们讨论自我复制机器人的出发点是这样的。我们认为，一个简单的"复制我"程序，像是计算机病毒或真正的 DNA 病毒，挺不错，但其依赖于一个前提：这个世界已经有了能够阅读和遵循指令的机器，且这些机器能够轻易为其所用。但这个世界之所以如此，只是因为某些人或某些事物已经造出了这种遵循指令的机器。我们现在构想的是一台高度复杂的机器人，这又一次大幅偏离了"复制我"程序的主题。这个新程序不是简单地说"复制我"，而是说："把零件组装起来，制造一个复制我所需的整个机器的新版本，然后把我加载到它的内置计算机中。"

于是我们又回到了上一章得出的结论。大象是用 DNA 语言编写的计算机程序中的一个巨大偏离。鸵鸟是另一个偏离，橡树又是一个。当然，人类也是。我们都是 TRIP 机器人，都是冯·诺依曼机。但是这一整个过程是如何开始的呢？要回答这个问题，我们必须回溯极其漫长的时间，这段时间超过 30 亿年，甚至可能长达 40 亿年。彼时，世界与现在大相径庭，没有生命，没有生物，只有物理和化学现象存在，地球的化学构成细节也与现在截然不同。我们根据现有信息所做的推测大多数（尽管不是全部）始于所谓的"原始汤"，一种由海洋中简单的有机化学物质组成的稀汤。没有人知道以下这幕是怎么发生的，但在不违反物理和化学定律的前提下，一个分子以某种方式碰巧诞生了，它具有自我复制的特性，这就是"复制因子"。

这似乎完全是撞大运。不过关于这个"大运"，我想多说几句。首先，它必定只发生一次。在这方面，它更像是在一个岛屿上定居所涉及的运气。世界上的大多数岛屿，甚至像阿森松岛这样偏远的岛屿，都有动物定居其上。其中一些，例如鸟类和蝙蝠，可以用一种我们容易想到的方式到达那里，而不需要假设它们有很好的运气。但是其他动物，比如蜥蜴，并不会飞，因此我们绞尽脑汁推测它们是怎么登上岛屿的。假设它们突然鸿运当头——就像一只蜥蜴碰巧攀上大陆岸边的一棵红树，然后这棵红树突然断裂，断下的树身便载着蜥蜴漂洋过海来到了岛屿——并不是一个令人满意的答案。但不管如何，这种运气确实降临了——因为海岛上有蜥蜴。我们通常不知道登岛的细节，因为这种事情发生的频率之低让我们无法对其加以观察。关键在于，它只能发生一次。我们这颗行星上生命的起源也是如此。

更重要的是，据我们所知，在宇宙中多如恒河沙数的行星中，这一事件可能仅发生于其中一颗之上。当然，许多人认为它其实在极多的行星上发生过，但我们只有证据表明它发生在一颗行星上，在这颗行星诞生5亿到10亿年之后。所以我们观察到的这种幸运事件可能是极其不可能发生的，它发生在宇宙任何地方的概率，在任何时刻可能均低至千亿亿亿分之一。如果在整个宇宙中，它只发生在一颗星球上，那这颗星球必定是我们的星球，因为我们正在这里谈论它。

我对此的猜想是，生命可能并不是那么罕见，生命的起源也可能并非那么概率微茫。但也有与此相反的观点。一个有趣的例子是对"他们在哪儿？"这一问题的争论。想象一下，一个南太平洋种族所居住的岛屿是如此遥远，以至于在部落的所有口述历史中，出海的独木舟从未发现过另一片有人居住的土地。部落长老推测岛外有生命存在的可能性。而认为"我们孑然一身"的一派有一个强有力的论据，即该岛从未被外人造访过。即使部落的航行被限制在独木舟所及的范围内，不也应该有其他部落开发出更先进的船只吗？他们为什么一直没来？

以地球上有人居住的岛屿为例，到目前为止，这些岛屿都已经有人造访了。今天，地处偏远以至于没有见过飞机者肯定已是寥寥无几。但根据可验证的信源可知，我们在宇宙中栖身的这颗星球从未被造访过。更重要的是，在过去的几十年里，我们已经装备了探测遥远空间的无线电通信设备。在无线电波1000年内可到达的范围内大约有100万颗恒星。从恒星的历史和地球地质标准来看，1000年不过是白驹过隙。如果科技文明在宇宙中是普遍存在的，那么其中一些文明将比我们早数千年发出无线电波，我们难道不该听到过一些揭示它们存在的低语吗？这种论点并不反对在宇宙其他地方存在某种形态的生命。

但其反对拥有智能和复杂科学技术的生命密集分布于其他生命孤岛的无线电波可及范围内。如果生命在起源之初产生智慧生命的概率很低，我们可以将此作为生命本身是罕见的证据。这条推理链的另一个结论是一个令人沮丧的观点：智慧生命可能会非常频繁地诞生，但通常在其发明无线电通信设备到自我毁灭之间只隔了很短的时间。

生命在宇宙中可能很常见，但我们也可以不受限制地推测它是极其罕见的。因此，当我们推测生命的起源时，我们正在寻找的可能是一个非常非常不可能发生的事件：不是那种我们可以期望在实验室中复现的事件，也不是那种化学家认为"可信"的事件。这是一个有趣的悖论，我在《盲眼钟表匠》的《天何言哉》一章中对此有完整的阐述。我们可以积极地寻找一种理论，而这种理论的特质便在于，当我们找到它时，我们会认为它非常不可信！从某种角度来看，如果一位化学家为一种生命起源理论成功提供了支持，且以一般概率标准来看可判定为可信，我们甚至会为此忧心忡忡。另一方面，生命似乎是在地球长达 45 亿年的历史中的前 5 亿年中出现的，也就是说生命的存在时间占据了地球总年龄的九分之八，对此我的直觉仍然是，一颗星球上生命的出现并非如此意料之外的事件。

不管发生在何处，生命的起源都是以一个自我复制实体的偶然产生为契机的。如今，在地球上占据主导地位的复制因子是 DNA 分子，但最初的复制因子可能不是 DNA。我们也不知道那是什么。与 DNA 不同，最初复制分子的复制不可能依赖复杂机制。虽然在某种意义上，它们必定也是一种"复制我"的指令，但编写这些指令的并不是一种高度格式化的，只有复杂机制才能遵循的语言。最初的复制因子不可能像今天的 DNA 指令和计算机病毒那样需要精心解码。自我复制是这种实体结构的固有属性，就像硬度是钻石的固有属性一样，不需要被"解码"和"遵循"。我们可以肯定，最初的复制因子不像它们日后的继承者 DNA 分子，它们没有复杂的解码和遵循指令的机制，因为复杂的机制是在这世上经过许多代演化才出现的东西。直到有了复制因子，演化才能开始。根据所谓的"生命起源的第二十二条军规"（见下文），最初的自我复制实体一定足够简单，可以由化学的自发意外事件所产生。

一旦第一个自发复制因子存在于世上，演化就可以快速推进。复制因子的本质是它会产生一群自身的副本（拷贝），这意味着一个实体群体也会经历复制。因此，群体将倾向于指数增长，直到它们激烈竞争，受到资源或原材料的制约。我会简略阐述指数增长的概念。简单地说，指数增长是指群体数量每隔一段时间就翻一番，而不是每隔一段时间增加一个常数。这意味着很快就会出现非常多的复制因子，因此它们之间会有竞争。任何复制过程的本质都不可能是完美的：复制过程中会有随机的错误。因此在群体中会出现不同的复制因子。这些变异体中的一些将失去自我复制的特性，它们的特定形式将不会在群体中保留。其他变异体则碰巧产生了一些特性，使它们能够更快或更有效地复制。因此，它们在群体中日益增多。它们作为具备竞争性的复制因子，会彼此争夺相同的原材料，随着时间平缓推移，群体中典型的复制因子类型会不断地被新的、更好的一般类型取代。什么方面更好？当然是复制得更好。再往后，这种改进会采取影响其他化学反应的形式，以促进自我复制。最终，这种影响会变得非常复杂，以至于如果有一个观察者的话（实际上当然没有，因为演化出任何你可以称之为"观察者"的存在需要数十亿年的时间），他可能会把这个过程描述为解码和遵循指令。如果同样的观察者被问及这些指令是什么意思，他的回答只能是，其意为"复制我"。

这个故事无疑存在一些问题。其中之一是我已经提到的所谓的"生命起源的第二十二条军规"。一个复制因子中组件的数量越多，其中一个被错误复制的可能性就越大，从而导致整体故障。这表明第一种原始复制因子的组件非常少。但是，组件少于一定数量的分子很可能过于简单，无法实现自身的复制。为了调和这两个明显不相容的要求，演化花费了大量时间构造出各种巧思，并取得了一些成功，不过相关论据过于数学化，并不适合在本书中展开。

最初的复制机器——第一个"机器人重复因子"肯定比细菌还要简单得多，但细菌已是我们今天所知的 TRIP 机器人中最简单的例子（图9.3）。细菌以各种各样的方式谋生，从化学的角度来看，细菌的生存方式比其他生物界成员的加在一起都要丰富得多。有些细菌与我们的

图9.3　生命形态中不断提升的组织层次：（a）单个细菌；（b）具有细胞核的高等真核细胞，最初由细菌群落（菌落）演化而来；（c）团藻，分化的真核细胞群落（集落）；（d）缓步动物，一种更加致密的分化的真核细胞群落，人的身体也是这样的一个群落——一个由群落组成的群落，因为我们的每个细胞都是细菌的群落；（e）一个个体生物群落：一群蜜蜂——一个由群落组成的群落组成的群落。

亲缘关系比它们与其他奇形怪状的细菌的亲缘关系更近。有些细菌从温泉中的硫获取营养，对它们来说，氧气是致命的毒药；有些细菌在没有氧气的情况下将糖发酵成酒精；有些细菌靠二氧化碳和氢气生活，释放甲烷；有些细菌像植物一样进行光合作用（利用阳光合成食物）。不同种类的细菌包含一系列完全不同的生物化学特性，与它们相比，我们这些剩下的物种——包括动物、植物、真菌和某些细菌——则显得千篇一律。

不同种类的细菌在 10 亿多年前聚集在一起，形成了"真核细胞"（图 9.3b）。这就是我们体内的细胞，有一个细胞核和其他复杂的胞内部分，其中许多是由复杂折叠的内膜组合而成的，就像我曾在图 5.2 中简略指出的线粒体。真核细胞目前被认为是由细菌群落（菌落）演化而来的。真核细胞自身后来又聚集在一起形成群落（集落）。团藻是一种现代生物（图 9.3c），但它们可能展现了 10 亿多年前发生的情景，那时我们的细胞第一次开始结合成群落。真核细胞的这种聚合，其重要性可以与早先细菌组合成真核细胞，甚至更早先基因组合成细菌的事件相提并论。更大更致密的真核细胞群落被称为后生动物体。图 9.3d 展示了一种体型相对较小的动物，即缓步动物。后生动物体本身有时会组成群落，而这些群落所表现的行为有点像个体（图 9.3e）。

我说大象在"复制我"的程序中是一个巨大的偏离，但我也可以以老鼠而不是大象为例，这时用"巨大"来对其加以形容仍然恰如其分。一个团藻有几百个细胞，而一只老鼠则是一座大约由 10 亿个细胞构成的大型建筑物。一头大象更是由大约 1000 万亿个（10^{15} 个）细胞组成的群落，而每一个细胞本身就是一个细菌群落。如果大象是一个带着蓝图到处跑的机器人，那它几乎是一个大得难以想象的机器人。这是一个细胞群落，但由于这些细胞携带相同的 DNA 指令副本，因此它们都会彼此合作，为了相同的目的而齐心协力，即复制与它们相同的 DNA 数据。

当然，从绝对尺度上看，大象并不是特别大的东西。与恒星相比，它很小。我所说的"大"，指的是大象与那些它所致力保存和复制的DNA分子相比很大。与那些寄身于大象体内的复制大象制造因子相比，大象是巨大的。

为了对这种尺度对比有更直观的认识，你可以想象人类工程师建造了一个巨大的机械机器人，他们可以置身于机器人体内，就像希腊人藏在特洛伊木马内一样。但我们的"机械马"将按比例放大，以便使每个人类工程师的大小相当于真马中的一个DNA分子。记住，我们认为真正的马是由位于其体内的基因所制造的机器人。这幅图（图9.4）的关键是，如果我们造了一个机器马让我们自己藏身其内，如果我们的机器马相对于我们的大小，和真正的马相对于制造它的基因一样，那么我们的机器马就可以一步跨越喜马拉雅山。真正的马是由数万亿个细胞组成的。除了一些无关紧要的例外情况，每一个细胞内部都有一组完整的基因，尽管它们中的大多数在任何一种细胞中都处于休眠状态。

图9.4 马是DNA分子的机器人载具，与DNA分子相比，前者非常大。如果人类造一个特洛伊木马躲在里面，人类与其比例同DNA分子与真马的比例相似，那么这匹木马将使喜马拉雅山都相形见绌。这幅幻想画是我的母亲珍·道金斯为我在皇家科学院所做的圣诞讲座画的。

一个真实的生命体之所以能够如此之大（与构建它的基因相比），是因为它的生长过程与人造机器的制造方式截然不同，也和这匹从未真正现世的机械马的建造方式完全不同。真实生物的生长方式是指数增长。我们也可以说生物通过局部倍增生长。

　　我们从一个非常小的细胞开始。或者更确切地说，其大小刚好与制造它的基因相符，在这些基因可以通过生化操纵加以应对的范围内。它们的生化触手可以触及单个细胞的各个角落，它们可以使单个细胞具有某些特性。也许细胞最显著的特性是能够分裂成两个多少与自身相似的子细胞。像母细胞一样，每个子细胞本身也能分裂成两个，形成 4 个孙细胞。4 个孙细胞中的每一个，同样可以分裂，变成 8 个，以此类推。这就是指数增长，或者说局部倍增。

　　对此不太熟悉的人会发现指数增长的力量是惊人的。我说过，我会在这方面多花一点时间进行解释，因为它很重要。我们有许多生动的方式来阐明这个道理。如果你把一张纸对折一次，其厚度就会翻番。再折一次，它的厚度是原来的 4 倍。再折一次，就有了一份 8 层厚的纸。再折上 3 次差不多是你能折的极限了，到那时这沓纸就会变得太硬而无法再折：其一共有 64 层。但假设我们不考虑硬度问题，因此你还可以继续折叠 50 次，那这一沓纸有多厚呢？答案是，它会非常厚，直达地球大气层之外，甚至火星轨道之外。

　　同样，通过在发育的身体中对细胞进行局部倍增，细胞的数量很快就会上升到天文数字级别。蓝鲸由大约 10 亿亿个（10^{17} 个）细胞组成。但是，在理想的条件下，只需要大约 57 代细胞就能产生这样的庞然大物，这就是指数增长的力量。所谓细胞世代，我指的便是细胞倍增。记住，细胞的数量是按 1、2、4、8、16、32 的规律增加的。所以需要 6 代才能达到 32 个细胞。而如果你继续如此倍增下去，只需要 57 代就能达到 10 亿亿个细胞，这是蓝鲸的细胞数量。

　　这种计算细胞代数的方法实际上是不现实的，因为它只给出了一个最小的数字。它假设每一代细胞产生后，所有的细胞都继续复制。事实上，许多细胞谱系在完成对身体特定部分的构建（比如肝）后便早早退出了这场倍增游戏。其他一些细胞谱系的倍增时间更长。所以蓝鲸实际上是由许多分化时间不同的细胞谱系组成的，它们构成了鲸的不同部位。有些细胞谱系持续分裂超过57代。其他的则在不到57代时就停止了分裂。实际上，存在一种专门用于复制同自己一样的细胞的细胞亚群——干细胞。

根据动物的体重，你可以粗略地计算出在理想的倍增条件下，任何动物生长所需的最小细胞世代数。你可以假设大型动物并没有特别大的细胞，它们只是有着更多与小型动物相同种类的细胞。简单的计算表明，培养一个成年人类至少需要47代细胞，而培养一只蓝鲸只需要比这再多10代细胞。由于我在上文已给出的原因，这些数字当然被低估了。尽管如此，因为指数增长的力量，你只需要在一个特定的细胞谱系持续分裂的时点上做一个小小的改变，细胞群的最终规模就会出现戏剧性的变化，这一点千真万确。突变有时便会有此改变效果。

建造这些巨大躯体的技术——以它们的DNA建造者兼乘客的标准来看是巨大的——可以被称为"千兆技术"。千兆技术指的是建造比你至少大10亿倍的物品的技术。我们人类工程师对此可谓毫无经验。我们所建造的最大的交通工具——大型船舶——相对于它们的建造者来说也并不是很大，我们可以在几分钟内绕它们走一圈。当我们建造像船只这样的物品时，我们没有指数建造的优势。对我们来说，除了在整个构造上层层叠叠，把数百块预制钢板拼接在一起之外，别无他法。

而那些制造它自身所乘坐的"机器人载具"的DNA，则掌握着可任其操控的指数增长工具。指数增长为自然选择所青睐的基因赋予了巨大的力量。这意味着对胚胎的生长控制细节进行的微小调整可以对其结果产生极为显著的影响。一个突变告诉一个特定的细胞亚谱系再分裂一次——可能会持续 25 代而不是 24 代——原则上可以使身体的某个特定部位的尺寸加倍。同样的技巧，如改变细胞世代数或细胞分裂的速率，可以被胚胎发育中的基因用于改变身体的些许形状。与我们的近代祖先直立人相比，现代人的下巴更突出。而要改变下巴的形状，只需要在胚胎颅骨的特定区域进行细胞世代数的微调即可。

在某种程度上，真正不同寻常的一点在于，细胞谱系在它们应该停止分裂的时候便停止了分裂，从而使我们所有的身体部分都比例协调。当然，众所周知，在某些情况下，细胞谱系在应该停止分裂的时候却没有停止分裂。当这种情况发生时，我们称之为癌症。兰多夫·奈斯（Randolph Nesse）和乔治·威廉斯（George Williams）对癌症提出了一个明智的观点［他们给自己的著作冠以《达尔文医学》（Darwinian Medicine）这个绝妙的书名，但出版商随后针对不同国家的读者给这本书安了一大堆乱七八糟的书名］。在好奇为何我们会得癌症之前，我们应该先弄清楚，为何我们不会自出生起就一直被癌症折磨。

没人知道我们人类是否会尝试用千兆技术来制造物品。但是人们已经在谈论"纳米技术"了。就像"千兆"的意思是 10 亿，"纳"的意思是 10 亿分之一。纳米技术意味着工程对象只有建造者的 10 亿分之一大小。

有些人——其中声音最大的倒并不都是新新人类或技术狂热分子——现在正大肆宣扬，像图 9.5 中所示的事物在不久的将来会成为现实。如果他们是对的，那么人类生活的几乎所有领域都会受到巨大影响。医疗就是一个例子。现代外科医生都是技术高超的人类，拥有灵巧精密的器械。现代外科医生能够将白内障患者的晶状体摘除并用人造晶状体替代，这是一项令人惊叹的技术壮举。他们使用的仪器精细准确。但是，与纳米技术涉及的尺度相比，它们仍然非常粗糙。让我们听听埃里克·德雷克斯勒（Eric Drexler）是怎么援引纳米尺度的视角来看待当今的手术刀和外科缝合术的吧，这位美国科学家如今俨然已是纳米技术"大祭司"。

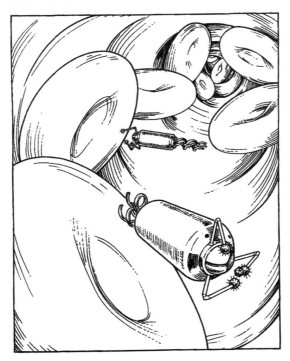

图9.5　对纳米技术的幻想作品。用来修复红细胞的机器人装置。

现代的手术刀和缝合线实在太过粗糙，无法修复毛细血管、细胞和分子。让我们从细胞的视角来审视一台"精巧的"手术。一个巨大的刀片扫过，盲目地砍过、刺穿一群细胞构成的分子机器，杀死成千上万的细胞。然后，一个巨大的方尖状物体穿过被分开的细胞群，拖着一根跟货运火车一样宽的缆绳，把细胞群再次绑在一起。从细胞的角度来看，即使是用精致的刀具和高超的技术进行的最精细的手术，仍然是屠夫的活计。唯有细胞自身具备的放弃死亡细胞、重组组织并增殖的能力，才使这个伤口的愈合成为可能。

　　当然，那个"方尖状物体"是一根精致的手术针，而像火车一样宽的缆绳是最细的手术缝合线。纳米技术实现了我们制造终极手术器械的梦想，这些器械足够小，可以在细胞的尺度上工作。这样的器械太小了，以至于外科医生的手指根本无法控制它。如果一根线在细胞尺度上的宽度如同一列货车，那么想想外科医生的手指有多宽吧。假设这世上确有超小型的自动机器，有一种"微型机器人"，也许就像我们在本章前面提及的工业机器人的微型版本。

　　这么小的机器人可能很擅长修复，比如说，修复一个患病的红细胞。但是对于这个机器人来说，红细胞的数量是惊人的，我们每个人体内大约有 300 亿个红细胞。那么，这个微型纳米机器人究竟如何应对呢？你可能已经猜到答案了：指数倍增。人们希望纳米机器人能够使用与红细胞相同的自我增殖技术。机器人会克隆自己，复制自己。利用指数增长的力量，机器人的数量应该会飙升到百亿级别，就像红细胞的数量一样。

　　想实现这种纳米技术，我们得完全寄望于未来，但它也可能永远不会真的实现。提出纳米技术的科学家认为它值得一试的原因如下。他们知道，不管这在我们看来是何等奇谈怪论，但纳米技术其实已经在我们的细胞中运行了。DNA 和蛋白质分子所构成的世界是一个真正在我们所谓的"纳米技术"尺度上运作的世界。当医生给你注射免疫球蛋白来阻止你患上肝炎时，医生是在给你的血液注入天然的纳米技术工具。每个免疫球蛋白分子都是一个复杂的物体，像任何其他蛋白质分子一样，它依赖于其特定形状来完成工作（图 9.6）。这些迷你医疗器械之所以有用，是因为它们的数量以百万计。它们已经被大量生产，被克隆——使用的正是指数级的数量增长技术。在这种情况下，它们被称为生物技术：例如，它们通常是在马的血液中培育。其他疫苗会促使人体自身克隆抗体，后者就类似于马源的免疫球蛋白。科学家们希望，那些看似微型工业机器人的纳米技术工具，也可以通过精巧设计的人工程序进行克隆。

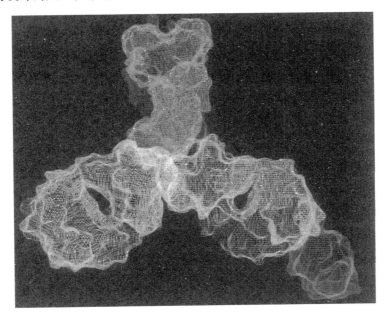

图 9.6　现实生活中活生生的纳米技术：免疫球蛋白分子。

在我们看来，纳米技术遥远陌生，令人难以置信。在原子水平上构建的机器世界似乎是一个令人震惊的外星世界，比科幻作家所想象的外星生命更为离奇怪诞。对我们来说，纳米技术是可能在未来出现的事物。它令人兴奋，也许有点令人惴惴不安，而且显然是前所未有的。但是，纳米技术其实远远谈不上崭新和陌生，它十分古老。真正前所未有、离奇怪诞的，是我们这些大型生物。我们是一种全新的（距离出现只有几亿年）千兆技术（从我们基因的角度来看是千兆级别）的产物。从根本上说，生命便是基于极其微小的纳米世界（从我们的角度来看是纳米级别），一个根据 DNA 分子的编码规则产生，并能够控制其他分子的相互作用的蛋白质分子世界。

纳米技术属于未来。至于现在，还是让我们回到本章和前一章的主旨上来。大象或人类的基因，就像病毒的基因一样，可以被看作一个指令为"复制我"的计算机程序。病毒的基因是一种编码指令，这条指令说（如果它们碰巧寄生在大象身上）"大象的细胞，复制我"，而大象的基因则说："大象的细胞，共同创造一头新的大象，而这头大象必须依次被编程以实现生长并制造更多的大象，所有这些大象都被编程来实现一个目的，就是复制我。"两者的原理并无分别，只是有些"复制我"的指令比其他的更为迂回和冗长。只有寄生程序可以走捷径，因为它们使用现成的机制来遵循它们的指令。而大象的基因与其说是非寄生程序，不如说是相互寄生的子程序。大象的基因就像一大群相互支持的病毒。大象的每一个基因所起的作用都不比病毒基因更大。每个基因都在它们的程序执行所需要的机制的合作构建中扮演着自己的小角色。每个基因都与其他基因一同繁荣昌盛。病毒基因也在这些合作无间的大象基因存在的前提下蓬勃发展，但它们并没有带来任何积极的回报。如果有，我们可能就不该称它们为病毒基因，而应该称它们为大象基因。换句话说，每个生物体内都有"合群的基因"和"不合群的基因"。那些不合群的基因被我们称为病毒基因（或是其他种类的寄生基因）。那些合群的基因被我们称为大象（或人类、袋鼠、梧桐等）基因。但基因本身，无论是合群的还是不合群的，无论是病毒的基因还是生物"自己的"基因，都只是 DNA 指令而已，它们都以或此或彼，或公平或不公平，或简短或冗长的方式说着同样的指令——"复制我"。

第 10 章

闭锁的花园

我们一路走来，终于准备回到我所有故事中最困难复杂的那个——无花果的故事。让我们从下面的表述开始，乍一听，这就像又一例纯文学式的辞藻堆砌，出自我在本书开头几段中讽刺的那位不幸的演讲者之口。"无花果非果，而是一个向内收卷的花园。它看起来像果实，尝起来也像果实。它在我们的心理认知和人类学家所辨别出的精神深层结构中占据着一个果实形状的位置。但它不是果实；它是一个与世隔绝的闭锁的花园，一个堪称世界奇迹的空中花园。"我不会称这句话为某种深奥见解，认为仅有那些"感受力强"的读者才能领悟个中真意，而让其他所有人都为此一头雾水。下面我来解释其具体意思。

这句话的含义植根于演化。无花果是经由一连串变化梯度极小的中间物种，从与现代无花果外表大为不同的祖先演变而来的。可以想象一部延时拍摄的电影。第一帧是一颗现代无花果，今天刚从树上摘下来，从中间剖开切片，然后拍照。第二帧是来自一个世纪前的类似图形。然后以此类推，一帧接一帧，画面上是一颗又一颗无花果，每一颗都比之前的早一个世纪，其中一颗可能是被耶稣吃掉的无花果，一颗可能是被奴隶摘下来进献给巴比伦空中花园中的尼布甲尼撒的无花果，一颗可能是来自伊甸东边挪得之地①的无花果，还有为直立人、能人和南方古猿阿法种小露西②那短暂而缺乏糖分的生活增添了甜蜜的无花果。这种回溯一直退回到农耕时代之前，退回到原始森林大面积存在的时代，甚至更久远的时代。现在我们播放这部影片，看看现代无花果如何一路转变成它的远祖？我们会看到什么变化？

毫无疑问，当我们回溯时光的时候，无花果会缩小一些，因为今天栽培的无花果是从它更小、更硬的野生祖先培育而来的，在这几个世纪的时间里其变得愈加饱满丰盈。但这只是表面上的变化，有趣的是，这种缩小趋势将在我们回溯旅程的头几千年内告一段落。之后我们看到的变化将更彻底，更令人吃惊。当我们把这部电影回溯到数百万年前，无花果的"果实"会张开，其底部几乎看不见的小洞会翘起、张大、裂开，直到它不再是一个小洞，而是呈现杯状。如果仔细看这个杯子的内表面，你会发现里面排满了小花。起初这个杯子很深，随后我们继续回溯，它变得越来越浅。也许它会经历一个平面阶段，就像向日葵一样，因为一朵向日葵实际上也是成百上千朵小花挤在一个大花盘里。在这个"向日葵"阶段之后，无花果杯继续向外翻转，直到小花露在外面，就像桑树花一样（无花果树是桑科的一员）。再往前回溯，在"桑树花"阶段之后，这些小花彼此分开，变成了像风信子花一样更容易彼此分辨的独立花朵（尽管风信子与无花果树没有密切的亲缘关系）。

将一颗无花果形容为"闭锁的花园"，是不是有点做作，甚至有些矫情？毕竟，你很难把风信子花或桑树花描述成露天的花园。我自然有我的理由，这样形容可不仅仅是化用了《所罗门之歌》③中的一句而已。我们视其为花园，是透过为花朵传粉的昆虫的眼睛来观看的。

---

① 《圣经·创世记》中，该隐因妒忌亚伯赢得上帝青眼而将亚伯杀死，上帝便罚他至伊甸以东的"挪得之地"，在希伯来语中意为漂泊之地。
② 露西是发现于东非埃塞俄比亚的一具雌性南方古猿化石标本的名称，是已知最早的人类祖先之一。
③ 《所罗门之歌》是《圣经·旧约全书》中的一卷，又名《雅歌》，是古代希伯来的爱情诗，传说出自所罗门王之手。

在人类的尺度上，一座花园由覆盖了许多土地的花朵组成。而无花果树的传粉者是如此之小，以至于对传粉者来说，一颗无花果的整个内部空间可能就像一座花园，尽管不可否认的是，这只是乡间农舍外的一片小小花园。这座花园之中种植了数百朵微型花，有雄有雌，每一朵花都纤毫毕现。此外，对于同样微小的传粉者来说，无花果确实是一个与世隔绝、基本上自给自足的世界。

从学术意义上讲，无花果树的传粉者是一类黄蜂，它们属于一个科，即榕小蜂科，这类蜂很小，小到没有放大镜就看不清。我称其为"学术意义上"的黄蜂，意思是尽管你可能会觉得这种无花果黄蜂与那种夏天会被果酱罐吸引的黄黑相间的黄蜂实在无甚相似之处，但它们确实有着共同的祖先。无花果树的花只靠这些小黄蜂传粉（图10.1）。几乎每一种无花果树（有900多种）都有自己专属的黄蜂，自这些无花果树从谱系中分离以来，这些黄蜂一直是它们演化过程中唯一的遗传伴侣。这些黄蜂完全依赖无花果作为食物，而无花果树完全依赖黄蜂传粉。这两个物种中的任何一个只要消失，另一个都会迅

图10.1　无花果内部有雄性和雌性的无花果黄蜂。

速灭绝。只有雌蜂会在她们出生的无花果之外四处漫游并携带花粉。你可以把她们想象成高度小型化的普通黄蜂。相比之下，雄蜂没有翅膀，因为他们自生至死都生活在一个无花果内封闭黑暗的世界里，这让人难以相信他们是黄蜂，更别说是与雌蜂同种的黄蜂了。

讲述无花果黄蜂的生命故事所遇到的问题是，这是一个循环，我们也不确定应该从何处切入。对此没有什么太好的办法，而我将从新孵化的黄蜂幼虫开始叙述，每一个幼虫都蜷缩在这个闭锁的花园深处的雌花底部的小蓂果中。幼虫以发育中的种子为食，长成成虫，然后啃出一条路，离开其所生长的蓂果，进入无花果内部相对更自由的黑暗空间。雄蜂和雌蜂的生命故事有些不同。雄蜂首先孵化，每只都会在无花果里搜寻未出生的雌蜂。当他找到一只雌蜂时，他会啃穿胚珠壁与这只还未出生的雌蜂交配。然后，这只雌蜂从其孵化舱里出来，穿过无花果的微型空中花园，开启自己的旅程。接下来发生的细节因物种而略有不同。以下是典型的例子。雌蜂会寻找雄花，后者通常在无花果的入口附近。雌蜂用前足上特制的花粉刷在黑暗中工作，有条不紊地将花粉铲进胸部凹处的特殊花粉囊。

对我们颇有启发的是，这只雌蜂如此用心地储存花粉，而且还有特殊的携带花粉的容器。大多数传粉昆虫并不刻意收集花粉，只是在采蜜过程中沾满了花粉而已。它们没有专门的携带花粉的装置，也没有装载花粉的本能。可蜜蜂是自愿收集花粉的，腿上还有花粉篮，花粉篮鼓胀成黄色或棕色，里面塞着花粉。但与无花果黄蜂不同的是，蜜蜂用花粉喂养它们的幼虫。无花果黄蜂不会运送花粉作为食物。她们专心致志地用特殊的花粉囊把这些花粉带在身上，唯一的目的就是给无花果树传粉（这只是一种更间接的使黄蜂受益的方式）。且让我们的叙述回到无花果树及其传粉者之间表面上的友好合作这件事上来。

满载珍贵的花粉，雌蜂离开无花果去了外面的世界。雌蜂到底是怎么逃出的？这会因物种而异。在一些物种中，雌蜂会爬过花园的大门，也就是图 10.2 所示的无花果底部的小洞。在其他物种中，雄蜂会在无花果壁上挖一个洞，让雌蜂从洞中离开，而且他们是通过合作来完成这一任务的，有几十只雄蜂一道参与工作。至此，雄蜂生命中所承担的任务已经完成，但雌蜂的重要时刻还未到来。雌蜂在自己尚不习惯的空中逡巡着，可能是在凭借气味寻找另一颗属于自己的无花果。雌蜂所寻找的无花果也必须处于生命的恰当阶段，也就是雌花成熟的阶段。

图 10.2　花园的大门：无花果外部所显示的入口。

发现合适的无花果后，雌蜂找到无花果的小洞，爬进其暗无天日的内部。这个门太窄了，以至于当雌蜂硬挤进去的时候，很可能会把翅膀连根拔出来。研究人员检查过无花果的小洞，发现它们被黄蜂脱下的翅膀、触角和其他黄蜂身体残片堵塞。从无花果的角度来看，这样一个令人不适的狭窄入口的好处是可以防止有害的寄生虫入侵。雌蜂所经受的撕扯翅膀的考验也可能是用来清除身上的细菌和有害污垢的。从黄蜂的角度来看，翅膀被连根拔掉可能是很痛苦的，但自己再也不会需要它们了，而且留着它们可能会阻碍自己在这个闭锁的花园里的行动。还记得吗？蚁后经常会在完成婚飞并钻入地下时，咬掉自己那碍事的翅膀。

在无花果里，雌蜂开始了死前的最后一个任务，这是一个双重任务。雌蜂给无花果里面所有的雌花授粉，并在其中的一些花，而非所有花中产卵。如果雌蜂在无花果的所有花朵中产卵，那无花果作为树的生殖器官就失败了——其种子就会被黄蜂幼虫全部吃掉。这种对花朵的保护是否意味着黄蜂的利他主义克制？这是一个需要小心应对的问题。从达尔文主义者的角度来看，黄蜂表现出的克制可能是通过演化形成的。但至少在一些无花果树物种中，无花果树为了照顾自己的利益，会限制允许黄蜂产卵的花的数量。其手段非常巧妙，我将在对黄蜂正常生命周期的叙述中花足够长的篇幅来描述其中的两个物种。

某些种类的无花果树有两种雌花，分为长花柱型和短花柱型。（花柱是指任何位于花朵中间的尖细雌蕊部分。）黄蜂试图在这两种花中均产卵，但其产卵器太短，无法够到长花柱型花的底部，所以只好放弃并另寻他处。只有当黄蜂与一朵短花柱型花接触时，其产卵器才会触底，然后在那里产下一颗卵。在其他并未区分长短花柱的无花果树中，无花果树对黄蜂行为的管理方法可能更加严厉。至少 W. D. 汉密尔顿（W. D. Hamilton）是这么认为的，他现在是我在牛津的同事，也是达尔文的学术思想在今天最重要的继承者之一。汉密尔顿认为，当某颗无花果被黄蜂过度利用时，无花果树可以检测到这一点，他在巴西的观察也为此提供了一些支持。从树的角度来看，那些所有花上都被产了卵的无花果是无用的。这些黄蜂太过自私，杀死了下金蛋的鹅。或者更确切地说，根据汉密尔顿的说法，这只鹅自我了断了。无花果树会让被黄蜂过度产卵的无花果脱落，于是里面所有的黄蜂卵也都腐朽化尘了。人们很容易将此视为一种报复，而且有一些理论上相当可信的数学模型也是这样描述的，这让我们免遭过度拟人化的质疑。但在这个例子中，这棵树可能不是在报复，而是在减少自己的损失。让无花果成熟需要消耗资源，而让那些被贪婪的黄蜂毁掉的无花果成熟则会浪费资源。顺便说一下，这种带有博弈论色彩的语言，比如"报复"和"监管"等，将在本章中反复出现，我们并不会太过忌惮此类词语的使用。如果应用得当，这便是合理的，通常意味着我们在叙述中使用的是博弈论的数学理论。

让我们将视线转回典型无花果黄蜂的生命周期，我们的雌蜂像爱丽丝钻进地洞一样扭动着身体穿过无花果的小门，从此便与外面的世界隔绝，开始卸下从其出生的无花果中收集并装在身上的花粉。雌性无花果黄蜂的传粉行为有一种让其看起来像是有意为之的形式。与大多数传粉昆虫不同的是，雌蜂不会随意将花粉从自己的身体上刷去，也较少因意外而损失花粉，至少有一些种的雌蜂会倾注与自己装上这些货物时所花费的同等精力来卸货。雌蜂会再次使用前足上的刷子，有条不紊地从其定制口袋里把花粉铲到刷子上，然后用力地把花粉甩到雌花的接收花粉的表面上。

在雌花中产卵后，雌蜂的生命周期就结束了。其生命也结束了。雌蜂爬到这个闭锁的花园的潮湿缝隙中，并在那里死去。雌蜂虽然身死，但留下了以兆计的忠实记录在其产下的卵中的基因信息，然后一切周而复始。

此处我还会花些笔墨详述一些细节，我所讲述的故事对大多数种类的无花果树来说都很吻合。榕属（*Ficus*），或称无花果属，是现存生物界中最大的属之一。它也是一个非常多样化的属。除了两种"果实"可食用的无花果树（被我们食用）以外，这一属还包括橡胶树、佛教圣树菩提树（*Ficus religiosa*）、各种灌木和蔓生植物，以及热带地区的绞杀榕。绞杀榕的故事值得一讲。森林的地面是幽暗之地，缺乏太阳能量。森林里每一棵树的目标都是让自己的树冠够到开阔的天空和阳光。树干是树叶的升降机，是将这些太阳能电池板（树叶）抬升到与之竞争的树木所投下的树荫之上的装置。大多数树在幼苗阶段便注定会死去。只有当其扎根处附近的成年树木在大风摧折下和漫长岁月中倒下时，幼树才有机会存活。在森林中的任何一处，这种幸运事件可能百年才会发生一次。当它确实发生的时候，下层的植物会一股脑涌向这束穿透树冠层的阳光。该区域的众多物种的所有树苗，都将争先恐后地加入重新填补这一树冠层宝贵缺口的行列。

但是这些绞杀榕可谓另辟蹊径，它们的风头简直超过了《圣经·创世记》中的蛇（图 10.3）。它们不是等待现有的树木死去，而是策划谋杀。绞杀榕最初是作为攀缘植物生长的。它缠绕在其他物种

图 10.3 （a）绞杀榕；（b）被绞杀榕缠绕的猴面包树。

的树木身上，像铁线莲或蔓生玫瑰一样生长。但是，与铁线莲不同的是，绞杀榕的卷须会继续生长，愈加粗壮。它毫不留情地紧紧扼住不幸的宿主树，阻止后者生长，最终达到植物学上"扼杀"的效果。现在这棵榕树已经长到了相当的高度，它轻易便赢得了这棵窒息而死的宿主树在枯萎后空出来的一片阳光。菩提树也是一种绞杀榕，不过它有个额外的显著特征。在扼杀宿主后，它会发育出气生根，这些气生根触及地面，便成为合格的吸收根系，而在地面上的部分则可作为额外的树干。这样一棵树就变成了一片直径1000英尺的树林，可以为印度一个中等规模的大棚市场提供遮蔽。

我一直在讲述无花果的故事，一方面是为了表明，无花果的相关事实至少和我在第1章里提到的演讲者从神话或其他文学作品中挖掘出的任何无花果的相关典故一样迷人，另一方面是为了阐明一种处理问题的科学方式，这可能会为那些文学爱好者提供一个有益的例子。我所简要叙述的事实是许多人耗费多年进行的细致而精巧的研究工作的产物：这些工作之所以配得上"科学"的称谓，不是因为使用了复杂或昂贵的仪器，而是因为遵循了某种思想方法。按照笼统的说法，要想破译黄蜂传粉的故事，只需要把无花果切开，看看里面就行了。但是"看看里面"的说法给人一种优哉游哉的印象。实际上，这不是随意的一瞥，而是一个精心规划的记录环节，其所产生的数字还需加以计算。我们并不仅仅是摘下无花果，然后将其切成薄片，而是在一年中特定的季节，从大量的树上，从特定的高度，系统地对无花果进行取样。切开无花果后，我们并不是盯着里面蠕动的黄蜂发傻，而是识别它们，拍摄它们，准确地刻画它们，计数，测量，按它们的物种、性别、年龄和在无花果中的位置进行分类。我们将标本送至博物馆，与国际公认的标准进行详细比较鉴定。不过，我们也不仅仅是为了这个目的而不加区分地进行测量和计算，更多的是让它们为检验假设服务。当你审视这些数字和测量结果是否符合你的假设时，还需注意，在计算得出的细节中，你的结果有多大可能是偶然导致，并没有任何意义的。

不过，还是让我们说回无花果黄蜂本身。我说过，在多个不同种类的无花果黄蜂的例子中，雄蜂会合作挖一个洞，让所有的雌蜂都能通过这个洞逃离。为什么？对于一只雄蜂而言，既然其同伴都会挖洞，那他为什么不坐享其成呢？在这个微观世界里，有一个谜题一直令生物学家着迷不已，那就是利他主义的谜题。而另一个问题的存在让生物学家很难向非专业人士做出解释。因为大众的常识很少将此视为一个谜题。因此，生物学家在开始赞扬某个解题方案的独创性之前，必须先让他的听众相信，确实有一个谜题，且这个谜题需要一个特殊的解题方案。在雄性无花果黄蜂的特殊例子中，他们的行为之所以成为谜题，原因如下。如果一只雄蜂能够袖手旁观，坐等其同伴挖好洞，那么他就可以将所有用于挖洞的精力都保存起来并用于与雌性交配，因为他知道自己不需要为了挖洞而多花精力，反正同伴们会挖好的。在其他条件相同的情况下，"袖手旁观"的基因会以牺牲"合作挖洞"的竞争基因为代价扩散。我们说 X 基因会以牺牲 Y 基因为代价传播，就等于说 Y 基因会从这个世界上消失，被 X 基因取代。当然，最终后果就是没有雄蜂挖洞，所有的雄蜂都会遭殃。但这本身并不构成期望雄蜂挖洞的理由。如果他们有人类般的先见之明，这可能构成一个原因，但假设他们没有，而自然选择总是倾向于短期收益。考虑到所有其他的雄蜂都在挖洞，短期收益便将由那些选择退出合作并节省精力的雄蜂独享。根据这个论点，挖掘行为应该从黄蜂种群中消失，被自然选择淘汰才对。但这一幕并没有发生，这就给我们带来了一个谜题。幸运的是，我们原则上已知道如何解开这个谜题。

部分解题思路可能在于亲缘关系：一个无花果里所有的雄蜂都是兄弟的可能性很大。兄弟之间往往有相同的基因副本。一只帮助挖洞的雄蜂不仅会将那些与他自身交配过的雌蜂放出无花果，还会释放与他的兄弟交配过的雌蜂。于是促进合作挖掘的基因副本经由所有这些雌蜂的身体流向外界。这就是这些基因在世界上得以持续存在的原因，也很好地解释了雄蜂的行为缘何持续存在。

但亲缘关系可能并不是全部答案。我不会在此展开太多，但有一种博弈论要素无关黄蜂间的兄弟情谊，而是适用于黄蜂和无花果树之间的合作。整个关于黄蜂和无花果树的故事充斥着艰难的讨价还价、信任和欺骗，以及背叛的诱惑和无意识的报复。我们已经在汉密尔顿关于被过度产卵的无花果会自行脱落的理论中嗅到了些许此类味道。就像往常那样，按照规矩我必须提醒读者注意：故事中的行为真的出自无意识。这对故事中的无花果树部分是显而易见的，因为没有一个理智的人会认为植物是有意识的。至于黄蜂，可能有意识，也可能没有，但为了达成本章的目的，我们对黄蜂的策略和无花果树的策略——后者毫无疑问是无意识的——权且采取一视同仁的态度。

这个闭锁的花园是为小型昆虫而栽培的天堂，因此这里会成为种类繁多的小型动物的家园，而不仅仅由黄蜂独享，也就不足为奇了，虽然唯有后者的传粉服务才最终使这一切成为可能。无花果内大量存在各种小型甲虫、飞蛾和苍蝇的幼虫，还有螨虫和小型蠕虫。更有捕食者潜伏在花园的门口，觊觎着园内丰盈繁盛的动物群（图10.4）。

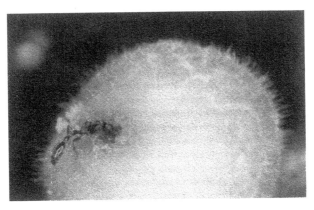

图 10.4　无花果黄蜂所面临的危险。一只蚂蚁潜伏在花园门外，等待黄蜂现身。

真正传粉的黄蜂并不是唯一生活在无花果中，并被归在"无花果黄蜂"的名目之下的微型黄蜂。有些黄蜂是搭便车、吃白食的不速之客，是真正传粉者的远亲，寄生于传粉者。这些寄生蜂通常不是通过无花果的洞进入无花果，而是通过雌寄生蜂又长又细的独特产卵器，穿过无花果壁以卵的形式被注入其中的（图 10.5）。这个"皮下注射器"的尖端会探入无花果的深处，找到真正传粉的无花果黄蜂的卵所在的小花。雌寄生蜂的外表和行为方式都像钻井机械，相较体型，其在无花果壁上钻的洞相当于人类钻出的 100 英尺深的井。雄寄生蜂通常没有翅膀，就像真正的无花果黄蜂一样（图 10.6）。更妙的是，还有二级寄生虫，一种潜伏在"钻井黄蜂"旁边的黄蜂，等着其完成工作。一旦钻井黄蜂将产卵器抽出来，这种超寄生物就会把自己不那么长的产卵器插入洞里，注入自己的卵。

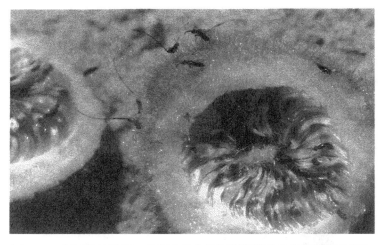

图 10.5　剖开的无花果，外侧有寄生蜂正挥舞着她们的"钻井装置"。

就像传粉黄蜂一样，各种搭便车、吃白食的寄生蜂的个体之间也进行着复杂的博弈。这一事实同样由 W. D. 汉密尔顿调查得出，他和他的妻子克里斯汀在巴西开展研究工作。与传粉者不同，这种搭便车

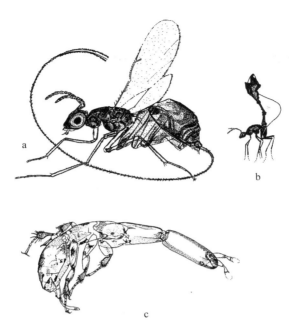

图 10.6　搭便车者：寄生的缩腹榕小蜂（*Apocrypta perplexa*），不传粉，但受益于无花果树。（a）雌蜂；（b）处于"钻井姿势"的雌蜂；（c）雄蜂，没有翅膀，一点不像黄蜂。

的黄蜂通常是雌蜂都有翅，有些物种的雄蜂均有翅，有些物种的雄蜂均无翅，还有一些物种的雄蜂是有翅和无翅混合。无翅的雄蜂，就像传粉物种的雄蜂一样，永远不会离开他们出生的无花果，他们在那里竞争、交配和死亡。有翅的雄蜂会像雌蜂一样飞出他们出生的无花果，然后他们会与任何尚未交配过的雌蜂交配。所以，雄蜂有两种不同的行为方式，有些物种两种方式兼具。有趣的是，稀有的物种最有可能长翅膀，而常见的物种最有可能没有翅膀。这有其道理，因为常见种的雄蜂很可能在同一个无花果里找到同种的雌蜂，然而，稀有种的雄蜂很可能在他出生的无花果里是孤家寡人，他找到配偶的最大希望就是飞出去寻找。事实上，汉密尔顿夫妇发现，有翅的雄蜂在其出生的无花果内会拒绝交配，直到他们飞出去。

从策略的角度来看，我们对那些拥有两种雄蜂的物种尤为感兴趣。这些物种就像有了"第三性"一样。事实上，有翅的雄蜂看起来比无翅的雄蜂更像雌蜂。雌蜂和有翅雄蜂从外观看都类似普通黄蜂，尽管他们很小。但是无翅雄蜂看起来一点也不像黄蜂。这些雄蜂许多都有粗壮的钳状颚，这使他们看起来有点像倒退的微型蠼螋。他们似乎只将这样的颚用于搏斗，与他们在这个幽暗潮湿、寂静无声的花园（他们那个世界的全部）中潜行时遇到的其他雄蜂搏斗，并将对手撕裂、咬死。汉密尔顿教授给我们带来了一段难忘的描述。

> 他们的争斗乍看上去既恶毒又谨慎——不过仔细一想，这种形容似乎欠公平，因为如果用人类的情况来类比，那这些黄蜂所处的便是一间暗室，里面挤满了推推搡搡的人，或者在这个房间四壁上开着的橱子和暗室里，潜伏着十来个拿着刀的杀人狂。只要被咬一口就会致命。一只巨大的雄榕小蜂能够将另一只咬成两半，但通常致命的咬伤是身体上的一个小口子。被咬伤的雄蜂会立即瘫痪，几无例外，这表明他们使用了毒液……如果头几次的相互咬噬没有造成严重的伤害，其中一只雄蜂可能会因为失去了一只足或以某种方式感觉自己被打败了，便撤退并试图藏入暗处……在这个位置，他可以咬住胜利者或其他路过的雄蜂的足，而不必担太大风险……一棵大型榕树的"果实"可能会导致数百万黄蜂死于争斗。

一个物种有两种不同的雄性的现象在其他动物中并不鲜见，但它从来没有像非传粉的无花果黄蜂那样明显。有一种马鹿的雄性个体被称为"无角鹿"，他们没有鹿角，但似乎在与有鹿角的对手的竞争中表现出了相当可观的繁殖能力。理论家们已经总结出了两种可能的理论来对这种情况加以解释。一种是"矬子里拔大个儿"理论。这可能适用于一种名为苍白油蜂（*Centris pallida*）的独居蜂。其有两种雄蜂，分别被称为"巡逻蜂"和"盘旋蜂"。巡逻蜂体型较大，他们积极地寻找还没有从地下庇护所孵化出来的雌蜂，找到后就挖到地下与她们交配。盘旋蜂体型很小，他们不挖洞，而是在空中盘旋，等待被巡逻蜂漏掉的雌蜂自己飞出来。有证据表明，巡逻蜂的繁殖能力强于盘旋蜂，但如果你是一只体格弱小、几乎没有机会成为巡逻蜂的雄蜂，那么你可以退而求其次，以求在众多体格羸弱的盘旋蜂中脱颖而出。一如既往，这是遗传的选择，而不是有意识的选择。

另一个关于两种雄性如何在一个物种中共存的理论是稳定平衡理论。这似乎也适用于那些搭便车的黄蜂。该理论认为，当这两种雄性在种群中以一个特殊的、平衡的比例存在时，他们会同样成功。保持比例平衡的关键在于，当一个雄性是稀有类型的成员时，他会表现得很好，原因恰恰是自己稀有。结果是，他有更多同类出生，于是不再稀有。而如果他们成功地变成了更普遍的类型，那么另一种雄性就会由于相对稀有而具有优势，继而再次变得普遍。所以两种雄性的比例就像恒温器一样不断调节。我在讲述这个故事的时候，给人的感觉是这种调节会让两者的比例剧烈振荡，但未必如此，就像一个实施恒温控制的房间的温度并不会剧烈振荡一样。稳定的平衡比例也不一定是五五开。无论平衡比例是多少，自然选择会始终将种群推向这个比例，也就是两种类型的雄性在繁殖方面不相上下的比例。

在这些搭便车的无花果黄蜂身上，这套机制是如何演绎的呢？我们需要了解的第一个事实是，这些寄生物种的雌蜂往往在一个无花果里只产一到两个卵，然后再移动到另一个无花果上如法炮制（你应该记得，她们的产卵器能穿透无花果的外壁）。实施这种行为是有充分理由的。如果一只雌蜂把所有的卵都放在一颗无花果里，其女儿和（无翅的）儿子很可能会彼此交配。众所周知，近亲交配是一件坏事，就像花朵要避免自花传粉一样。无论是不是基于这个原因，雌蜂会把自己的后代分散在众多无花果中。结果是，纯粹出于概率，会有一些无花果碰巧没有任何该物种的卵，有一些碰巧没有孵化出雄性，还有一些则碰巧没有孵化出雌性。

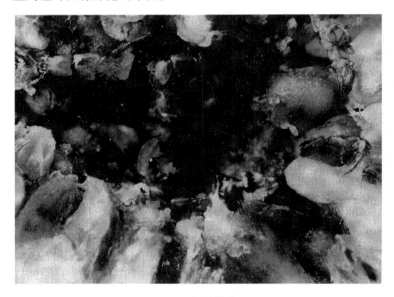

图 10.7　闭锁的花园。

现在想想一只无翅雄蜂可能面临的局面。如果该无翅雄蜂在没有雌蜂的无花果里孵化出来，那就什么都做不了。从基因上讲，这就是其末路。但如果其出生的无花果中有任何雌蜂，他就有很好的机会与对方交配，尽管需要与其他同类雄蜂竞争——难怪这些小小的雄蜂是动物界中最全副武装、最残忍无情的战士之一。如果无花果里面有无翅雄蜂，那么离开这个无花果的雌蜂中就很少会有未交配的了。不过有些无花果会碰巧只有日后孵化出雌蜂的卵而没有雄蜂的卵。这些雌蜂飞出无花果时便是未交配的状态，而唯一能与她们交配的雄蜂就是外界那些有翅的雄蜂。

因此，有翅雄蜂只有在一些无花果中碰巧有雌蜂但没有无翅雄蜂的情况下才能繁衍。这种可能性有多大？这取决于黄蜂相对于无花果的种群密度，也取决于有翅雄蜂的比例。如果黄蜂大体上数量比无花果少，那么黄蜂卵的分布也会密度较低且间隔够远，这样你就有望找到一些只有雌蜂的无花果。有翅雄蜂在这样的条件下会表现相对较好。现在，让我们看看如果黄蜂数量较多会发生什么。此时大多数无花果里面都会有数只黄蜂，雌雄不限。于是大多数雌蜂在离开无花果前会与无翅雄蜂交配，有翅雄蜂的表现就很糟糕了。

汉密尔顿对此做了更精确的计算。他的结论是，如果每颗无花果的平均（孵化出雄蜂的）卵数量超过 3 枚，那么有翅雄蜂几乎永远不会有机会繁殖。在所有高于这个密度的情况下，自然选择将有利于雄性的无翅特征。而如果每颗无花果中孵化出雄蜂的卵数量平均只有 1 枚，或者没有，那么无翅雄蜂的繁殖表现就会很差，因为他们会发现自己在无花果里几乎孑然一身，连同类雄蜂都碰不到，更不用说雌蜂了。在这类条件下，自然选择将有利于雄性的有翅特征。在中等种群密度的条件下，稳定平衡理论发挥作用，自然选择倾向于有翅和无翅雄蜂的混合。

一旦稳定平衡理论开始发挥作用，自然选择便会青睐占少数的雄蜂类型，或者更确切地说，自然选择会青睐任何存在频率低于临界频率的雄蜂类型，无论这个临界频率是多少。我们可以将此简单表达为，自然选择偏爱临界频率。至于临界频率本身，将因物种而异，也将取决于黄蜂相对于无花果的绝对密度。我们可以把不同种类的黄蜂，以及各自不同的黄蜂／无花果密度，想象成不同的恒温控制房间。每个房间的恒温器都设置了不同的温度。例如，在一个平均每颗无花果有

3 枚雄蜂卵的物种中，自然选择倾向于 90% 的雄蜂无翅。而在一个平均每颗无花果有 2 枚雄蜂卵的物种中，自然选择倾向于 80% 的雄蜂无翅的混合状态。请记住，我们讨论的情况是"平均"每颗无花果有 2 只雄蜂，这并不意味着每颗无花果都必定有 2 只雄蜂。这个"2"是由一些没有雄蜂的无花果，一些有 1 只，一些有 2 只，还有一些有 2 只以上雄蜂的无花果所平均出来的。20% 的有翅雄蜂之所以在遗传上仍能存续，不是借助那些内有 2 只雄蜂的无花果（这种情况下，雌蜂在离开无花果之前很可能就交配过了），而是借助了那些没有雄蜂的无花果。

在现实中，有什么证据表明是稳定平衡理论，而不是"矬子里拔大个儿"理论在这些黄蜂之中发挥作用呢？这两种理论的关键区别在于，根据第一种理论，两种雄蜂的表现应该平分秋色，而第二种理论并非如此。汉密尔顿夫妇发现的证据表明，这两种雄蜂在与雌蜂交配方面确实不分伯仲。他们观察了 10 个不同的种，发现在所有物种中，有翅雄蜂与无翅雄蜂的比例，与未交配而飞出无花果的雌蜂在所有雌蜂中所占比例大致相当。因此，在一个物种中，如果 80% 的雌蜂没有交配就飞出了她们出生的无花果，便会有 80% 的雄蜂有翅膀。而在另一个物种中，如果 70% 的雌性在离开她们出生的无花果前便已经历交配，那么 70% 的雄蜂便没有翅膀。看起来，这两种雄蜂的比例确实符合相应的期望值，也就是确保所有雌蜂在飞出无花果前后完成交配。这便是我们取稳定平衡理论而舍"矬子里拔大个儿"理论的根据。如果你觉得这太复杂了，我得说声抱歉，但在无花果树的世界里，这不过是正常情况。

让我们将视线从这些搭便车、吃白食的黄蜂转回真正的无花果黄蜂，也就是真正的、专属的传粉黄蜂身上。如果你认为这个吃白食的故事已经足够复杂，那在看最后一个故事前可能要做好心理准备。我一直尽力将困难和复杂的事物解释得简单易懂，并颇以此为荣，但下面的故事可能让我也无能为力。我会尽自己最大的努力，但如果还是没能让你搞懂，那就只能怪无花果树和它们的伙伴黄蜂了。你不应责怪它们或责难我，而应把这场历经漫长演化时间而形成的复杂共舞归功于演化本身所创造的精妙奇迹。要跟上这本书最后十几页的叙述，读者也需要付出一些努力，但我希望这种付出是值得的。

以下故事设定无花果树是"雌雄异株"。这意味着，之前故事中的那种"雌雄同株"的无花果树，也就是一个无花果里同时有雌花和雄花的情形不再成立，以下所述的无花果树分为雄树和雌树。雌树结出的无花果只开雌花，雄树结出的无花果则只开雄花，但这还不是全部。这些所谓的雄性无花果也含有假雌花，这对黄蜂来说非常重要。与雌性无花果中的真雌花不同，雄性无花果中的假雌花即使受粉也不能结实。它们的作用是为黄蜂幼虫提供食物，而这才是玄乎的地方——在它们为黄蜂提供食物之前，它们也需要受粉。在全雌花的无花果中，那些可育的雌花是黄蜂的基因墓地，尽管后者对无花果树的繁殖至关重要。雌蜂会进入这些无花果并传粉，但她们的卵不能在里面生长。

在此处我们面对的是极为丰富的博弈元素，我们可以根据不同博弈者的"渴望"（在达尔文主义的特殊意义上）来对其加以描述。雄性无花果和雌性无花果都"渴望"黄蜂进入它们内部，但黄蜂只渴望进入雄性无花果，而且仅仅是因为雄性无花果里面有富含营养的假雌花。雄树希望黄蜂把卵产在假雌花里，这样孵化出的雌蜂幼虫就会携带雄性无花果的花粉飞走。这棵树对在其无花果里孵化出的雄蜂没有直接的兴趣，因为雄蜂不传粉。这似乎令人惊讶，因为雄蜂毕竟是无花果黄蜂种群得以延续的必要条件。我们人类喜欢展望未来，思考我们的行为导致的重大后果，因此会难以将"自然选择也展望未来"的想法清出我们的脑海。关于这一点我已经在另一部作品中提及了。如果自然选择能够有长远的眼光，动物和植物就会采取措施来保护它们自己的种群，以及那些它们赖以为生的物种，比如它们的猎物和传粉者。但是，与拥有大脑的人类不同，大自然没有远见。因此在一个其他个体忙于应付种群的长期需求的世界中，"自私的基因"和短期的利益总是会得到青睐。如果一棵无花果树可以只养雌蜂，它就会这么做，并依靠其他无花果树产生雄蜂以延续黄蜂的种群。关键在于，只要其他树还在产生雄蜂，那么一棵自私而不守"规矩"的树如果发现增加雌蜂产出的方法，从而增加了它输出的花粉量，它就会在选择中占据优势。随着时间的流逝，越来越多的树会变得自私，它们所依赖的产出必需雄蜂的树则越来越少。终于，最后一棵倾向于培育雄蜂的树会迎来死亡，因为它在繁衍方面始终比那些只产出雌蜂的竞争对手略逊一筹。

幸运的是，无花果树似乎无法控制其无花果中黄蜂的性别比例。如果它们能控制这种比例，雄性无花果黄蜂很可能会消失，无花果黄蜂的种群会灭绝，无花果树也会随之灭绝，这后果实在是太糟糕了。但自然选择不可能看得那么远。无花果树无法控制黄蜂性别比例的原因很可能是黄蜂对控制自身性别比例具有压倒性的权力，因为这也涉及黄蜂的利益。

一棵雌性无花果树也渴望（同样在达尔文主义的特殊意义上）雌蜂进入它的无花果，否则它的雌花就无法受粉。而雌蜂则渴望进入雄性无花果，因为只有在那里才能找到假雌花，其幼虫才可以在里面生长。雌蜂像躲避瘟疫一样躲避雌性无花果，因为一旦进入雌性无花果，其基因就会迎来穷途末路，即雌蜂不会有后代。更严格地说，那些使黄蜂进入雌性无花果的基因将不会遗传给后代。如果自然选择只在黄蜂身上起作用，那么这个世界将会充满这类黄蜂：冷落雌性无花果，而青睐拥有迷人的假雌花卵窝的雄性无花果。

再一次，我们人类想要插进来说：即便如此，一些无花果黄蜂肯定渴望进入雌性无花果，因为虽然这些无花果可能是个别黄蜂的基因的墓地，但这对无花果树种群的延续是至关重要的。如果无花果树灭绝了，无花果黄蜂也会随之灭绝：这与我们之前所持的论点别无二致。如果考虑有一些无花果黄蜂足够愚蠢，或者足够无私地进入雌性无花果，那么自然选择将会青睐那些发现如何避开雌性无花果而只进入雄性无花果的自私黄蜂。在黄蜂中，自私自利的行为必然比任何为延续种群而努力的公益倾向更受青睐。那么，为什么无花果树和无花果黄蜂不曾灭绝呢？这一切并不是因为利他主义或远见卓识，而是因为在这个围绕黄蜂／无花果树的分歧中，每一方的自私都被另一方的自私对策阻止。阻止雌蜂自私自利地避开雌性无花果的，是无花果树自身为阻止那些可能自私的黄蜂而采取的直接行动。自然选择会青睐雌性无花果树的欺骗策略，这种策略使它们的无花果变得非常像雄性无花果树的无花果，以至于黄蜂无法分辨。

于是，这场黄蜂和无花果树之间的博弈呈现出一种迷人的"势均力敌"。双方都有机会让个体自私。如果这两种自私冲动中的任何一种成功了，黄蜂和无花果树就都可能灭绝。阻止这种两败俱伤的情形发生的，不是利他主义的克制，也不是生态意识的远见，而是在每一种情形之中，另一方的个体参与者出于自身私利而采取的直接监管行动。如果可能的话，无花果树会消灭雄蜂，从而导致黄蜂和无花果树自己灭绝。但是黄蜂却阻止了此等行为，因为同时养育雄蜂和雌蜂涉及黄蜂的利益。如果可能的话，无花果黄蜂会避免进入雌性无花果，从而导致无花果树和黄蜂自己灭绝。但是无花果树却阻止了此等行为，所借助的手段就是让无花果雌雄难辨。

综上所述，可以预计雄性无花果树和雌性无花果树都会尽其所能引诱黄蜂进入自己的无花果，而黄蜂则会努力区分雄性和雌性无花果，以进入前者而避开后者。记住，"努力"意味着，在演化的过程中，她们将拥有偏爱雄性无花果的基因。可令形势更为复杂的是，我们还会发现雄性和雌性无花果树的利益都使其倾向于培育出进入另一性别无花果的黄蜂。在这场艰难的逻辑论证中，我所参照的是两位英国生物学家的精彩论文，这两位学者分别是现代达尔文主义最重要的数学理论家之一艾伦·格拉芬（Alan Grafen）和堪称相关领域领军人物的生态学家、昆虫学家查尔斯·戈弗雷（Charles Godfray）。

无花果树在这场博弈中握有什么武器？雌树可以让其无花果的色、香尽可能像雄性无花果。正如我们在前面几章中看到的，拟态在生物界中是一种普遍现象。竹节虫伪装成不可食用的枝条，从而让鸟类对其视而不见。许多对鸟类而言味道可口的蝴蝶却与另一完全不同种的、难以下咽的蝴蝶相似，而鸟类已经学会规避后一种蝴蝶。不同种类的兰花则模仿蜜蜂、苍蝇或黄蜂。自 19 世纪以来，这种模仿行为一直为博物学家们所津津乐道，也常常像欺骗其他动物一样有效地欺骗其收藏者。尽管拟态在过去是种引人惊叹和使人疑惑的行为，但现在我们已经很清楚，几乎无限完美的拟态很容易通过自然选择演化出来。雌性无花果对（黄蜂喜欢的）雄性无花果进行拟态当然也是意料之中的事，但事情到这里还没完——还有一种拟态不在意料之中，需要付诸更多的思考：我们还预期雄性无花果在色、香上都会接近雌性无花果。原因如下。

一棵雄树"渴望"雌蜂进入它的无花果，并在内部的假雌花中产卵。但这种方法带来的收益只有在那些随后孵化出来的年轻雌蜂继续扮演她们的角色时才可获取。新的雌蜂必须携带花粉，离开她们出生的无花果，然后至少其中部分雌蜂必须进入可被称为雌蜂基因墓地的雌性无花果并为其传粉（从而增殖无花果树的基因，而非黄蜂自己的基因）。一个外观和雌性无花果迥异的雄性无花果可能会成功地帮助雌蜂达成"只进入雄性无花果并产卵"的目标。但这些黄蜂的女儿往往会继承其母亲对无花果的品味。于是子代黄蜂会遗传一种只青睐雄性无花果的倾向，她们在帮助孵化出自己的无花果树的基因增殖方面将毫无用处（尽管她们擅长增殖自己的基因）。

现在再考虑一棵与前一棵树竞争的雄树，它的无花果与雌树的无花果相似。它可能更难吸引雌蜂，因为雌蜂试图避开雌性无花果，所以会被吓跑。但是那些被它成功引诱的雌蜂将会是一个被特别选出的雌蜂子集：这些雌蜂（从她们自己的角度来看）会愚蠢地进入一个看起来像雌性无花果的无花果中，并会像之前一样在假雌花中产卵。和以前一样，其女儿将继承母亲对无花果的品味。现在，仔细想想这种品味是什么。这些年轻的黄蜂会像其母亲一样心甘情愿地进入一个看起来像雌性无花果的雄性无花果，而其女儿仍将继承其（从其角度来看是愚蠢的）倾向。其女儿会去外面的世界，寻找一些像雌性无花果的无花果。而其中适当比例的雌蜂会真的找到雌性无花果——这样固然杀死了她自己的基因，但把雄性无花果的花粉带到了它想要前往之处。这些被骗的雌蜂葬送了自己的基因，但其花粉篮子携带了成功的无花果树基因，也包括让雄性无花果模仿雌性无花果的基因。而来自前一棵竞争树的基因，也就是使雄性无花果与雌性无花果迥异的基因，也将由黄蜂的花粉篮子携带。但从雄性无花果的角度来看，那些装满后一种花粉的篮子更有可能被丢弃在其他雄性无花果的基因坟墓里，因为这些黄蜂只会找雄性无花果进入。因此，雄性无花果将与雌性无花果"合谋"，使黄蜂难以区分它们，并避免它们自己陷入基因坟墓。雄性无花果和雌性无花果将同样"渴望"不被明显区分。

正如爱因斯坦曾经欣喜地指出的那样，上帝很狡猾！但是，就算你到现在还能跟上我的论述，也不要放松，因为事情还会变得更加扑朔迷离。雄性无花果内部的假雌花需要受粉才能提供黄蜂幼虫所需的食物。因此，从雌蜂的角度来看，我们要理解为什么她主动携带花粉并不困难；要理解为什么雌蜂有特殊的携带花粉的篮子，而不是随意沾上些花粉也不困难。雌蜂可以从传播花粉中获得一切。她们需要花粉来刺激假雌花为幼虫制造食物。但格拉芬和戈弗雷指出，在这段值得注意的关系的另一面，仍然存在一个问题。当我们的视角回到无花果的时候，问题便出现了。为什么雄性无花果的假雌花在受粉后才能滋养黄蜂幼虫？不管有没有受粉，只管为黄蜂幼虫提供食物不是更简单吗？雄性无花果需要喂养黄蜂幼虫，这样黄蜂才会把花粉带给雌性无花果。但是，为什么假雌花坚持要先受粉才能产出食物呢？

想象一下，一棵突变的雄树变得不那么挑剔了：某个突变放松了这项要求，让黄蜂幼虫即使在未受粉的花朵上也能生长发育。这种变异树似乎比那些挑剔的竞争对手更有优势，因为它会产生更多的小黄蜂。再试想一下，任何无花果都会被一些因为各种原因没有在花粉篮子里装花粉的雌蜂进入。在挑剔的无花果中，这些雌蜂可能会产卵，但由此产生的幼虫将会挨饿而死，也就没有年轻的传粉者产生。现在再来看看它的竞争对手——突变的、不挑剔的无花果。如果进入它的是一只没有携带花粉的雌蜂，也没关系。她的幼虫会继续生长，成长为健康的小黄蜂。不挑剔的无花果会产生更多的小黄蜂，因为它不仅会"养育"携带花粉的黄蜂的后代，也会"养育"不携带花粉的黄蜂的后代。因此，相对于挑剔的雄性无花果，不挑剔的雄性无花果具有明显的优势，因为它会产生规模更大的小雌蜂大军携带它的花粉离去，并获得更加可期的基因未来。不是吗？

不，不会的，这正是格拉芬和戈弗雷所揭示的堪称费解的难题的微妙之处。这支从"不挑剔的无花果"中蜂拥而出的年轻雌蜂大军确实数量众多。但是——就像之前所说的一样——她们会继承母亲的倾向。这些黄蜂——特别是那些"多出来"的黄蜂，即不挑剔的无花果相比其挑剔的对手所多产生的黄蜂——的母亲有一个缺陷：她们要么没能采集到花粉，要么出于其他原因而没能给她们幼虫生长的花传粉。这就是为什么这些多余的幼虫是真的"多余"。而这些多余的幼虫往往会继承这个缺陷。她们长大后往往要么不会采集花粉，要么是糟糕的传粉者。这就像那些挑剔的雄性无花果故意为进入它们的黄蜂设置了一个障碍，以测试她们是否会像对待真正的雌花那样对待假雌花，如果她们不这样做，她们的幼虫就不能发育。通过这种测试，雄性无花果选择的是那些能让黄蜂擅长传递无花果树基因的黄蜂基因。格拉芬和戈弗雷称之为"代理选择"。这有点像我们在第1章中遇到的人工选择，但并不是完全一致。假雌花的作用就像我们用来淘汰不合格飞行员的飞行模拟器。

代理选择是一个新颖的想法，它为一些更难以捉摸的问题提供了答案。无花果树的基因和黄蜂的基因就像是一对舞伴，在一场跨越地质年代的无尽华尔兹中彼此纠缠。正如我们所看到的，许多种类的无花果树都有专属的黄蜂。无花果树和它们的黄蜂在彼此协同的舞步中一起演化——这便是共同演化——而其他无花果树和黄蜂物种则跳着节奏不同的舞步。我们已经从无花果树的角度看到了这种做法的好处。它们的专属传粉黄蜂就是终极的"魔法子弹"。通过培养一种，且只有一种黄蜂，它们将花粉子弹精确地瞄准自己同种的雌性无花果，而不是其他的目标。它们不会像共用同一种黄蜂传粉的无花果树那样浪费花粉，这种黄蜂会对所有的无花果树都乱逛一通。那么，对一种无花果树一丝不苟地恪守忠诚是否也对黄蜂有益？我们还不太清楚，但黄蜂可能别无选择。出于某些我们不需要深入探讨的原因，物种偶尔会出现内部演化分歧，分裂成两个物种。以无花果树为例，当它们在演化过程中出现分歧时，它们很可能会改变黄蜂识别无花果树的化学密码，也许还会改变诸如小花深度（长度）这样的锁钥匹配细节。黄蜂则是被迫亦步亦趋。例如，在共同演化的无花果侧（锁），其逐渐加深（变长）的花朵将使与其共同演化的黄蜂侧（钥）的产卵器逐渐变长。

至此，格拉芬和戈弗雷意识到了一个特殊的问题。让我们扩展一下上述锁钥类比。无花果树通过改变它们的锁而实现演化分歧，而黄蜂也紧随其后改变自己的钥匙。当兰花祖先分化为蜜蜂兰、蝇兰和黄蜂兰时，类似的事情肯定也曾发生过。但在兰花的例子中，我们很容易看出共同演化是如何发生的。而无花果则提出了一个非常特殊且耐人寻味的问题，这也是我将在本书中解决的最后一个问题。如果这个故事按照惯常的共同演化套路进行下去，我们应该期待看到类似如下情形。比如，在雌性无花果中，花朵更深（长）的基因将得到自然选择的青睐。这将在黄蜂中形成一种选择压力，有利于拥有较长产卵器的黄蜂。但是，由于这些无花果的特殊情况，这种共同演化的一般叙事不管用了。传递无花果树基因的雌花是雌性无花果中的真正雌花，而不是雄性无花果中的假雌花；而传递黄蜂基因的雌蜂只有那些在假雌花中产卵的雌蜂，而不是在真正的雌花中产卵的雌蜂。所以那些恰巧有长产卵器并成功在长真雌花底部产卵的个体黄蜂并不会将长产卵器的基因传递下去，因为这是其基因坟墓。而那些有长产卵器并成功在假雌花底部产卵的个体黄蜂可将自己的基因传递下去。但在这种情况下，长花的基因不会传递下去，因为这些花是假雌花。于是我们有了一个难解的谜题。

再一次，谜题的答案似乎蕴含在代理选择——这个精确的"飞行模拟器"——之中。雄性无花果"渴望"它们输出的黄蜂擅长为真正的雌花传粉。因此，在我们假设的例子中，它们会渴望这些雌蜂有长产卵器。对于雄性无花果来说，确保这一点的最好方法是只允许有长产卵器的雌蜂在它们的假雌花中产卵。用这个特定的例子来表达这个想法可能会让它听起来太有目的性，好像雄性无花果确切地"知道"雌花有多深。其实自然选择会自然而然地做到这一点——通过偏爱那些假雌花在所有方面（包括深度，即长度）都与真雌花相似的雄性无花果。

无花果树和无花果黄蜂占据了演化成就的制高点：不可能之山的壮观顶峰。两者关系之曲折精妙，已近荒唐。它需要我们用深思熟虑的、刻意为之的，甚至是马基雅维利式的算计来加以解读。然而，它又是在完全没有经过任何深思熟虑，没有借助任何脑力或智力的情况下实现的。对我们而言，确凿无疑的事实便是，这场博弈的一方是一只有着微小大脑的微小黄蜂，另一方则是一棵完全没有大脑的树。所有精妙博弈都是无意识的达尔文式微调的产物，如果不是相关事实活生生地呈现在我们眼前，我们根本不会相信其竟能演绎出如此精雕细琢般的完美。似乎冥冥之中，有一种计算正在运行，或者更确切地说，有数百万个关乎成本和收益的计算正并行。这种计算之错综复杂，足以使我们最强大的计算机不堪重负。然而，执行它们的"计算机"并不是由电子元件组成的，甚至也不是由神经元件组成的。它根本不曾现身于现实空间中的某个特定位置。它是一台自动的分布式计算机，其"数据位"存储在 DNA 代码中，散布于数百万个个体体内，并通过繁殖过程在不同的躯体间穿梭，周而复始，不曾停息。

牛津大学著名的生理学家查尔斯·谢灵顿爵士在一篇著名的文章中曾将大脑比作一台魔法织布机：

> 这就好像整个银河系开始跳某种宇宙之舞。刹那间，大脑变成了一台被施了魔法的织布机，数百万个闪烁的梭子编织出一个稍纵即逝的图案，其始终是一个有意义的图案，但从来都不是持久不变的；子图案不断变化，呈现出一幅和谐融洽的图景。

正是神经系统和大脑的发展，才将经过设计的物品带入了这个世界。至于神经系统本身，以及所有的"仿设计物"，则都是一场更古老、更从容的宇宙之舞的产物。谢灵顿的不凡视角令他成为 20 世纪上半叶神经系统的领军研究者之一。我们可以借用类似的视角。我们可以说，演化是一架以 DNA 密码为梭子的魔法织布机，这些梭子随着它们的同伴在深邃邈远的地质时间里翩翩起舞，它们所织出的那些转瞬即逝的图案，共同编织成了一个庞大的由祖先智慧凝集的数据库，一个对祖先世界以及在其中生存所需条件的数字化编码描述。

　　但这班思想的列车必须等到我的下一本书再发车了。当下这本书带给我们的主要教训便是，登上演化的制高点需要一个过程，不是一蹴而就的，切不可操之过急。但是，只要能找到一条循序渐进、步步为营的道路，即使是最困难的问题也能迎刃而解，即使是最险峻的峭壁也能被征服。面对不可能之山，想要一步登顶并不可能。但跬步千里，只要坚持向前，即便步伐时缓时急，我们最终也定然能登临绝顶。

致谢

　　这本书肇始于我在英国皇家科学院的圣诞讲座，英国广播公司在转播中以"在宇宙中成长"作为讲座标题。但我不得不放弃以此为书名的想法，因为在那以后至少有 3 本书以几乎相同的名字付梓。此外，我的这部作品本身也已经有所发展和改变，所以它不应再被冠以"圣诞讲座讲义"之类的名字。尽管如此，我还是要感谢皇家科学院院长邀请我加入圣诞讲师行列，这一历史悠久的队伍最早甚至可追溯到迈克尔·法拉第，能够跻身此列让我与有荣焉。英国皇家科学院的布莱森·戈尔（Bryson Gore），以及印加电视台（Inca Television）的威廉·伍拉德（William Woollard）和理查德·梅尔曼（Richard Melman）对这次讲座可谓影响甚巨，他们留下的痕迹即使在这本早已经过大幅修改和扩充的书中仍可窥得一二。

　　迈克尔·罗杰斯（Michael Rodgers）阅读了诸多章节的最初草稿，给出了不少建设性的批评意见，并对整本书的架构重建提出了明确建议。弗里茨·沃尔拉特和彼得·富克斯对第 2 章进行了专业解读，迈克尔·兰德和丹·尼尔森也对第 5 章如此施为。这五位专家都慷慨地与我分享了他们的知识。马克·里德利（Mark Ridley）、马特·里德利（Matt Ridley）、查尔斯·希莫尼（Charles Simonyi）和拉拉·沃德·道金斯（Lalla Ward Dawkins）通读了整本书的后期草稿，并各尽所能地做了有益的批评和令人安心的鼓励。在我对本书加以构思酝酿，令其自成一格，并最终将篇幅缩减至合理范围的过程中，W. W. 诺顿出版公司（W. W. Norton）的玛丽·坎南（Mary Cunnane）和维京企鹅出版公司（Viking Penguin）的拉维·米尔查达尼（Ravi Mirchandani）展现了足够的宽容和豁达的胸襟。约翰·布罗克曼（John Brockman）甘居幕后，他从不对我的写作横加干涉，但却随时准备倾力相助。计算机领域的专家对本书可谓劳苦功高，但却往往默默无闻。在本书中，我使用了彼得·富克斯、蒂埃莫·克林克和山姆·乔克编写的程序。泰德·克勒和我一起构思并编写了难度颇高的节肢形程序。即使在我自己编写的"盲眼钟表匠"程序套件中，我亦经常受益于艾伦·格拉芬和阿普·里西亚特的建议和帮助。牛津大学博物馆动物学和昆虫学收藏馆的工作人员为本书提供了标本和专家建议。乔辛·梅杰（Josine Meijer）是一位乐于助人且足智多谋的图片研究者。书中的图画由我的妻子拉拉·沃德·道金斯绘制（不过并非由她排版），她将自己对达尔文创造论的热爱贯穿于每一幅图画之中。

我要在此感谢查尔斯·希莫尼，不仅因为我现在在牛津大学担任的"公众理解科学教授"这一职位便是由他慷慨授予，而且还因为他曾就"向广大受众解释科学所需的技巧"这一问题清晰地表达了自身观点，且在这一点上与我不谋而合——切忌居高临下，而要试着用科学的诗意来激励每个人，让你的解释尽可能简单，但同时也不要忽略其中的困难。对于那些已准备好付出与这份困难相匹配的努力去理解这些难题的读者，科学普及者应不惜投入额外的精力来为他们解答难题。

图片版权声明

Drawings by Lalla Ward: 1.7, 1.9, 1.10, 1.13, 1.14, 2.9, 3.1, 3.3, 4.2, 4.3, 4.4, 4.5, 4.6, 4.7, 5.1, 5.15, 6.3, 6.4, 6.10, 6.13, 6.15, 7.3, 7.8, 7.15a, 7.16, 8.2, 8.3, 8.6; 1.2 (after Hölldobler and Wilson); 1.3 (after Wilson); 1.11 (after Eberhard); 2.6 (after Bristowe); 5.30 (after M. F. Land); 7.10 (after Brusca and Brusca); 7.11 (after *Collins Guide to Insects*); 7.17 (after Brusca and Brusca); 10.6 (after Heijn from Ulenberg).

Computer-generated images by the author: 1.14, 1.15, 1.16, 5.3*, 5.5*, 5.6*, 5.7*, 5.9*, 5.10*, 5.11*, 5.12, 5.20*, 5.28, 6.2*, 6.3*, 6.5, 6.6, 6.8, 6.11, 6.12, 6.14, 7.1, 7.9, 7.12, 7.13, 7.14(带有星号标记的图片由 Nigel Andrews 重新绘制); by Jeremy Hopes 5.13.

Heather Angel: 1.5, 1.11b, 5.21, 8.1. Ardea: 1.8 (Hans D. Dossenbach), 1.11a (Tony Beamish), 6.7 (P. Morris), 9.3e (Bob Gibbons). Euan N. K. Clarkson: 5.28. Bruce Coleman: 10.3a (Gerald Cubitt). W. D. Hamilton: 10.1, 10.2, 10.4, 10.5, 10.7. Ole Munk: 5.31. NHPA: 6.1 (James Carmichael Jr). Chris O'Toole: 1.6a and b. Oxford Scientific Films: 1.4 (Rudie Kuiter), 2.1 (Densey Clyne), 5.19 (Michael Leach), 5.19b (J. A. L. Cooke), 10.2b (K. Jell), 10.3b (David Cayless). Portech Mobile Robotics Laboratory, Portsmouth: 9.2. Prema Photos: 8.5 (K. G. PrestonMafham). David M. Raup: 6.9. Science Photo Library: 9.3a (A. B. Dowsett), 9.3b (John Bavosi), 9.3c (Manfred Kage), 9.3d (David Patterson), 9.6 (J. C. Revy). Dr Fritz Vollrath: 2.2, 2.3, 2.4, 2.10, 2.11, 2.12, 2.13. Zefa: 9.1.

1.1 from Michell, J. (1978) *Simulacra*. London: Thames and Hudson.

2.5 from Hansell (1984).

2.7 and 2.8 from Robinson (1991).

2.14 and 2.15 from Terzopoulos *et al.* (1995) © 1995 by the Massachusetts Institute of Technology.

3.2 courtesy of the *Hamilton Spectator*, Canada.

4.1 courtesy of J. T. Bonner 1965, © Princeton University Press.

5.2 from Dawkins (1986) (drawing by Bridget Peace).

5.4a, b and d, 5.8a-e, 5.24a and b from Land (1980) (redrawn from Hesse, 1899).

5.4c from Salvini-Plawen and Mayr (1977) (after Hesse, 1899).

5.16a and b Hesse from Untersuchungen, ber die organe der Lichtempfindung bei niederen thieren, *Zeitschrift für Wissenschaftliche Zoologie*, 1899.

5.17, 5.19d and e, 5.25, 5.26 courtesy of M. E. Land.

5.18a and f, 5.27, 5.30 drawings by Nigel Andrews.

5.22 drawing by Kuno Kirschfeld, reproduced by permission of Naturwissenschaftliche Rundschau, Stuttgart.

5.23 courtesy of Dan E. Nilsson from Stavenga and Hardie (eds.) (1989).

5.29a-e courtesy of Walter J. Gehring *et al*, from Georg Halder *et al.* (1995).

6.16 from Meinhardt (1995).

7.2, 7.4, 7.5, 7.6, 7.7 from Ernst Haeckel (1904) *Kunstformen der Natur.* Leipzig and Vienna: Verlag des Bibliographischen Instituts.

7.15b from Raff and Kaufman (1983) (after Y. Tanaka, 'Genetics of the Silkworm', in *Advances in Genetics* 5: 239-317, 1953).

8.4 from Wilson (1971) (from Wheeler, 1910, after F. Dahl).

9.4 Jean Dawkins.

9.5 © K. Eric Drexler, Chris Peterson and Gayle Pergamit. All rights reserved. Reprinted with permission from *Unbounding the Future: The Nanotechnology Revolution*. William Morrow, 1991.